机电电气

"十二五"职业教育国家规划教材
经全国职业教育教材审定委员会审定

自动检测与控制仪表实训教程

主　编　李　骁　　姜秀英　　刘慧敏
副主编　王建宇　　姜　涛　　张　佳　　杨振山
　　　　郝建豹　　范家强　　黄晓华　　叶杰辉
主　审　王锁庭　　姜　涛

北京师范大学出版集团
BEIJING NORMAL UNIVERSITY PUBLISHING GROUP
北京师范大学出版社

图书在版编目（CIP）数据

自动检测与控制仪表实训教程 / 李骏，姜秀英，刘慧敏主编.
—— 2版. —— 北京 ：北京师范大学出版社，2018.4
"十二五"职业教育国家规划教材
ISBN 978-7-303-23579-7

Ⅰ．①自… Ⅱ．①李… ②姜… ③刘… Ⅲ．①自动检测-高等
职业教育-教材②过程控制-工业仪表-高等职业教育-教材
Ⅳ．①TP274②TP273

中国版本图书馆 CIP 数据核字(2018)第 057533 号

营 销 中 心 电 话	010-62978190 62979006
北师大出版社科技与经管分社	www.jswsbook.com
电 子 信 箱	jswsbook@163.com

出版发行：北京师范大学出版社 www.bnup.com
　　　　　北京市海淀区新街口外大街 19 号
　　　　　邮政编码：100875
印　　刷：三河市东兴印刷有限公司
经　　销：全国新华书店
开　　本：787 mm×1092 mm　1/16
印　　张：15.5
字　　数：330 千字
版　　次：2018 年 4 月第 2 版
印　　次：2018 年 4 月第 1 次印刷
定　　价：35.00 元

策划编辑：周光明　苑文环	责任编辑：周光明　苑文环
美术编辑：高　霞	装帧设计：国美嘉誉
责任校对：李　菌	责任印制：孙文凯　赵非非

前　　言

本教材适合于石油、化工、冶金、电力、国防、制药、纺织等工业企业的应用，结合企业真实自动检测与过程控制工程应用实例，遵循主动适应社会发展需要、突出应用性和针对性、加强实践能力培养的原则，从高职高专院校的实际出发，精选内容，突出重点。

教材的应用价值：

本教材按照 21 世纪人才培养的时代特征，突出高职高专工程类自动化技术的教育特点，以培养应用型、技能型人才为目标，将生产过程中自动检测与控制仪表的新知识、新技能、新检测手段编入教材中。全书以最新的编著方法，紧密配合"工学结合"的思路，给人耳目一新的感受，以自动检测应用能力为手段，结构清晰，深入浅出，更便于高职高专学生学习。

教材的主要特色：

本教材重点培养生产过程自动检测与控制仪表的应用能力。从教材的内容到形式都极具特色，采用真实典型的应用实例，以技能操作为核心，系统地讲授基本概念及影响自动检测与控制仪表的主要因素。使本教材突出指导性、实用性和可操作性，着重培养学生的动手能力，训练内容经典，达到培养具有关键能力和拓展创新型技能人才的目的。

本教材编写过程中得到了企业高级工程师、高级技师的大力帮助，当教材编写后，请专业高级工程师与高级技师把关，都认为本教材：能立足高职高专人才教育培养目标，结合企业真实过程控制工程应用实例，遵循主动适应社会发展需要、突出应用性和针对性、加强实践能力培养的原则，从高职高专院校的实际出发，精选内容，突出重点，力求教材本身的实用性和对高职高专学生的适用性。同时可作为各行各业生产过程中控制工程的培训使用教材。

教材有如下突出特点：

（1）实用性：教材来源于真实生产实际工程和企业自动检测与控制仪表，涉及的专业技术面广，使专业核心技能得到综合运用，着重培养学生的综合动手能力。

（2）集理论、实践技能训练与技术应用能力培养为一体，内容体系新颖，体现了新世纪高职高专人才教育的培养模式和基本要求。

（3）将知识点与技能点紧密结合，注重培养学生实际动手能力和解决实际问题的能力，突出了高等职业教育的应用特色，强调以能力为本位与有明确具体的训练制作成果展示。

（4）教材内容以具体工程为主，原理尽量少，充分考虑技能型人才的培养目标。

（5）案例分析内容覆盖面宽，选择性强，可满足不同行业的需求，得以更好借鉴。

建议按 80～92 学时，其中实训 40 学时。本教材采用一体化教学。

本教材由天津渤海职业技术学院李骐、姜秀英，河北化工医药职业技术学院刘慧敏主编。广州番禺职业技术学院汪建宇、天津渤海职业技术学院姜涛、张佳及天津市精细化工有限公司杨振山高级技师参加编写。教材编著中：项目一中的任务一由汪建宇撰稿，项目一中的任务二、三、四、五由李骁撰稿，项目二由姜秀英撰稿，项目三中的任务四由张佳撰稿，项目三中的任务一、二、三由姜涛撰稿，全书由姜秀英、李骁负责统稿，天津石油职业技术学院王锁庭、天津渤海职业技术学院姜涛主审。另外，广东交通职业技术学院郝建豹、广东省南方高级技工学校范家强、黄晓华，阳江职业技术学院叶杰辉也参与了部分内容的编写。本书在编写过程中，得到许多单位、学院和工程技术人员的大力支持与帮助，在此表示诚挚感谢！

　　由于编者水平有限，书中难免存在不足之处，恳请广大读者指正。

编　者

目　录

项目一　自动检测与传感器应用

▶概述　自动化仪表发展概况与仪表分类

1. 自动化仪表发展历史

仪表及自动化，最早出现在 20 世纪 40 年代，那时的仪表体积大，精度低，但可代替人工操作。60 年代后半期，随着半导体和集成电路的进一步发展，自动化仪表便向着小体积、高性能的方向迅速发展，出现电动单元组合仪表，即 DDZ-Ⅱ型仪表。并实现了用计算机作数据处理的各种自动化方案。70 年代以来，仪表和自动化技术又有了迅猛的发展，新技术、新产品层出不穷，多功能组装式仪表也投入运行，特别是微型计算机的发展在化工自动化技术工具中发挥了巨大作用，出现电动单元组合仪表，即 DDZ-Ⅲ型仪表。1975 年出现了以工业微处理器为基础的过程控制系统，即 DDC 微型计算机直接控制系统。80 年代，随着电子技术、计算机技术的发展，也促进了常规仪表的发展，新型的数字仪表、自动化仪表、程序控制器及调节器等也不断投入使用，并出现 DCS 集中分散型控制系统，把自动化技术推到了一个更高的水平。从 90 年代至今出现 FCS 现场总线控制系统。现在我国大、中、小型企业以及广大乡镇企业依据不同的生产实际和需求，气动仪表、电动仪表、模拟仪表、数字仪表以及各种自动化智能仪表，计算机等都在进行使用，形成了气电结合、模数共存、取长补短、协别发展的局面。它们构成的各种自动化控制系统极大地推动着我们的现代化建设事业，已经构成了有机的整体，没有现代化的自动化装置，也就没有现代化的生产。

2. 自动化控制仪表的优势功能

自动化控制仪表主要特点是采用先进的微电脑芯片及技术，减小了体积，并提高了可靠性及抗干扰性能。实现真正的以逸待劳以及代人的目的。

(1)仪表有了可编程功能

计算机的软件进入仪表，可以代替大量的硬件逻辑电路，这叫硬件软化。特别是在控制电路中应用一些接口芯片的位控特性进行一个复杂功能的控制，其软件编程很简单(即可以用存储控制程序代替以往的顺序控制)。而如果代之以硬件，就需要一大套控制和定时电路。所以软件移植入仪器仪表可以大大简化硬件的结构，代替常规的逻辑电路。

(2)仪表有了记忆功能

以往的仪表采用组合逻辑电路和时序电路，只能在某一时刻记忆一些简单状态，当下一状态到来时，前一状态的信息就消失了。但微机引入仪表后，由于它的随机存储器可以记忆前一状态信息，只要通电，就可以一直保存记忆，并且可以同时记忆许多状态信息，然后进行重现或处理。

(3)仪表有了计算功能

由于自动化仪表内含微型计算机，因此可以进行许多复杂的计算，并且具有很高的精度。在自动化仪表中可经常进行诸如乘除一个常数、确定极大值和极小值、被测量的给定极限检测等多方面的运算和比较。

(4)仪表有了数据处理的功能

在测量中常常会遇到线性化处理、自检自校、测量值与工程值的转换以及抗干扰问题。由于有了微处理器和软件，这些都可以很方便地用软件来处理，一方面大大减轻了硬件的负担，另一方面又增加了丰富的处理功能。自动化仪表也完全可以进行检索、优化等工作。

3. 自动化控制仪表的功能开发

(1)仪表的测量精度高

由于自动化仪表的中心控制系统是微型计算机，可以进行快速多次重复测量，然后求平均值，这样就可以排除一些偶然的误差与干扰。

(2)仪表具有修正误差的能力

实时地修正测量值误差是较为复杂的功能。装有微处理器的仪表可以减少误差，依靠限制干扰来提高精度。

(3)仪表能够实现复杂的控制功能

实现自动化以后，一些常规仪表不易实现的功能，在自动化仪表中就很容易实现。比如一台气相或液相色谱仪，这种仪器利用对于复杂化学混合物进行色层分离的方法来确定样品中存在的每一种化学成分的含量。

随着自动化技术应用的日益深入及应用范围与规模的不断扩大，使仪表实现高速、高效、多功能、高机动灵活等性能，而化工自动化仪表的应用也将发挥其重要的作用。

4. 检测仪表技术发展趋势

(1)工业控制系统中的检测技术和仪表系统

它是实现自动控制的基础。随着新技术的不断涌现，特别是先进检测技术、现代传感器技术、计算机技术、网络技术和多媒体技术的出现，给传统式的控制系统甚至计算机控制系统都带来了极大的冲击，并由此引出许多崭新的发展。归纳起来，这些发展主要包括以下方面：

①成组传感器的复合检测；

②微机械量检测技术；

③智能传感器的发展；

④各种智能仪表的出现；

⑤计算机多媒体化的虚拟仪表；

⑥传感器、变送器和调节器的网络化产品。

(2)工业检测仪表控制系统

以上的发展还远不是终点。由这些发展所产生的更深层次的变化正在悄然兴起，并越来越得到了各行各业的认同。这些深层次的变化包括：

①控制系统的控制网络化；

②控制系统的系统扁平化；

③控制系统的组织重构化；

④控制系统的工作协调化。

如何针对检测技术和仪表系统提出一系列新的概念和必要的理论，以面对高新技术的挑战，并适应当今自动化技术发展的需要，是目前亟待解决的关键问题。

5. 自动化仪表分类

自动化仪表分类的方法很多，根据不同原则可以进行相应的分类。例如按仪表所使用的能源分类，可以分为气动仪表、电动仪表和液动仪表（很少见）；按仪表组合形式，可以分为基地式仪表、单元组合仪表和综合控制装置；按仪表安装形式，可以分为现场仪表、盘装仪表和架装仪表；随着微处理机的蓬勃发展，根据仪表有否引入微处理机（器）又可分为智能仪表与非智能仪表。根据仪表信号的形式可分为模拟仪表和数字仪表。

(1)显示仪表根据记录和指示、模拟与数字等功能，又可分为记录仪表和指示仪表、模拟仪表和数显仪表，其中记录仪表又可分为单点记录和多点记录（指示亦可以有单点和多点），其中又分有纸记录和无纸记录，若是有纸记录又分笔录和打印记录。

(2)调节仪表可以分为基地式调节仪表和单元组合式调节仪表。由于微处理机的引入，又有可编程调节器与固定程序调节器之分。

(3)执行器由执行机构和调节阀两部分组成。执行机构按能源划分有气动执行器、电动执行器和液动执行器，按结构形式可以分为薄膜式、活塞式（汽缸式）和长行程执行机构。调节阀根据其结构特点和流量特性不同进行分类，按结构特点分通常有直通单座、直通双座、三通、角形、隔膜、蝶形、球阀、偏心旋转、套筒（笼式）、阀体分离等，按流量特性分为直线、对数（等面分比）、抛物线、快开等。

(4)这类分类方法相对比较合理，仪表覆盖面也比较广，但任何一种分类方法均不能将所有仪表划分得井井有序，它们中间互有渗透，彼此沟通。例如变送器具有多种功能，温度变送器可以划归温度检测仪表，差压变送器可以划归流量检测仪表，压力变送器可以划归压检测仪表，若用兀压法测液位可以划归物位检测仪表，很难确切划归哪一类，中外单元组合仪表中的计算和辅助单元也很难归并。

6. 自动化系统分类

从简单控制系统，到复杂控制系统，现在的发展趋势是：

(1)控制目标由实现过程工艺参数的稳定运行发展为以最优质量为指标的最优控制。

(2)控制方法由模拟的反馈控制发展为数字式的开环预测控制；由传统的手动定值调节器、PID调节器以及各种顺序控制装置，发展为以微型机构成的数字调节器和自适应调节器。

(3)自动化技术的发展趋势是系统化、柔性化、集成化和智能化。自动化技术不断提高了光电子、自动化控制系统、机械制造等行业的技术水平和市场竞争力，它与光电子、计算机、信息技术的融合和创新，不断创造和形成新的行业经济增长点，同时不断提供新的行业发展的管理思路。

在其他行业自动化控制系统，有并行工程（CE）、敏捷制造（AM）等。

(1)数控技术趋于模块化、网络化、多媒体和智能化；CAD/CAM 系统面向产品的整个生命周期。

(2)自动控制内容发展到对产品质量的在线监测与控制，设备运行状态的动态监测、诊断和事故处理、生产状态的监控和设备之间的协调控制与连锁保护，以及厂级管理决策与控制等。

（3）系统网络普遍以通用计算机网络为基础；自动化控制产品正向着成套化、系列化、多品种方向发展。

（4）以自动控制技术、数据通信技术、图像显示技术为一体的综合性系统装置成为国外工业过程控制的主导产品，现场总线（FCS）成为自动化控制技术发展的第一热点；可编程控制器（PLC）与工业集散控制系统（DCS）的实现功能越来越接近，价格也逐步接近，目前国外自动控制与仪器仪表领域的前沿厂商已推出了类似 PCS（Process Control System）产品。

▶ 任务一　自动检测仪表的基本概念

 任务描述

自动检测技术应用的领域十分广泛，就这一学科的内容来说，包括传感器技术、误差理论、测试计量技术、抗干扰技术以及电量间相互转换技术等。如何提高检测与控制系统的检测分辨率、精度、稳定性和可靠性是本传感器与自动检测技术的研究课题和方向。在检测与控制系统中，传感器与自动检测技术的作用是信息的提取、信息的转换及处理，是整个系统基础。如果它们性能不佳，就难以确保整个系统性能优良。自动检测技术是以研究检测与控制系统中信息的提取、信息的转换及处理的理论和技术为主要内容的一门应用技术学科。

1.1.1　传感器

传感器（Transducer）是一种将被测的非电量变换成电量的装置，是一种获得信息的手段，它在检测与控制系统中占有重要的位置。它获得信息的正确与否，关系到整个检测与控制系统的精度。如果传感器的误差很大，后面的测量电路、放大器、指示仪等设备的精度再高也将难以提高整个检测系统的精度。

近些年来，由于计算机技术的发展突飞猛进和微处理器的广泛应用，使得在国民经济中的任何一个部门中，各种物理量、化学量和生物量形态的信息都有可能通过计算机来进行正确、及时的处理。但是，首先都需要通过传感器来获得信息。所以，有人把计算机比喻为一个人的大脑，传感器则是人的五官。

因此，传感器是自动检测与调节控制装置的首要环节。

有时人们常常把传感器、敏感元件、换能器及转换器的概念等同起来。在非电量测量转换技术中，传感器一词是与工业测量联系在一起的，实现非电量转换成电量的器件称之为传感器。在水声和超声波等技术中强调的是能量的转换，比如压电元件可以起到机—电或电—机能量的转换作用，所以把可以进行能量转换的器件称之为换能器；对于硅太阳能电池来说，也是一种换能器件，它可以把光能转换成电能输出，但在这类器件上强调的是转换效率，习惯上把硅太阳能电池叫做转换器；在电子技术领域，常把能感受信号的电子元件称为敏感元件，如热敏元件、光敏元件、磁敏元件及气敏元件等。这些不同的提法反映在不同的技术领域中，只是根据器件用途对同一类型的器件使用不同的技术术语而已。这些提法虽然含义有些狭窄，但在大多数情况下并不会产生矛盾，如热敏电阻可称其为热敏元件，也可称之为温度传感器。又如扬声器，当它作为声检测器件时，它是一个声传感器；如果把它当成喇叭使用，也只能认为它是一个换能或转换器件了。

本教材从广义角度分析研究，传感器指的是在电子检测控制设备输入部分中起检测信号作用的器件。

1.1.2 自动检测电路

自动检测技术和控制的对象与单片机之间是通过测量电路和控制电路相联系的。如果说单片机是信息处理中心的话，那么测量电路则是信息输入通道，控制电路则是信息输出通道。测量电路也称检测电路，它是检测与控制系统实现检测与控制功能的基本电路，在整个系统中起着十分重要的作用。检测与控制系统的性能在很大程度上取决于检测电路。目前仍广泛使用的一些较为简单的测量仪表并不包含单片机。这些非微机化的测量仪表，其内部的核心电路主要就是各种模拟检测电路。

按照检测结果的表示形式，检测电路可分为模拟检测电路和数字检测电路两大类，其基本组成分别如图 1-1-1 和图 1-1-2 所示。

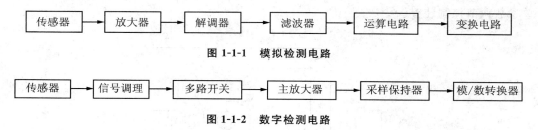

图 1-1-1 模拟检测电路

图 1-1-2 数字检测电路

1．模拟检测电路

图 1-1-1 中传感器将被测非电量转换为电信号，被测信号一般比较微弱，通常需要先进行放大。有的传感器(如电感式、电容式和交流应变电桥等)输出的是调制过的模拟信号，因此，还需用解调器解调。被测信号中混杂有各种干扰，常常要用滤波器来滤除。有些被测参数比较复杂，往往要进行必要的运算才能获取被测量。为了便于远距离传送、显示或 A/D 转换，常常需要将电压、电流、频率三种形式的模拟电信号进行相互变换。在如图 1-1-1 所示中，被测信号一直是以模拟形式存在和传送的，通道中各个环节都是对模拟信号进行这样或那样的调理，因此，统称为信号调理电路。常规的模拟测量仪表，因为其测量结果是以模拟形式显示，所以，其检测电路(称为模拟测量电路)主要就是调理电路。

2．数字检测电路

一些数字化测试仪表特别是微机化检测与控制系统，因为测试结果要用数字形式显示，测试结果要用微机进行处理，所以，其检测电路除了对被测模拟信号进行必要的调理外，还要将模拟信号转换成便于数字显示或微机处理的数字信号。实现模拟信号数字化的电路称为数据采集电路。因此，数字测量电路一般由传感器、信号调理电路和数据采集电路三部分组成，如图 1-1-2 所示。图中构成数据采集电路的多路开关用来对多路模拟信号进行采样；主放大器对采样得到的信号进行程控增益放大或瞬时浮点放大；采样保持器对放大后的信号进行保持；模/数转换器在保持期间将保持的模拟信号电压转换成相应的数字信号电压。如果被测信号的幅度变化范围不大，则图 1-1-2 中的主放大器可省去。对比图 1-1-1 与图 1-1-2 可知，数字检测电路与模拟检测电路的区别就在于数字检测电路中包含有数据采集电路。

1.1.3 工业控制装置的基础知识

任何一个工业调节控制装置都必然要应用一定的自动检测和相应的仪表单元，自动检测和仪表两部分是紧密相关和相辅相成的，它们是调节控制装置的重要基础。检测单元完成对各种过程参数的测量，并实现必要的数据处理；仪表单元则是实现各种控制作用的手段和条件，它将检测得到的数据进行运算处理，并通过相应的单元实现对被控变量的调节。新技术的不断出现，使传统的自动调节控制装置以及相关的自动检测和仪表都发生了很大变化。

1. 典型检测仪表调节控制装置

典型的自动检测仪表调节控制装置，以化学工业中用天然气作原料生产合成氨的调节控制装置为例，此系统如图 1-1-3 所示为脱硫塔控制装置流程图。天然气在经过脱硫塔时，需要进行控制的参数分别为压力、液位和流量，这将构成 PC、LC 和 FC 三个单参数调节控制装置。

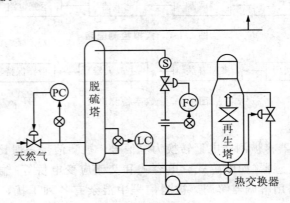

图 1-1-3 脱硫塔控制装置流程图

例如实现脱硫塔压力调节控制装置的单参数控制子系统 PC，该系统的结构如图 1-1-4 所示，进行压力参数检测及实现检测信号转换和传输的单元称为压力变送单元，实现调节控制规律计算的单元称为调节单元，最终实现被控变量控制作用的单元称为执行单元。为了实现调节控制作用，首先测量进入脱硫塔的天然气压力，检测到

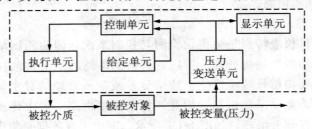

图 1-1-4 天然气压力控制装置结构框图

的信号经转换后，以标准信号制式传输到实现调节运算的调节单元；调节单元在接受到测量信号后，即与给定单元的设定压力值进行比较，并根据设定的控制规律计算出实现控制调节作用所需的控制信号；为保证能够驱动相应的设备实现对被控变量的调节，控制信号还需借助专用的执行单元机构实现控制信号的转换与保持。

同理，考虑单独实现脱硫塔流量调节控制的情况，控制子系统 FC 的结构如图 1-1-5 所示。其中流量变送单元是专门用于流量检测信号转换和传输的仪表变送单元，而安全栅的增加则是为了实现安全火花防爆特性。

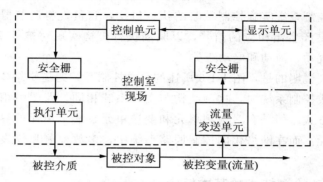

图 1-1-5　脱硫塔流量控制装置结构框图

在无特殊条件要求下，常规工业检测仪表控制装置的构成基本相同，而与具体采用的仪表类型无关。这里所说的基本构成包括被控对象、变送器、显示仪表、调节器、给定器和执行器等。由于各控制子系统被控变量的不同，各子系统采用的变送器和调节器的控制规律因而有所不同。

2. 检测仪表控制装置结构分析

总结上一节所述的几种情况，并由此推广到常规情况下的工业过程控制装置，检测仪表控制系统的一般结构可概括如图 1-1-6 所示。

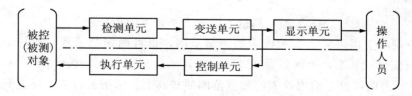

图 1-1-6　典型工业检测仪表控制装置结构图

显然，图 1-1-6 是一个闭环回路控制装置，只是为了突出被控对象和操作人员在控制系统中的地位，对传统意义上的回路结构进行了适当的调整。被控（被测）对象是控制系统的核心，它可以是单输入单输出对象，即常规的回路控制系统；也可以是多输入多输出对象，此时通常需采用计算机仪表控制系统，如 DDC 直接数字控制系统、DCS 集散控制系统和 FCS 现场总线控制系统。

自动检测是调节控制装置实现控制调节作用的基础，它完成对所有被控变量的直接测量，包括温度、压力、流量、液位、成分等；同时也可实现某些参数的间接测量，如采用信息融合技术实现的测量。

变送单元完成对被测变量信号的转换和传输，其转换结果须符合国际标准的信号制式，即 1～5V DC 或 4～20mA DC 模拟信号或各种仪表控制系统所需的数字信号。

显示单元是控制系统的附属单元，它将检测单元测量获得的有关参数，通过适当的方式显示给操作人员，这些显示方式包括曲线、数字和图像等。

调节单元完成调节控制规律的运算，它将变送器传输来的测量信号与给定值进行比较，并对比较结果进行调节运算，以输出作为控制信号。调节单元采用的常规控制规律包括位式调节和 PID 调节，而 PID 控制规律又根据实际情况的需要产生出了各种不同的改进型。

执行单元是控制系统实施控制策略的执行机构，它负责将调节器的控制输出信号按执行机构的需要产生出相应的信号，以驱动执行机构实现对被控变量的调节作用。通常执行单元分气动、液动和电动三类。

这里需要特别说明的是，图 1-1-6 所述的只是控制系统的逻辑结构。当采用传统检测和仪表单元构成控制系统时，这种结构与实际系统相同，即图中相关两个单元间采用点对点的连接方式。但是有时检测单元和变送单元及显示单元的界限并不明显，会构成功能组合单元。而在网络化的控制回路系统中，多数检测和仪表单元均通过网络相互连接。

1.1.4 自动检测技术的基本概念

本节介绍自动检测和仪表中常用的基本性能指标，包括测量范围及量程、基本误差、精度等级、灵敏度、分辨率、漂移、可靠性以及抗干扰性能、指标等。

1. 测量范围、上下限及量程

每个用于测量的仪表都有测量范围，它是该仪表按规定的精度进行测量的被测变量的范围。测量范围的最小值和最大值分别称为测量下限和测量上限，简称下限和上限。

仪表的量程可以用来表示其测量范围的大小，是其测量上限值与下限值的代数差，即

$$量程＝测量上限值－测量下限值 \tag{1-1-1}$$

使用下限与上限可完全表示仪表的测量范围，也可确定其量程。如一个温度测量仪表的下限值是 $-50℃$，上限值是 $150℃$，则其测量范围可表示为 $-50℃～150℃$，量程为 $200℃$。由此可见，给出仪表的测量范围便知其上、下限及量程，反之只给出仪表的量程，却无法确定其上、下限及测量范围。

2. 零点迁移和量程迁移

仪表测量范围的另一种表示方法是给出仪表的零点即测量下限值及仪表的量程。由前面的分析可知，只要仪表的零点和量程确定了，其测量范围也就确定了。因而这是一种更为常用的表示方式。

在实际使用中，由于测量要求或测量条件的变化，需要改变仪表的零点或量程，为此可以对仪表进行零点和量程的调整。通常将零点的变化称为零点迁移，而量程的变化则称为量程迁移。以被测变量值相对于量程的百分数为横坐标记为 X，以仪表指针位移或转角相对于标尺长度的百分数为纵坐标记为 Y，可得到仪表的标尺特性曲线 $X—Y$。假设仪表标尺是线性的，其标尺特性曲线可如图 1-1-7 中的线段 1 所示。

考虑单纯的零点迁移情况，如线段 2 所示，此时仪表量程不变，其斜率亦保持不变，线段 2 只是线段 1 的平移，理论上零点迁移到了原输入值的 -25%，终点迁移到了原输入值的 75%，而量程则仍为 100%。考虑单纯的量程迁移情况如线段 3 所示，此时零点不变，线段仍通过坐标系原点，但斜率发生了变化，理论上量程迁移到了原来的 70%。

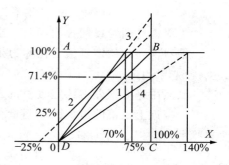

图 1-1-7　零点迁移和量程迁移示意图

由于受仪表标尺长度和输入通道对输入信号的限制，实际的标尺特性曲线通常只限于正边形 $ABCD$ 内部，即用实线表示部分；虚线部分只是理论上的结果，无实际意义。因此，线段 2 的实际效果是标尺有效使用范围迁移到原来的 25%～100%，测量范围迁移到原来的 0～75%。线段 3 的实际效果是标尺仍保持原来有效范围的 0～100%，测量范围迁移到了原来的 0～70%。同理，考虑图中线段 4 所示的量程迁移情况，其理论上零点没有迁移，量程迁移到原来的 140%；而实际上标尺只保持了原来有效范围的 0～71.4%，测量范围则仍为原来的 0～100%。

零点迁移和量程迁移可以扩大仪表的通用性。但是，在何种条件下可以进行迁移，以及能够有多大的迁移量，还需视具体仪表的结构和性能而定。

3. 灵敏度和分辨率

灵敏度是仪表对被测参数变化的灵敏程度，常以在被测参数改变时，经过足够时间仪表指示值达到稳定状态后，仪表输出变化量 ΔY 与引起此变化的输入变化量 ΔU 之比表示，即

$$灵敏度 = \Delta Y / \Delta U \tag{1-1-2}$$

可见，灵敏度也就是图 1-1-7 所示标尺特性曲线的斜率。因此，量程迁移就意味着灵敏度的改变；而如果仅仅是零点迁移则灵敏度不变。

由灵敏度的定义表达式(1-1-2)可知，灵敏度实质上等同于仪表的放大倍数。只是由于 U 和 Y 都有具体量纲，所以灵敏度也有量纲，且由 U 和 Y 确定；而放大倍数没有量纲。所以灵敏度的含义比放大倍数要广泛得多。常容易与仪表灵敏度混淆的是仪表分辨率。它是仪表输出能响应和分辨的最小输入量，又称仪表灵敏限。分辨率是灵敏度的一种反映，一般说仪表的灵敏度高，则其分辨率同样也高。因此在实际应用中主要希望提高仪表的灵敏度，从而保证其分辨率较好。

在由多个仪表组成的测量或控制系统中，灵敏度具有可传递性。例如首尾串联的仪表系统(即前一个仪表的输出是后一个仪表的输入)，其总灵敏度是各仪表灵敏度的乘积。

4. 误差

仪表指示装置所显示的被测值称为示值，它是被测真值的反映。严格地说，被测真值只是一个理论值，因为无论采用何种仪表测到的值都有误差。实际应用中常将用适当精度的仪表测出的或用特定的方法确定的约定真值代替真值。例如使用国家标准计量机构标定过的标准仪表进行测量，其测量值即可作为约定真值。

示值与公认的约定真值之差称为绝对误差，即

$$绝对误差＝示值－约定真值 \tag{1-1-3}$$

绝对误差通常可简称为误差。当误差为正时表示仪表的示值偏大，反之偏小。

绝对误差与约定真值之比称为相对误差，常用百分数表示，即

$$相对误差(\%)＝绝对误差/约定真值 \tag{1-1-4}$$

虽然用绝对误差占约定真值的百分数来衡量仪表的精度比较合理，但仪表多应用在测量接近上限值的量，因而用量程取代式(1-2-4)中的约定真值则得到引用误差如下式所示

$$引用误差(\%)＝绝对误差/量程 \tag{1-1-5}$$

考虑整个量程范围内的最大绝对误差与量程的比值，则获得仪表的最大引用误差为

$$最大引用误差(\%)＝最大绝对误差/量程 \tag{1-1-6}$$

最大引用误差与仪表的具体示值无关，可以更好地说明仪表测量的精确程度。它是仪表基本误差的主要形式，是仪表的主要质量指标之一。

仪表在出厂时要规定引用误差的允许值，简称允许误差。若将仪表的允许误差记为 Q，最大引用误差记为 Q_{max}，则两者之间满足如下关系

$$Q_{max} \leqslant Q \tag{1-1-7}$$

任何测量都是与环境条件相关的，这些环境条件包括环境温度、相对湿度、电源电压和安装方式等。仪表应用时应严格按规定的环境条件即参比工作条件进行测量，此时获得的误差称为基本误差；因此如果在非参比工作条件下进行测量，此时获得的误差除包含基本误差外，还会包含额外的误差，又称附加误差，即

$$误差＝基本误差＋附加误差 \tag{1-1-8}$$

以上的讨论基本针对仪表的静态误差，静态误差是指仪表静止状态时的误差，或被测量变化十分缓慢时所呈现的误差，此时不考虑仪表的惯性因素。仪表还存在有动态误差，动态误差是指仪表因惯性迟延所引起的附加误差，或变化过程中的误差。仪表静态误差的应用更为普遍。

5. 精确度

任何仪表都有一定的误差。因此，使用仪表时必须先知道该仪表的精确程度，以便估计测量结果与约定真值的差距，即估计测量值的大小。仪表的精确度通常是用允许的最大引用误差去掉百分号(%)后的数字来衡量的。

按仪表工业规定，仪表的精确度划分成若干等级，简称精度等级，如 0.1 级、0.2 级、0.5 级、1.0 级、1.5 级、2.5 级、4 级等。由此可见，精度等级的数字越小，精度越高。

仪表精度等级的确定过程如图 1-1-8 所示。为便于观察和理解，对其中的偏差做了有意识的放大。图中直线 OA 是理想的输入/输出特性曲线，虚线 3 和虚线 4 是基本误差的下限和上限。在检定或校验过程中所获得的实际特性曲线记为

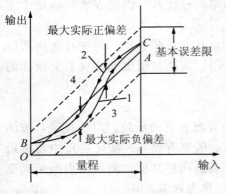

图 1-1-8 精度等级确定过程示意图

曲线 1 和曲线 2，其中曲线 1 是输入值由下限值到上限值逐渐增大时获得的，称为实际上升曲线；而曲线 2 是输入值由上限值到下限值逐渐减小时获得的，称为实际下降曲线。由曲线 1 和曲线 2 与直线 OA 的偏差可分别得到最大实际正偏差和负偏差。可见，曲线 1 和曲线 2 愈接近直线 OA，即仪表的基本误差限愈小，仪表的精度等级越高。

6. 滞环、死区和回差

仪表内部的某些元件具有储能效应，例如弹性变形、磁滞现象等，其作用使得仪表检验所得的实际上升曲线和实际下降曲线常出现不重合的情况，从而使得仪表的特性曲线形成环状，如图 1-1-9 所示。该种现象即称为滞环。显然在出现滞环现象时，仪表的同一输入值常对应多个输出值，并出现误差。

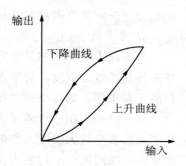

图 1-1-9　滞环效应分析

仪表内部的某些元件具有死区效应，例如传动机构的摩擦和间隙等，其作用亦可使得仪表检验所得的实际上升曲线和实际下降曲线常出现不重合的情况。这种死区效应使得仪表输入在小到一定范围后不足以引起输出的任何变化，而这一范围则称为死区。考虑仪表特性曲线呈线性关系的情况，其特性曲线如图 1-1-10 所示。因此，存在死区的仪表要求输入值大于某一限度才能引起输出的变化，死区也称为不灵敏区。理想情况下，不灵敏区的宽度是灵敏限的 2 倍，也可能某个仪表既具有储能效应，也具有死区效应，其综合效应将是以上两者的结合。典型的特性曲线如图 1-1-11 所示。

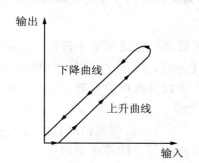

图 1-1-10　死区效应分析

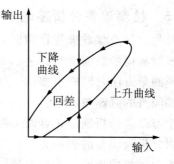

图 1-1-11　综合效应分析

在以上各种情况下，实际上升曲线和实际下降曲线间都存在差值，其最大的差值称为回差，亦称变差，或来回变差。

7. 重复性和再现性

在同一工作条件下，同方向连续多次对同一输入值进行测量所得的多个输出值之间相互一致的程度称为仪表的重复性，它不包括滞环和死区。例如，在图 1-1-12 中列出了在同一工作条件下测出的仪表的 3 条实际上升曲线，其重复性就是指这 3 条曲线在同一输入值处的离散程度。实际上，某种仪表的重复性常选用上升曲线的最大离散程度和下降曲线的最大离散程

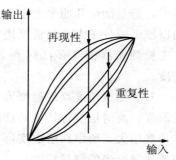

图 1-1-12　重复性和再现性分析

度两者中的最大值来表示。

再现性包括滞环和死区，它是仪表实际上升曲线和实际下降曲线之间离散程度的表示，常取两种曲线之间离散程度最大点的值来表示，如图 1-1-12 中所示。

重复性是衡量仪表不受随机因素影响的能力，再现性是仪表性能稳定的一种标志，因而在评价某种仪表的性能时常同时要求其重复性和再现性。重复性和再现性优良的仪表并不一定精度高，但高精度的优质仪表一定有很好的重复性和再现性。

8. 可靠性

表征仪表可靠性的尺度有多种，最基本的是可靠度。它是衡量仪表能够正常工作并发挥其功能的程度。简单来说，如果有 100 台同样的仪表，工作 1000h 后约有 99 台仍能正常工作，则可以说这批仪表工作 1000h 后的可靠度是 99%。

可靠度的应用亦可体现在仪表正常工作和出现故障两个方面。在正常工作方面的体现是仪表平均无故障工作时间。因为仪表常存在的修复多是容易的，因而以相邻两次故障时间间隔的平均值为指标，可很好地表示平均无故障工作时间。在出现故障方面的体现是平均故障修复时间，它表示的是仪表修复所用的平均时间，由此可从反面衡量仪表的可靠度。

基于以上分析，综合考虑常规要求，即在要求平均无故障工作时间尽可能长的同时，又要求平均故障修复时间尽可能短，综合评价仪表的可靠性，引出综合性指标有效度，其定义如下：

有效度＝平均无故障工作时间/（平均无故障工作时间＋平均故障修复时间）(1-1-9)

1.1.5 检测误差分析基础

人们对物理量或参数进行检测时，首先要借助一定的检测手段取得必要的测量数据，而后要对测得的数据进行误差分析或精度分析，之后才可以进行数据处理。误差分析与选择测量方法是同样重要的，因为只有掌握了数据的可确定程度才能作出相应的科学的和经济的判断与决策。

通过学习误差分析理论，可以掌握以下几个要点：①根据检测目的选择测量精度；②误差原因分析及误差的表示方法；③间接检测时误差的传递法则；④平均值误差的估计以及粗大误差的检验；⑤根据测量数据推导实验公式等。

1. 检测精度

检测或测量的精度是相对而言的。测量地球的直径还不能达到以米为单位的测量精度，但是测量几厘米大小的钢球直径则需要毫米单位的检测精度。现代科学的发展，使以原子或分子大小的精度进行加工成为现实，出现了许多精密检测方法。目前光学精密检测仪器精度多已达到了 10^{-9} 级。至于微机械加工则要求纳米（nm）级的检测精度。

对于测量精度高的检测方法或仪器，其要求的使用条件也相对严格，如需要恒定的温度、高清洁度等环境条件以及操作人员的技术水平等，但是相应的测量成本要高，维护费用大。所以在解决实际问题中不是精度越高越好，而是要权衡条件，根据实际需要选择恰当的测量精度。

测量精度可以用误差来表示，精度低即测量误差大。

2. 误差分类

根据误差的特性不同，可以分为以下三大类：

（1）系统误差

系统误差指由测量器件或方法引起的有规律的误差，体现为与真值之间的偏差，如仪器零点误差，经年变化误差，温度、电磁场等环境条件引起的误差，动力源引起的误差等。这种误差的绝对值和符号保持不变，或测量条件改变误差服从某种函数关系变化。

系统误差在掌握误差产生的原因后，可以对仪器加以校对，改变测试环境进行检查，以便找出系统误差的数值，并设法将其排除。例如，转盘偏心引起的角速度测量误差按正弦规律变化，对正中心可以消除这种误差。

（2）随机误差

除可排除的系统误差外，另外由随机因素引起的，一般无法排除并难以校正的误差被称为随机误差。在同一条件下反复测试，可以发现随机误差的概率服从统计分析的规律，误差理论正是针对随机误差的这种规律，对所得的一组有限数据进行统计处理来估测测量真值的学问。随机误差的特点是误差的符号和大小都在随时发生变化。影响这一误差的因素很多，而且每一因素分别对测量值只有微小影响，随机误差由这些微小影响的总和所造成。产生随机误差的有些因素虽然知道，如空气干燥程度、净化程度以及气流大小或方向等都对测量结果有微小的影响，但无法准确控制；另外还有一些产生随机误差的因素无法确定。

（3）粗大误差

粗大误差指由于观测者误读或传感要素故障而引起的歧异误差。测量中应避免这种误差的出现。含有粗大误差的测量值称为坏值，根据统计检验方法的准则可以判断是否为坏值，坏值应当剔除。排除这类误差也要遵循一定的规则。

1.1.6 检测技术及方法分析

自动检测或自动控制系统与外界环境之间的信息界面关系有三种情况：①获取检测对象所处状态的传感器，以及控制并调节对象状态的执行器；②操作人员与仪器装置之间的界面；③监控仪器与其他系统之间的信息往来。如图 1-1-13 所示。其中传感

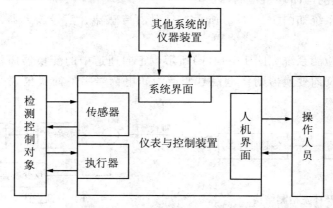

图 1-1-13 检测及控制装置与外界环境之间的三种界面的关系

器是所有被测对象信息的输入端口，是信号检测与信号转换的中心组成部分；监控系统与其他系统的界面之间可能不需要信号转换或只有电信号转换，但是监控对象与监控系统之间的信号检测或信号变换是非常重要的。

传感器的信号转换作用在高度智能信息处理系统中也同样有着重要的地位，如果把计算机比作人脑的话，传感器则相当于人的感觉器官，是这些感觉器官把光、磁、热、温度、机械量、化学量等转换成电信号，再通过传感器信号处理电路放大，传递给信息中心的。

传感器的种类千差万别，需要丰富的知识去掌握，使用传感器时要对它所涉及的物理现象有深入的理解，并需要考虑如何将传感器适用于每个具体的应用问题中。

对传感器的分类方法有很多种：

（1）根据检测对象分类，如温度、压力、位移等；

（2）从传感原理或反应效应分类，如光电、压电、热阻等；

（3）根据传感器的材料分类，如导电体、半导体、有机材料、无机材料、生物材料等；

（4）按应用领域分类，如化工、纺织、造纸、电力、环保、家电、交通、计量等系统；

（5）按反应形式或能量供给方式分类，如能动型和被动型、能量变换型和能量控制型等；

（6）按输出信号形式分类，如模拟量和数字量等。

考虑到从解决实际问题出发，本篇以后各章以介绍过程参数检测方法为主线，对温度、流量、压力、物位、机械量等检测技术分别进行介绍。在进入分类介绍以前，在本章首先对检测结构与技术方法上的一般性质给以分析归纳。

1. 检测方法及其基本概念

只有传感器并不等于具有完备的检测技术或方法，除传感器外还需要一定的检测结构，用于有选择地实现信号转换。检测技术理论就是针对复杂问题的检测方法、检测结构以及检测信号处理等方面进行研究的一门综合性科学。

检测技术与方法中有许多基本概念。为比较起见，下面分别解释成对的几种概念。

（1）开环型检测与闭环型检测

开环型检测系统如图 1-1-14（a）所示，一般由传感器、信号放大器、转换电路、显示器等串联组成。

反馈型闭环检测系统如图 1-1-14（b）所示，正向通道中的变换器通常是将被测信号转换成电信号，反向变换器则将电信号变换为非电信号。平衡式仪表及检测系统一般采用这种伺服结构。

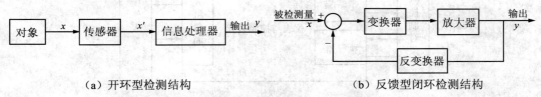

（a）开环型检测结构　　　　　　　　　　（b）反馈型闭环检测结构

图 1-1-14　开环型检测与闭环型检测系统

（2）直接检测与间接检测

与同类基准进行简单的比较，就能得到测量值的检测方法称作直接检测。利用电桥将阻抗值与已知标准阻抗相比较，用电压表测电压，用速度检测仪测速度等都属于直接检测，这些都只要分别与各自的刻度相比较就可以完成。

间接检测就是测量与被检测量有一定关系的两个或两个以上物理量，然后再推算出被检测量。如由测量移动距离和所用时间求速度，测量电流和电阻值求电压等。间接检测需要进行 2 次以上的测量，一般要分析间接误差的传递。

（3）绝对检测与比较检测

绝对检测是指由基本物理量测量而决定被测量的方法。例如用水银压力计测量压力时，从水银柱的高度、密度和重力加速度等基本量测量决定压力值。

与同种类量值进行比较而决定测量值的方法称为比较检测方法，用弹簧管压力计测量压力时，要用已知压力校正压力计的刻度，被测压力使指针摆动而指示的压力是通过比较或校正得出的。

（4）偏差法与零位法

用弹簧秤检测重量是最有代表性的偏位检测方法，这种方法结构简单，测量结果直观，被检测量与测量值的关系容易理解。

偏差法一般都是开环型结构，增益大。信号转换需要的能量要从被检测对象上获得，因此尽管能量是微小的，但应该注意到因此会使被测对象的状态发生变动，例如用接触式温度计测量温度，热量会被温度计吸收。另外，结构要素的特性变化以及各环节的噪声都将带来测量误差，而且噪声的灵敏度与信号增益一样大。排除这些噪声的方法是采取反馈型闭环检测结构。零位法就是反馈型闭环检测方法，采取与同种类的已知量取平衡的方法进行测量。例如用天平测量质量，等比天平的一个托盘上放被测物体，另一个托盘上放砝码，观察平衡指针的摆动，判断并调整砝码的轻重，达到平衡时的砝码质量则等于被测物体的质量。零位法的平衡操作实际上绝大多数已经完全自动化。例如自动温度记录仪，就是一种零位自动伺服平衡方法。

（5）强度变量检测与容量变量检测

被检测物理量中，有强度变量与容量变量之分。如压力、温度、电压等表示作用的大小，与体积、质量无关，称作强度变量（Intensive Variable）。长度、质量、热量、电流等与占据空间相关，与体积、质量成比例关系的，是容量变量（Extensive Variable）。

一般在传感器的输入/输出端分别存在成对的强度变量与容量变量，如图 1-1-15 所示，它们的乘积量分别表示传感器中的输入、输出能量。

1-1-15　输入/输出端的强度变量与容量变量

以热电偶测温为例，温度差即强度变量是输入信号，输出信号是热电势，也是强度变量。输入端的容量变量是热流，输出端是电流，如图 1-1-16 所示。观察非输入/输出信号的变量对检测系统或被检测物体所产生的影响可以发现：热流是被检测物体流向检测系统的，被检测物体的热容量过小或检测系统的热容量过大，都将使被测温度发生变化而产生误差；同时，输出端电路里有电流流动，受内阻影响输出信号的电压有所降低，也会造成系统误差。

图 1-1-16　信号变量(粗箭头)与误差变量(细箭头)

强度变量与容量变量是在检测系统的输入/输出两端共轭存在的变量，一方传递信息，另一方总是直接或间接地与误差有关。因此，为了使测量不影响被测对象的状态，而且减少测量误差，需要尽量抑制共轭变量的影响。

(6)微差法

此方法是测量被检测量与已知量的差值。这样尽管测量值的有效数字位数少，只要对差值的检测精度高，很容易达到高精度检测的要求。例如，游标卡尺的主尺刻线间距为 1mm，游标的零刻线与尺身的零刻线对准，尺身刻线的第 9 格(9mm)与游标刻线的第 10 格对齐时，游标的刻线间距为 9/10＝0.9ram，此时游标卡尺的分度值是 0.1mm。当游标零刻线以后的第 n 条刻线与尺身对应的刻线匹配对准时，被测尺寸的小数部分等于 n 与分度值的乘积。这是利用主尺与游标刻线的微差提高测量精度的方法之一。

(7)替换法

由于系统误差的存在，当把被测物与标准比较物的主次或先后顺序置换过来时，可以排除测量过程中因顺序所造成的误差影响。例如改变天平放砝码托盘的左右位置，两次测量质量取其平均值的方法等。

(8)能量变换型与能量控制型检测元件

这里考虑传感元件的能量供给方式。如太阳能电池作为光传感器、热电偶作为温度传感器使用时，输出信号的能量是传感器吸收的光能、热能的一部分，由于输入信号的能量的一部分转换成输出信号，所以称作能量变换型检测。

光敏电阻(CdS)、热敏电阻分别在光照、热辐射的条件下，电阻值发生变化，这种类型的传感器的输出信号能量不是来自光源或热源，而是为检测阻值变化的电路电源提供的，此时，可以看做是被检测量(光强，热量)控制了从电源转向输出信号的能量的流动，所以称为能量控制型检测。

能量变换型检测一般是被动型检测，能量控制型检测是能动型检测。因为后者输出信号的能量远比用于控制能源转换的输入信号的能量大得多，相当于在输入/输出信号间存在放大作用，因此称作能动型检测。

(9)主动探索型与信息反馈型检测

随着智能化检测的发展，出现了带有探索和信息反馈功能的主动检测方式。

根据探索行为所逐一得到的检测结果来判断被检测对象的状态及性质，并重复进行探索，深入掌握其状态，如图 1-1-17 所示。主动探索检测的信息反馈有多种形式：反馈给信息处理部，如神经元网络学习等处理；反馈给传感器，如改变传感器的工作温度，使传感器的灵敏度提高或改变量程等；反馈给被检测对象，如调整其位置、姿态使检测结果具有确定性。例如，在检测气体浓度时，首先要观测随检测装置移动的浓度值的变化，探索浓度最大值的空间位置，然后输出检测结果等。

许多智能化检测系统里带有可探索参数或自动可变功能。

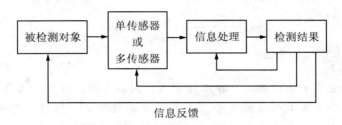

图 1-1-17　各种主动探索与信息反馈检测

2. 多元化检测技术

信号转换是检测系统的最前端部分，在复杂的检测系统中，往往是检测信号里已包含了所需要的信息，但并不能直接反映所需要的信息。而且在检测精度要求高的情况下，作为信号转换的传感器往往不止一个。使用多个传感器或不同类型的传感器群，实现高度智能检测功能，是检测技术发展的必然趋势。

随着半导体材料及计算机技术的发展，也促使人们对复杂问题的智能检测系统的需求越来越大，并且使多元化检测成为可能。

所谓智能检测一般包括干扰量的补偿处理，输入/输出特性的线性化改善（特性补偿），以及自动校正、自动设定量程、自诊断、分散处理等，这些智能检测功能可以通过传感元件与信号处理元件的功能集成来实现。总的来说，功能集成型智能化的发展与变迁仍然属于实现自动、省力功能的阶段。随着智能化程度的提高，由功能集成型已渐渐发展成为功能创新型，如复合检测、成像、特征提取及识别等，即运用多个传感器自身的形态和并行检测结构进行信号处理以得到新的信息，从而实现高度的智能化检测。这里用"多元化检测"代表这一类智能检测方法。

为了实现检测与控制系统中传感器与其他装置的兼容性和互换性，转换成的电量有必要采用统一的国际标准。1973 年 4 月国际电工委员会（IEC）第 65 次技术委员会通过了这一标准，规定了传感器输出电量信号的规格，即过程控制系统的模拟直流电流信号为 $0\sim10mA\ DC$ 或 $4\sim20mA\ DC$，模拟直流电压信号为 $1\sim5V\ DC$。变送器是一种将非标准电量信号转换为统一的标准电量信号的装置。有些变送器将信号检测与变送构成了一体，因此，变送器是输出标准信号的传感器。

学习评价

1-1-1　检测及仪表在控制系统中起什么作用？两者的关系如何？

1-1-2　典型检测仪表控制系统的结构是怎样的？各单元主要起什么作用？

1-1-3　传统回路控制系统与网络化控制回路有什么区别？

1-1-4　什么是仪表的测量范围、上下限和量程？彼此有什么关系？

1-1-5　如何才能实现仪表的零点迁移和量程迁移？

1-1-6　什么是仪表的灵敏度和分辨率？两者间存在什么关系？

1-1-7　仪表的精度是如何确定的？

1-1-8　衡量仪表的可靠性有哪些方法？常用的方法有哪些？

▶任务二　温度传感器与仪表应用

 任务描述

温度传感器分类方法很多，可按工作方式、测温范围、性能特点等多方面来分类。根据传感器与被测介质是否接触可分为接触式和非接触式；根据测量的工作原理可分为膨胀式、压力式、热电阻、热电偶、辐射式等。在检测与控制过程中，检测与控制的对象常常是温度、压力、物位、流量等各种非电量。这些非电量往往要先利用传感器转换成电量，以便检测与控制。

1.2.1　温度测量的基本概念

温度传感器是检测温度的器件，其种类最多，应用最广，发展最快。日常使用的材料及电子元件大部分都有随着温度而变化的特征，但作为实用传感器必须满足如下一些条件：

(1)在使用温度范围内温度特性曲线要求达到的精度能符合要求。为了在较宽的温度范围内进行检测，温度系数不宜过大，过大了就难以使用，但对于狭窄的温度范围或仅仅定点的检测，其温度系数越大，检测电路也越简单。

(2)为了将它用于电子电路的检测装置，要具有检测便捷和易于处理的特性。随着半导体器件和信号处理技术的进步，对温度传感器所要求的输出特性应能满足要求。

(3)特性的偏移和蠕变越小越好，互换性要好。

(4)对于温度以外的物理量不敏感。

(5)体积要小，安装要方便。为了能正确地测量温度，传感器的温度必须与被测物体的温度相等。传感器体积越小，这个条件越能满足。

(6)要有较好的机械、化学及热性能。这对于使用在振动和有害气体的环境中特别重要。

(7)无毒、安全以及价廉，维修、更换方便等。

1.2.2　温度传感器的分类与选型

1.温度传感器的分类

常用温度传感器的分类见表1-2-1。下面介绍几种常用温度传感器的分类与选型：

①按测量范围分。把测量600℃以上温度的仪表叫高温计，测量600℃以下温度的仪表叫温度计。

②按工作原理分。分为膨胀式温度计、热电偶温度计、热电阻温度计、压力式温度计、辐射高温计和光学高温计等，见表1-2-2。

③按感温元件和被测介质接触与否分，分为接触式与非接触式两大类。

(1)接触式温度传感器是指传感器直接与被测物体接触，从而进行温度测量，这是温度测量的基本形式。这种方式的特点是通过接触方式把被测物体的热量传递给传感器，从而降低了被测物体的温度，特别是被测物体热容量较小时，测量精度较低。因此，采用这种方式要测得物体的真实温度，前提条件是被测物体的热容量要足够大且大于温度传感器。常用温度传感器的分类见表 1-2-1。

表 1-2-1　常用温度传感器的分类

测温方式	测温原理或敏感元件		温度传感器或测温仪表
接触式	体积变化	固体热膨胀	双金属温度计
		液体热膨胀	玻璃液体温度计、液体压力式温度计
		气体热膨胀	气体温度计、气体压力式温度计
	电阻变化	金属热电阻	铂、铜、铁电阻温度计
		半导体热敏电阻	碳、锗、金属氧化物等半导体温度计
	电压变化	PN 结电压	PN 结数字温度计
	热电势变化	廉价金属热电偶	镍铬-镍硅热电偶、铜-铜镍热电偶等
		贵重金属热电偶	铂铑$_{10}$-铂热电偶、铂铑$_{30}$-铂铑$_6$热电偶等
		难熔金属热电偶	钨镍系列热电偶等
		非金属热电偶	碳化物、硼化物热电偶等
	频率变化	石英晶体	石英晶体温度计
	其他	其他	光纤温度传感器、声学温度计等
非接触式	热辐射能量变化	比色法	比色高温计
		全辐射法	辐射感温式温度计
		亮度法	目视亮度高温计、光电亮度高温计等
		其他	红外温度计、火焰温度计、光谱温度计等

接触式温度传感器有热电偶、热敏电阻等，利用其产生的热电动势或电阻随温度变化的特性来测量物体的温度，一般还采用与开关组合的双金属片或磁继电器开关进行控制。热电偶是铜-康铜、镍铬-镍铝、铂-铂铑等不同金属或合金的接合界面上出现温度差而产生热电动势，测量其热电动势从而测量物体温度的传感器。热敏电阻是一种如氧化半导体陶瓷那样的电阻体，其阻值随温度变化非常显著，热敏电阻有正温度系数 PTC，负温度系数 NTC，还有达到一定温度时阻值急剧变化的 CTR。利用阻值随温度变化的热敏电阻传感器是将测温电阻构成桥路对温度进行测量，这样可消除由于环境温度变化引起的温漂，并能减小测量值的偏移及噪声。这种传感器简便、小型、坚固，并且设计简单，除广泛应用于微波炉、电热毯、冷库、空调等家用电器以外，还广泛应用于汽车、船舶、控制设备、工业测量等。

(2)非接触式温度传感器包括辐射温度计、报警装置、自动门、气体分析仪、分光光度仪等。

表 1-2-2　测温仪表的分类及性能比较

测温范围		温度计名称	简单原理及常用测温范围	优　点	缺　点
接触式	热膨胀	玻璃温度计	液体受热时体积膨胀－100℃～600℃	价廉、精度较高、稳定性较好	易破损，只能安装在易观察的地方
		双金属温度计	金属受热线性膨胀－50℃～600℃	示值清楚、机械强度较好	精度较低
		压力式温度计	温包内的气体或液体因受热而改变压力－50℃～600℃	价廉、最易就地集中检测	毛细管机械强度差，损坏后不易修复
	热电阻	热电阻温度计	导体或半导体的阻值随温度而改变－200℃～600℃	测量准确，可用于低温或低温差测量	和热电偶相比，维护工作量大，用于振动场合
	热电偶	热电偶温度计	两种不同金属导体接点受热产生热电势－50℃～1600℃	测量准确，和热电阻相比安装、维护方便，不易损坏	需要补偿导线，安装费用较高
非接触式	热辐射	光学高温计	加热体的亮度随温度高低而变化 700℃～3200℃	测温范围广，携带使用方便，价格便宜	只能目测，必须熟练才能测得比较准确
		光电高温计	加热体的颜色随温度高低而变化 50℃～2000℃	反应速度快，测量较准确	构造复杂，价格高，读数麻烦
		辐射高温计	加热体的辐射能量随温度高低而变化 50℃～2000℃	反应速度快	误差较大

2. 热电偶温度传感器

热电偶是目前应用最广泛的温度传感器。热电偶的特点是结构简单，仅由两根不同的导体或半导体材料焊接或绞接而成；测温的精确度和灵敏度足够高；稳定性和复现性较好；动态响应快；测温范围广；电动势信号便于传送。

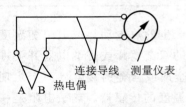

连接导线　测量仪表
热电偶
A B

图 1-2-1　简单的热电偶测温系统

简单的热电偶测温系统如图 1-2-1 所示。热电偶是由两种不同材料的导体（或半导体）A、B 焊接而成。焊接的一端为工作端（或热端），与导线连接的一端为自由端（或冷端），导体 A、B 称为热电极，总称热电偶。测量时将其工作端与被测介质相接触，测量仪表常为动圈仪表或电位差计，用来测出热电偶的热电势，连接导线为补偿导线及铜导线。

（1）热电偶的工作原理

在图 1-2-2(a) 中两种不同的导体（或半导体）A、B 组成闭合回路，两接点温度分别为 t 和 t_0（$t > t_0$），则在回路中产生一个电动势。这个物理现象就是塞贝克效应，此电势称为热电势。热电势的产生由接触电势与温差电势两部分组成。

接触电势是两种不同的导体因自由电子密度不同而在接触处形成的电动势，又称帕尔帖电势。此电势与材质、温度有关，表示为 $e_{AB}(t)$、$e_{AB}(t_0)$，A 为正极，B 为负极。

　　温差电势是同一材质导体因两端温度不同而产生的电动势，又称汤姆逊电势。此电势与材质、温度有关，表示为 $E_A(t, t_0)$、$E_B(t, t_0)$。

　　一般情况下，热电偶的接触电势远大于温差电势，故其热电势的极性取决于接触电势的极性。因此，在两个热电极中，电子密度大的导体 A 是正极，电子密度小的导体 B 为负极。热电势的大小 $E_{AB}(t, t_0) = e_{AB}(t) - e_{AB}(t_0)$。热电偶所产生的热电势大小与热电极的长度和直径无关，只与热电极材料和两端温度有关。

　　为了测得热电势的大小，必须在测量回路中插入各种仪表、连接导线等。在热电偶回路中只要保证热电偶断开点的两端温度相同，插入第三种导体 C 不影响原来热电偶回路的热电势。利用此性质可在回路中接入各种仪表和连接导线，如图 1-2-2(b)所示。

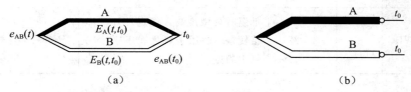

图 1-2-2　热电偶电路的构成

　　把热电偶的热电势与工作端温度之间的关系制成表格，称为热电偶的分度值。热电偶是在自由端温度为 0℃时进行分度的，若自由端温度不为 0℃，而为 t_0 时，则热电势与温度之间构成的关系可用下式进行计算

$$E_{AB}(t, t_0) = E_{AB}(t, 0) - E_{AB}(t_0, 0) \qquad (1\text{-}2\text{-}1)$$

式中，$E_{AB}(t, 0)$ 和 $E_{AB}(t_0, 0)$ 分别相当于该热电偶的工作端温度为 t 和 t_0 而自由端温度为 0℃时的热电势。

　　(2)常用热电偶的要求

　　根据热电偶测温的基本原理，理论上任意两种不同材料的导体或半导体均可作为热电极组成热电偶，但实际上为保证可靠地进行具有足够精度的温度测量，对热电极材料必须进行严格选择。一般有以下要求：在测温范围内，物理、化学稳定性要高；电阻温度系数小；导电率高；组成热电偶后产生的热电势要大；热电势与温度要有线性关系或简单的函数关系；复现性好；便于加工成丝等。

　　组成热电极的材料不同，所产生的热电势也就不同，目前常用的热电偶及主要性能如表 1-2-3 所示。

表 1-2-3　常用热电偶及主要性能

热电偶名称	代号	分度号	$E(100, 0)$ (mV)	主要性能	测温范围(℃)	
					长期使用	短期使用
铂铑$_{10}$-铂	WRP	S	0.645	热电性能稳定，抗氧化性能好，适用于氧化性和中性气氛中测量，热电势小，成本高	20~1300	1600
铂铑$_{30}$-铂铑$_6$	WRR	B	0.033	稳定性好，测量温度高，参比端在0℃~100℃范围内可以不用补偿导线；适用于氧化气氛中的测量；热电势小，价格高	300~1600	1800

热电偶名称	代号	分度号	$E(100, 0)$ (mV)	主要性能	测温范围(℃) 长期使用	短期使用
镍铬-镍硅	WRN	K	4.095	热电势大，线性好，适用于在氧化性和中性气氛中测量，且价格便宜，是工业上使用最多的一种	−50~1000	1200
镍铬-铜镍	WRK	E	6.317	热电势大，灵敏度高，价格便宜，中低温稳定性好。适用于氧化或弱还原性气氛中测量	−50~800	900
铜-铜镍	WRC	T	4.277	低温时灵敏度高，稳定性好，价格便宜。适用于氧化和还原性气氛中测量	−40~300	350

(3)热电偶的结构：热电偶通常由热电极、绝缘子、保护套管、接线盒四部分组成，其结构如图 1-2-3 所示。

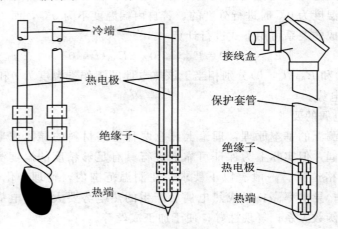

图 1-2-3　热电偶的结构

制作热电极的材料不但应满足前面所述的要求，而且热电极直径的大小是由材料价格、机械强度、电导率以及热电偶的用途、测温范围等因素决定的。贵金属电极丝的直径一般为 0.3~0.65mm，普通金属电极丝的直径一般为 0.5~3.2mm，其长度由安装条件及插入深度而定，一般为 350~2000mm。通常以热电极的材料类别来确定热电偶的名称，写在前面的电极为正，后者为负。绝缘子用来防止两根热电极短路。保护套管套在热电极和绝缘子外边，其作用是将热电极与被测介质隔离，使热电极免受化学作用和机械损伤，从而得到较长的使用寿命和测温的准确性。接线盒供连接热电偶和补偿导线用，必须密封良好，以防灰尘、水分及有害气体侵入保护套管内。接线盒内的接线端子上要注明热电极的正、负极，以便正确接线。它通常用铝合金制成，并分为普通型和密封型两种。

热电偶的结构型式可根据其用途和安装位置的具体情况而定。除上述带保护套管的形式外，还有套管式（或称铠装）和薄膜式热电偶。

①铠装热电偶：是由热电极、绝缘材料和金属套管经拉伸加工而成的组合体，它可以做得很长、很细，在使用中可以随测量需要进行弯曲。套管材料为铜、不锈钢或镍基高温合金等。热电极和套管之间填满了绝缘材料的粉末，常用的绝缘材料有氧化镁、氧化铝等。目前生产的铠装热电偶外径为 0.25～12mm，有多种规格。它的长短根据需要来定，最长的可达 100m 以上。图 1-2-3 为热电偶的结构。

铠装热电偶的主要优点是：测量端热容量小，动态响应快，机械强度高，挠性好，耐高压，耐强烈震动和冲击，可安装在结构复杂的装置上，因此已被广泛用在许多工业部门中。

②薄膜热电偶：是由两种金属薄膜连接而成的一种特殊结构的热电偶。薄膜热电偶的测量端既小又薄，热容量很小，可用于微小面积上的温度测量；动态响应快，可测量瞬变的表面温度。其中片状结构的薄膜热电偶是采用真空蒸镀法将两种电极材料蒸镀到绝缘基板上，上面再蒸镀一层二氧化硅薄膜作为绝缘和保护层。

应用时薄膜状热电偶用黏接剂紧贴在被测物表面，所以热量损失极小，测量精度能大大提高。使用温度受到黏接剂和衬垫材料的限制，这类产品只能用于 $-200℃ \sim 300℃$ 范围，其时间常数小于 0.01s。

（4）补偿导线的选用：利用热电偶测温，必须保证自由端温度恒定。但在实际工作中，由于热电偶的自由端靠近设备或管道，使得自由端温度会受到环境温度及设备或管道中介质温度的影响。因此，自由端温度难于保持恒定。为了准确测量温度，必须设法使自由端延伸到远离被测对象且温度又比较稳定的地方。如果把热电偶做得很长，则安装使用不方便，因热电极多为贵金属，所以成本高。人们从实践中发现，某些成本低廉金属组成的热电偶在 $0℃ \sim 100℃$ 范围内的热电特性与已经标准化的热电偶的热电特性非常接近。因此，可以用这些导线来代替原有热电极，将热电偶的自由端延伸出来，这种方法称为补偿导线法。不同的热电偶要求配用不同的补偿导线，使用补偿导线时，补偿导线的正、负极必须与热电偶的正、负极同名端对应相接。正、负两极的接点温度 t_0 应保持相同，延伸后的自由端温度应当恒定，这样应用补偿导线才有意义，如图 1-2-4 所示。

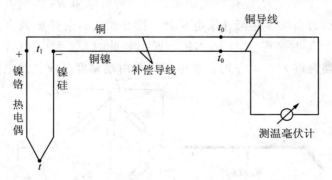

图 1-2-4　补偿导线连接图

（5）热电偶的自由端温度补偿：利用热电偶测温，其温度与热电势关系曲线是在自由端温度为0℃时分度的，利用补偿导线仅仅使自由端延伸到了温度较低或比较稳定的操作室，并没有保证自由端温度为0℃，因此，测量结果就会有误差存在。为了消除这种误差，必须进行自由端温度补偿。常采用以下几种补偿方法：

①自由端温度校正法（公式修正法）。若自由端温度不为0℃，而是某一恒定温度t_0，则测得的热电势为$E_{AB}(t, t_0)$，由公式求得实际温度所对应的热电势为

$$E_{AB}(t, 0) = E_{AB}(t, t_0) + E_{AB}(t_0, 0) \tag{1-2-2}$$

②0℃恒温法（冰浴法）。如图1-2-5所示，将热电偶的自由端放入盛有绝缘油的试管中，该试管则置于装有冰水混合物的恒温器内，使自由端温度保持0℃，然后用铜导线引出。此法多用于实验室中。

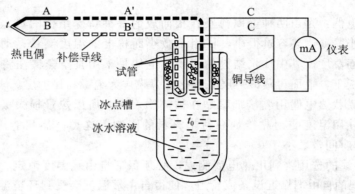

图1-2-5 冰浴法

③校正仪表零点法。一般仪表未工作时，指针指在零位上（机械零点）。在自由端温度比较稳定的情况下，可预先将仪表的机械零点调整到相当于自由端温度（一般是室温）的数值上来补偿测量时仪表指示值的偏低。由于室温是变化的，因此这种方法有一定的误差，但由于方法简单，故工业上常用。

④补偿电桥（自由端温度补偿器）法。它是利用不平衡电桥产生的不平衡电压来补偿热电偶因自由端温度变化而引起的热电势变化值，线路如图1-2-6所示。补偿电桥中的三个桥臂电阻R_1、R_2、R_3由锰铜丝制成，另一桥臂电阻R_{Cu}由铜丝制成。一般用补偿导线将热电偶的自由端延伸至补偿电桥处，使补偿电桥与热电偶自由端具有相同温度。电桥通常在20℃时平衡（$R_1 : R_2 : R_3 = R_{Cu}^{20}$），此时$U_{ab} = 0$，电桥对仪表的读数无影响。当周围环境温度大于20℃时，热电偶因自由端温度升高使热电势减少，电桥由

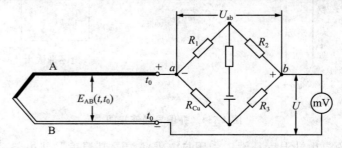

图1-2-6 具有补偿电桥的热电偶测温电路

于 R_{cu} 阻值的增加而使 b 点电位高于 a 点电位，在 b、a 对角线间有一不平衡电压 $U_{ba} > 0$ 输出，它与热电偶的热电势叠加送入测量仪表。若选择的桥臂电阻和电流的数值适当，可使电桥产生的不平衡电压值正好补偿由于自由端温度变化而引起的热电势的变化值，使仪表指示出正确的温度。

由于电桥是在 20℃ 时平衡的，所以采用此法仍需把仪表的机械零点调到 20℃ 处。测量仪表为动圈表时应使用补偿电桥，若测量仪表为电位差计则不需要补偿电桥。

3. 热电阻温度传感器

如果应用热电偶测 500℃ 以下的中、低温，则会存在以下两个问题：①热电偶输出的热电势很小，这时对电子电位差计的放大器和抗干扰措施要求都很高，仪表维修也困难；②由于自由端温度变化而引起的相对误差突出，不易得到全补偿。因此，工业上广泛应用热电阻温度计来测量 -200℃~500℃ 的温度。

(1) 热电阻的测温原理：利用导体或半导体的电阻值随温度变化而变化的特性来测量温度的感温元件叫热电阻。大多数金属在温度每升高 1℃ 时，其电阻值要增加 0.4%~0.6%。电阻温度计就是利用热电阻这一感温元件将温度的变化转化为电阻值的变化，通过测量桥路转换成电压信号，然后送至显示仪表指示或记录被测温度。热电阻温度计具有输出信号大、测量准确、可远传、自动记录和实现多点测量等优点。

(2) 热电阻的结构：热电阻通常由电阻体、绝缘子、保护套管和接线盒四个部分组成，其中绝缘子、保护套管及接线盒部分的结构和形状与热电偶的相应部分相同。

将电阻丝绕在支架上就是电阻体。电阻元件要制作得精巧，在使用中不能因金属膨胀引起附加应力。为了避免热电阻通过交流时存在电抗，热电阻在绕制时采用双线无感绕制法。热电阻作为反映电阻和温度关系的感温元件，要具有尽可能大而且稳定的电阻温度系数，稳定的化学和物理性能，电阻率要大，电阻值随温度变化的关系最好呈线性关系。目前常用的是铂热电阻和铜热电阻。

(3) 铂热电阻和铜热电阻的性能及适用范围：

①铂热电阻（WZP 型号）。铂是比较理想的热电阻材料，易于提纯，在氧化性介质中，甚至在高温下，其物理、化学性质都很稳定，且在较宽的温度范围内可保持良好的特性。但在还原性介质中，特别是在高温下易被玷污，使铂丝变脆，并改变其电阻与温度间的关系。通常以 $W_{100} = R_{100}/R_0$ 来表示铂的纯度，其中 R_{100} 和 R_0 分别为铂电阻在 100℃ 和 0℃ 时的电阻值。国际电工委员会（IEC）标准规定 $W_{100} = 1.3850$，R_0 值分为 10Ω 和 100Ω 两种（其中 100Ω 为优选值），测温范围为 -200℃~850℃。

铂热电阻的电阻值与温度之间的关系如下

在 -200℃~0℃ 范围内

$$R_t = R_0 [1 + At + Bt^2 + C(t/℃ - 100)t^3] \tag{1-2-3}$$

在 0℃~850℃ 范围内

$$R_t = (1 + At + Bt^2) \tag{1-2-4}$$

式中，t 为任意温度值；R 为温度为 t℃ 时铂电阻的电阻值；R_0 为温度为 0℃ 时铂电阻的电阻值；A、B、C 为常数，其中 $A = 3.90802 \times 10^{-3}$（℃$^{-1}$），$B = -5.802 \times 10^{-7}$（℃$^{-4}$），$C = -4.273508 \times 10^{-12}$（℃$^{-4}$）。

选定值 R_0，由上式即可列出铂电阻的分度表。

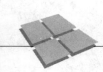

目前我国常用的铂电阻有两种：一种是 $R_0=10\Omega$，其对应的分度号为 Pt10；另一种是 $R_0=100\Omega$，其对应的分度号为 Pt100。

②铜热电阻（WZC 型号）。铜的电阻温度系数大，易加工提纯，其电阻值与温度呈线性关系，价格便宜，在 $-50\text{℃}\sim150\text{℃}$ 内有很好的稳定性。但温度超过 150℃ 后易被氧化，而失去线性特性，因此，它的工作温度一般不超过 150℃。铜的电阻率小，要具有一定的电阻值，铜电阻丝必须较细且长，则热电阻体积较大，机械强度低。

在 $-50\text{℃}\sim150\text{℃}$ 之间，有如下关系

$$R_t=R_0(1+\alpha t) \tag{1-2-5}$$

式中，R_t 为铜电阻在 $t\text{℃}$ 时的电阻值；R_0 为铜电阻在 0℃ 时的电阻值；α 为铜电阻的电阻温度系数，$\alpha=0.004280(\text{℃}^{-1})$。

工业上用的铜电阻有两种，一种是 $R_0=50\Omega$，其对应的分度号为 Cu50；另一种是 $R_0=100\Omega$，其对应的分度号为 Cu100。电阻比 $R_{100}/R_0=1.428$。

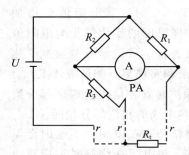

图 1-2-7　热电阻的三线制接法

工业用热电阻安装在生产现场，而其指示或记录仪表安装在控制室，其间的引线很长，如果仅用两根导线接在热电阻两端，连接热电阻的两根导线本身的阻值势必和热电阻的阻值串联在一起，造成测量误差。这个误差很难修正，因为导线的阻值随环境温度的变化而变化，环境温度并非处处相同，且又变化莫测。所以，两线制连接方式不宜在工业热电阻上普遍应用。为避免或减少导线电阻对测温的影响，工业热电阻多采用三线制接法，如图 1-2-7 所示。即从热电阻引出三根导线，这三根导线粗细相同，长度相等，阻值相等。当热电阻与电桥配合时，其中一根串联在电桥的电源上，另外两根分别串联在电桥的相邻两臂中。使相邻两臂的阻值都变化同样大的阻值，这样把连接导线随温度变化的电阻值加在相邻的两个桥臂上，则其变化对测量的影响就可相互抵消。

工业热电阻有时用不平衡电桥指示温度，例如，与动圈仪表配合便是靠电桥不平衡的程度来指示温度的。这种情况下，虽然不能完全消除导线电阻对测温的影响，但采用三线制接法肯定会减少它的影响。

4. 半导体热敏电阻

半导体热敏电阻的特点是灵敏度高、体积小、反应快，它是利用半导体的电阻值随温度显著变化的特性制成的。它是某些金属氧化物按不同的配方比例烧结而成的。在一定的范围内根据测量热敏电阻阻值的变化，便可知被测介质的温度变化。

半导体热敏电阻基本可分为三种类型，其特性如图 1-2-8 所示。

（1）NTC 热敏电阻：大多数半导体热敏电阻具

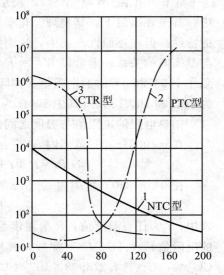

图 1-2-8　半导体热敏电阻特性

有负温度系数，称为 NTC 型热敏电阻。NTC 型热敏电阻主要由 Mn、Co、Ni、Fe 等金属的氧化物烧结而成，通过不同的材质组合，能得到不同的温度特性。根据需要可制成片状、棒状或珠状，直径或厚度约 1mm，长度往往不到 3mm。

（2）CTR 热敏电阻：用 V、Ge、W、P 等元素的氧化物在弱还原气氛中形成烧结体，制成临界型即 CTR 型热敏电阻。它也是负温度系数类型，但在某个温度范围里阻值急剧下降，曲线斜率在此区段特别陡峭，灵敏度极高。

（3）PTC 热敏电阻：PTC 热敏电阻是以钛酸钡掺合稀土元素烧结而成的半导体陶瓷元件，具有正温度系数。其特性曲线随温度升高而阻值增大，且有斜率最大的区段。通过成分配比和添加剂的改变，可使其斜率最大的区段处于不同的温度范围内。

PTC 型和 CTR 型热敏电阻最适合于制造位式作用的温度传感器，只有 NTC 型热敏电阻才适合制造连续作用的温度传感器。大多数热敏电阻用于 $-100℃\sim300℃$ 之间。但要特别注意的是，并非每个热敏电阻都能在这整个范围里工作。从图 1-2-8 可以看出，PTC 型和 CTR 型的特性曲线只有不大的区段是陡峭的，NTC 型也只有低温段斜率比较大。所以，热敏电阻不宜在宽阔温度范围里工作，但可以由多个适用于不同温度区间的热敏电阻分段切换，以达到 $-100℃\sim300℃$ 的范围。

5. 集成温度传感器

集成温度传感器，就是在一块极小的半导体芯片上集成了包括敏感器件、信号放大电路、温度补偿电路、基准电源电路等在内的各个单元，它使传感器和集成电路融为一体，提高了传感器的性能，是实现传感器智能化、微型化、多功能化、提高检测灵敏度，实现大规模生产的重要保证。集成温度传感器具有测温精度高、重复性好、线性优良、体积小、热容量小、稳定性好、输出电信号大的特点。与其他类型温度传感器相比，其工作温度范围较窄（$-55℃\sim150℃$ 之间）。

（1）AD590 系列集成温度传感器。AD590 是电流型集成温度传感器，其输出电流与环境热力学温度成正比，所以可以直接制成热力学温度仪。AD590 有 I、J、K、L、M 等型号系列，采用金属管壳封装，外形及电路符号如图 1-2-9 所示，各引脚功能见表 1-2-4。

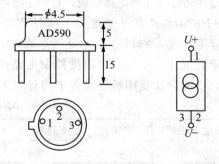

图 1-2-9　AD590 温度传感器外形和电路符号

表 1-2-4　AD590 引脚功能

引脚编号	符　　号	功　　能
1	U^+	电源正端
2	U^-	电流输出端
3		金属管外壳，一般不用

AD590 具有良好的互换性和线性，灵敏度为 $1\mu A/K$，在整个使用温度范围内误差在 0.5℃ 以内。它还具有消除电源波动的特性，从 5V 变化到 15V，电流也只变化在

$1\mu A$ 以下，即只有 $1℃$ 以下的变化，因而广泛地应用在高精度温度测量和计算等方面。
表 1-2-5 为 AD590 主要电特性。

表 1-2-5　AD590 系列主要电特性

参数名称	AD59m	AD590J	AD590K	AD590L＋	AD590M
最高正向电压(V)			44		
最高反向电压(V)			—20		
工作温度范围(℃)			$-55\sim150$		
储存温度(℃)			$-65\sim175$		
工作电压范围(V)			$4\sim30$		
额定输出电流(在 25℃时)(μA)			298.2		
额定温度系数($\mu A/℃$)			1		
非线性($-55\sim150$)℃	±3	±1.5	±0.8	±0.4	±0.3
校正误差(在 25℃时)(℃)	±10	±5	±2.5	±1	±0.5

(2)AN6701S 集成温度传感器。AN6701S 是电压型集成温度传感器，其输出电压和温度成正比。它采用塑料封装，外形如图 1-2-10 所示。各引脚功能见表 1-2-7。

AN6701S 内电路由温度检测部分、温度补偿调节部分、缓冲运放部分等电路组成，它的主要电特性见表 1-2-6。

AN6701S 具有灵敏度高、线性度好、高精度和快速热反应等特点，它尺寸小，分辨率高(可达 0.1℃)，因此可用于温度计、体温计和温度控制电路，如在空调器、电热毯、电磁炉及复印机等设备中均有应用。

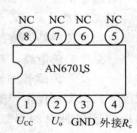

图 1-2-10　AN6701S 外形图

表 1-2-6　AN6701S 的主要电特性

工作温度范围(℃)	非线性	电源电压(V)	电源电流(mA)	输出电流(μA)	灵敏度(mV/℃)
$-10\sim80$	$\pm0.5\%$	$5\sim15$	$0.2\sim0.8$	±100	$105\sim114$

表 1-2-7　AN6701S 引脚功能

引脚编号	符　号	功　能
1	U_{cc}	电源
2	$U_。$	输出端
3	GND	接地
4	外接 R_c	外接校正电阻 R_c 改变工作温度范围和灵敏度
$5\sim8$	NC	空脚不用

6．温度变送器

(1)温度变送器分类

温度变送器有三个品种即直流毫伏信号变送器、热电偶温度变送器和热电阻温度变送器。它们分别将输入的直流毫伏信号及被测温度信号转换为 4～20mA DC 和 1～5V DC 输出统一信号。这三种变送器在线路结构上都分为量程单元和放大单元两个部分，其中放大单元是通用的，量程单元随品种、测量范围而变。变送器总体结构如图 1-2-11、图 1-2-12、图 1-2-13 所示。

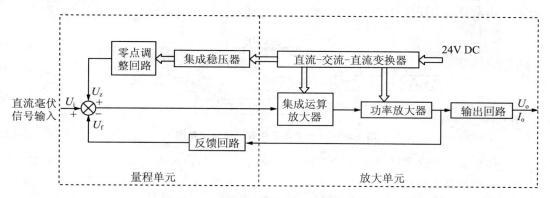

图 1-2-11　直流毫伏信号变送器结构框图

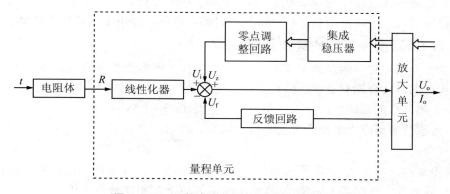

图 1-2-12　配热电阻的温度变送器结构框图

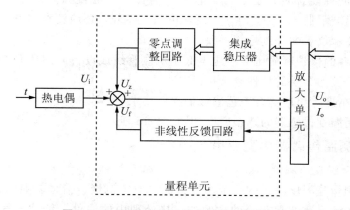

图 1-2-13　配热电偶的温度变送器结构框图

　　(2)三种变送器的主要区别是反馈网络。直流毫伏信号变送器反馈回路是线性电阻网络；热电阻和热电偶温度变送器则分别采用不同的线性化环节，实现变送器输出信号与被测温度之间的线性关系。

7. 一体化温度变送器

一体化温度变送器是温度传感元件与变送电路的紧密结合体。它是一种小型固态化温度变送器，热电偶或热电阻安装在一起，不需要补偿导线或延长线，由直流 24V 供电，用两线制方式连接，输出 4～20mA DC 标准信号。其原理如图 1-2-14 所示。

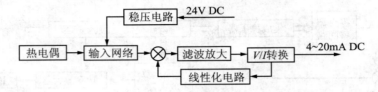

图 1-2-14　一体化温度变送器原理框图

一体化温度变送器的基本误差不超过量程的 ±0.5%，可安装在 −25℃～80℃ 的环境中，有些产品上限环境温度可扩展 110℃。

一体化温度变送器的特点是变送器直接从现场输出 4～20mA DC 标准信号，大大提高了长距离传送过程中的抗干扰能力，免去了补偿导线，节省了投资。变送器一般采用硅橡胶密封，不需要调整维护，耐振、耐湿，可靠，适用于多种恶劣环境。

1.2.3　温度传感器的选型原则

从以上分析可知，测温装置多种多样，在选择中要根据实际要求，分析被测对象的特点和状态，结合现有装置的特点及技术指标进行比较。主要应考虑以下几个方面。

(1)传感器精度等级应符合工艺参数的误差要求。

(2)传感器选型应力求操作方便、运行可靠、经济，并在同一工程中尽量减少传感器的品种和规格。

(3)传感器的测温范围(即测温的上、下限)应大于工艺要求的实际测温范围。一般取实测最高温度为传感器上限值的 90%，而 30% 以下的刻度最好不用。

(4)热电偶的性能优良，造价低廉且易于与计算机相配接，所以是首选的测温元件。只有在测温上限低于 150℃ 时才选用热电阻。另外，还应注意热电偶的补偿导线应与热电偶以及显示仪表的分度号相一致。

(5)测温元件的保护管耐压等级应不低于所在管线或设备的耐压等级，材料应根据最高使用温度及被测介质的特性来选择。

(6)传感器精度等级应符合工艺参数的误差要求。

一般工业用温度传感器的选型原则如图 1-2-15 所示。

1.2.4　测温传感器典型应用

1. 金属表面温度的测量

表面温度测量是温度测量的一个主要方面。对于机械、冶金、能源、国防等部门，金属表面温度的测量是非常普遍的。例如，热处理中的锻件、铸件、气体水蒸气管道及炉壁面等表面温度的测量，温度从几百摄氏度到一千摄氏度，测量方法通常采用直接接触测温法。

直接接触测温法是采用各种热电偶，用黏接剂或焊接的方法，将热电偶与被测金属表

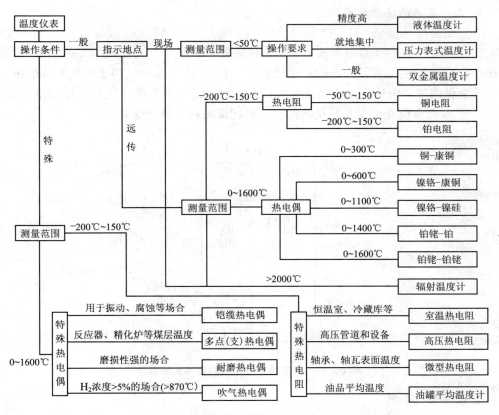

图 1-2-15 一般工业用温度传感器的选型原则

面直接接触，然后把热电偶接到显示仪表上组成测温系统，指示出金属表面的温度。

2. 热电偶炉温控制装置

常用炉温测量装置如图 1-2-16 所示。毫伏定值器给出给定温度的相应毫伏值，热电偶的热电势与定值器的毫伏值相比较，若有偏差则表示炉温偏离给定值，此偏差经放大器送入调节器，再经过晶闸管触发器推动晶闸管执行器，来调整炉丝的加热功率，直到偏差被消除，从而实现控制温度的目的。

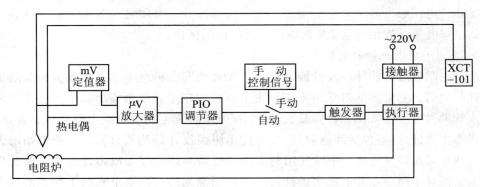

图 1-2-16 热电偶炉温控制装置

3. 采用集成温度传感器的数字式温度计

由集成温度传感器 AD590 及 A/D 转换器 7106 等组成的数字式温度计电路如图 1-2-17 所示。AD590 是电流输出型温度传感器，其线性电流输出为 1uA/℃。该温度计在 0℃～100℃测温范围内的测量精度为±0.7℃。电位器 RP_1 用于调整基准电压，以达到满量程调节，电位器 RP_2 用于在 0℃时调零。当被测温度变化时，流过 R_1 的电流不同，使 A 点电位发生变化，检测此电位即能检测到被测温度的大小。

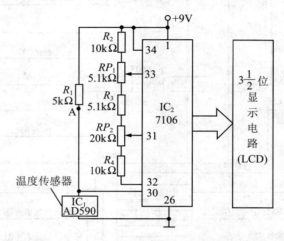

图 1-2-17　集成温度传感器的数字式温度计

4. 电动机保护器

电动机往往由于超负荷、缺相及机械传动部分发生故障等原因造成绕组发热，当温度升高到超过电机允许的最高温度时，将会使电机烧坏。利用 PTR 热敏电阻具有正温度系数这一特性可实现电机的过热保护。如图 1-2-18 所示是电动机保护器电路。图中 RT_1、RT_2、RT_3 为三只特性相同的 PTR 开关型热敏电阻，为了保护的可靠性，热敏电阻应埋设在电机绕组的端部。三个热敏电阻分别和 R_1、R_2、R_3 组成分压器，并通过 VD_1、VD_2、VD_3 和单结半导体 VT_1 相连接。当某一绕组过热时，绕组端部的热敏电阻的阻值将会急剧增大，使分压点的电压达到单结半导体的峰值电压时 VT_1 导通，产生的脉冲电压触发晶闸管 VS_2 导通，继电器 K 工作，常闭触点 K 断开，切断接触器 KM 的供电电源，从而使电动机断电，电动机得到保护。

5. 应用于发电机组的电阻温度计

由于电阻温度计的特点及性能，目前，在大型发电机组中它的用量大约是热电偶温度计的两倍。测温热电阻常用来测量发电机组中定子、线圈推力轴承、支撑轴承与冷却水管的温度。通常在一台容量大于 20 万千瓦的汽轮发电机组中汽轮机、发电机、励磁机等主机部分(不包括其他辅机)使用的电阻温度计可达数百只，一般电站的大修周期为两年，所以发电机组中所使用的温度传感器必须能够无故障地连续正常工作两年以上。而对于埋设在发电机定子硅钢片中的测温元件，则要求它的平均无故障寿命更长些。因此，大型发电机组测温传感器的选用除了考虑其性能与结构以外，还必须考察测温元件的可靠性及使用寿命等参数。

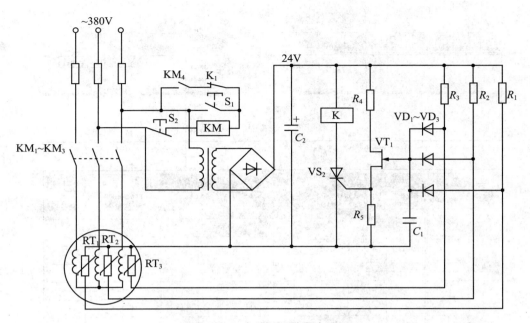

图 1-2-18　电动机保护器电路图

6. CST4001 温度自动检定装置

(1) 概述

CST4001 温度自动检定装置是集计算机技术、电子技术、自动测试技术于一体的自动化检定系统，如图 1-2-19 所示。该系统以微型计算机为主体，由六位半数字多用表、低热电势扫描开关、高稳定度控温仪、通用打印和专用软件组成。主要用于自动检定各种热电偶、热电阻，整个检定过程除需要检定员将实训仪器接线外，其余均在计算机控制下由系统自动完成。还可以半自动检定水银温度计、压力式温度计和双金属温度计等。因此，实现了检测迅速、准确，避免了人为误差，提高了测量的准确度，并减轻了劳动强度。该系统可广泛用于计量、军工、电力、石油、冶金、化工等部门。该系统的检定程序符合国家有关检定规程并执行 ITS—90 国际温标。另外，为方便用户工作，我们还编制了非检定规程要的软件，如图 1-2-20 所示。

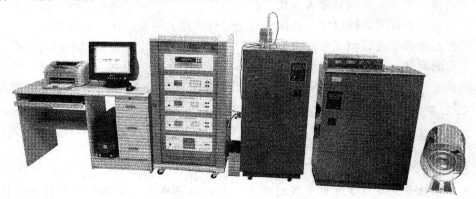

图 1-2-19　CST4001 温度自动检定系统

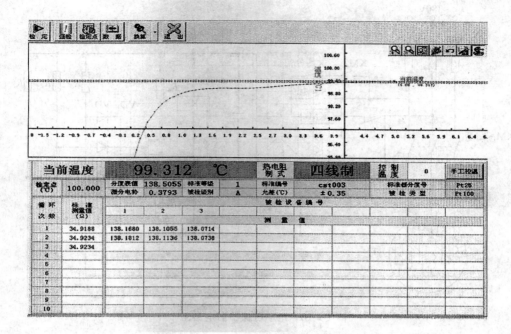

图 1-2-20 CST4001 温度自动检定系统软件

（2）特点

①自动化程度高，可以自动完成控温、检测、计算、存储数据、打印检测结果证书。

②硬件技术先进，采用模块化结构，设计合理。

③系统软件运行在 Windows98//Me/2000/XP 环境下，以 Access2000 数据库进行管理。软件运行稳定，界面友好，数据管理安全，系统软件维护、升级方便。

④系统软件检定流程控制自动化程度高，并可根据实际需要进行调整，方便了客户检定操作。

⑤提供了工业热电偶、工业热电阻、标准 S 型热电偶、标准 Pt50/100 热电阻的温度换算功能，省了烦琐的分度表查找工作。

⑥标准化程度高，可以完全按国家检定规程检定，检定结果自动处理。

⑦控温准确度高，恒温时间长，检定时间短，四个检定点在两个小时内完成。

⑧可同时独立控制多台恒温设备。

⑨检定热电偶有多种冷端补偿方式：自动冷端补偿、冰点补偿、手工设定温度补偿等。

1.2.5 温度检测传感器及仪表实训

实训任务 1 热电偶校验

 任务描述

为了使热电偶在测温过程中得到准确一致的测量结果，保证生产和科研工作的正常进行。新生产的热电偶必须进行检定，确定它是否符合国家标准、部颁标准或企业标准中所规定的技术要求。而对使用中的热电偶，由于受到环境条件、介质气氛、使用温度以及保护管和绝缘管材料的污染使热电极出现氧化、腐蚀、晶粒结构变化等现象，这些都会给热电偶测温带来误差，所以对使用中的热电偶应进行定期检定。

一、实训目的

1. 熟悉热电偶检定仪器结构和工作原理。

2. 掌握校验热电偶检定方法。

二、实训设备

(一)实训所需的仪器、设备及工具

1. 一、二等铂铑$_{30}$-铂铑$_6$热电偶及标准镍铬-镍硅热电偶。

2. 直流电位差计和直流数字电压表。

3. 管式检定炉、冰点恒温器等。

(1)标准仪器

在检定300℃～1600℃范围的工业热电偶时，主要的标准仪器是一、二等铂铑$_{10}$-铂热电偶；一、二等铂铑$_{30}$-铂铑$_6$热电偶及标准镍铬-镍硅热电偶。正确选择和使用标准热电偶是保证检定质量的重要因素。因此，应了解作为标准热电偶应具备的条件。

①一、二等标准铂铑$_{10}$-铂热$_6$电偶，其成分与工业热电偶相同，但负极铂丝纯度：R100/R0≥1.3920，式中R100、R0分别为同一段铂丝在温度为100℃、0℃时的电阻。

②标准铂铑$_{10}$-铂热$_6$电偶在参考端温度为0℃，测量端为1084.62℃(铜凝固点)时，其热电动势为(10.575±0.030)mV。

③一、二等标准铂铑$_{10}$-铂热$_6$电偶的稳定性，是以在检定时在铜点测得的热电势和上一次检定结果比较，其差值不应超过5.10μV。

④使用中的标准热电偶应按周期进行检定，检定周期由使用情况定，一般为一年。

(2)测量仪器

检定热电偶常用的测量仪器有直流电位差计和直流数字电压表及同等级其他电测设备。

选择电测设备的精度等级可根据被检热电偶的检定规程要求来定。

(3)检定炉

为了减少导热误差，保证热电偶的插入深度，检定炉长度不应小于600mm，直径不小于300mm，最高使用温度应能满足被检热电偶测温上限要求。检定炉温场沿轴向分布应中间高、两端低，温场最高处应位于炉子轴向中心，偏离中心位置不得超过20～30mm。

(4)多点转换开关

在测量回路中连接多点转换开关，是为了实现对多支热电偶检定的需要，检定贵重金属热电偶的多点转换开关的热电势不应大于0.5μV，检定廉价金属热电偶的多点转换开关的寄生热电势不应大于1μV。

(5)热电偶退火装置一套，0.5级测量范围0～15A的交流电流表一只

(6)冰点恒温器

(7)热电偶焊接装置一套

（二）实训装置连接

（1）双极法检定的特点

这种方法就是在各检定点上分别测量标准与被检热电偶的热电势值并进行比较计算其偏差或相应热电势值。双极法检定连接线路见图1-2-21。

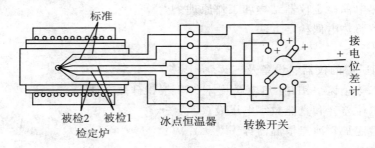

图1-2-21　双极法检定连接电路图

①直接测量热电偶的电势值。

②标准与被检可以是不同型号。

③热电偶测量端可以不捆扎在一起，但必须保证处于同一温度。

④测量次数少，计算简单。

（2）检定时需注意

①炉温必须严格按规定控制，否则就会带来较大测量误差。

②标准与被检参考端温度不为零度时，作数据处理时，要把参考端温度修正到零度。

（3）同名极法检定的特点

在各检定点上分别测量被检热电偶正极与标准热电偶正极及被检热电偶的负极与标准热电偶负极之间的微差热电势，然后用计算的方法求得被检热电偶偏差或相应电势值。

同名极法连接线路如图1-2-22所示。

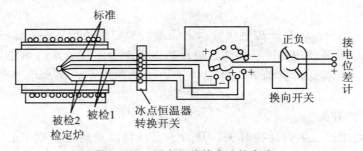

图1-2-22　同名极法检定连接电路

①读数过程中允许炉温变化大（一般为±10℃）。

②能够直接测出标准与被检热电偶的单极热电势的差值。

需注意的是：

①标准和被检热电偶必须是同一型号才能比对。

②对标准和被检热电偶的捆扎要求较严，否则容易产生误差。

（4）微差法检定特点

用微差法检定热电偶是将标准和被检热电偶（同型号）置于检定炉内，并将它们反向串联，直接测量其热电动势的差值。

微差法检定线路如图 1-2-23 所示。

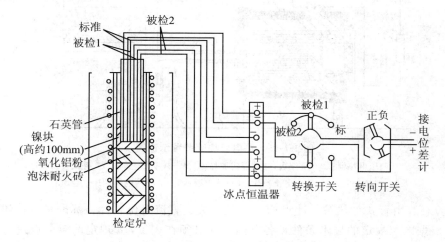

图 1-2-23　微差法检定连接电路

①操作简单，读数迅速，计算方便。

②能直接读出差值。

③检定时对炉温要求不严。

④热电偶的测量端不需进行捆扎，只要处于同一温度下就行。

（5）使用注意事项

①标准和被检热电偶必须是同一型号的才能比对。

②被检热电偶的正极一定要接到电位差计的正极端钮上，否则计算结果是错误的。

热电偶检定结果的处理请根据检定规程。经检定符合要求的热电偶发给检定证书，如有需要时，可给出热电偶各检定点的修正值。对不合格的热电偶发给检定结果通知书。

热电偶的检定周期一般为半年，特殊情况可按使用条件来确定。

三、热电偶校验

1. 按图 1-2-24 校验装置接线，然后请示指导教师检查，之后准备升温校验。

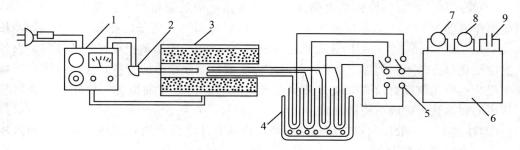

图 1-2-24　校验装置接线图

1—温度控制器；2—温控热电偶；3—管式检定炉；4—冰点恒温器；5—切换开关；

6—直流电位差计；7—数字电压表；8—标准电池；9—直流电源

一般检定温度在 300℃～1400℃ 的热电偶校验系统如图 1-2-25 所示。

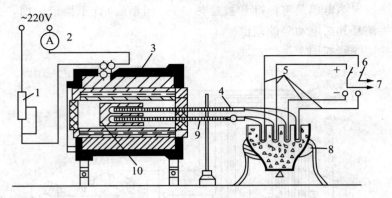

图 1-2-25 热电偶校验装置示意图

1—调压电位器；2—电流表；3—管式加热炉；4—标准热电偶；5—补偿导线；
6—切换开关；7—直流电位差计；8—冰点槽；9—被校热电偶；10—金属块

校验装置由管式加热炉、冰点槽、切换并关、直流电位差计、标准热电偶组成。

2. 根据国家规定的技术条件，各种热电偶必须在表 1-2-8 规定的温度点进行校验。

对 S、K 型号热电偶，如果用户要求使用在 300℃ 以下时，应增加 100℃ 校验点，校验时在油槽中与二等标准水银计比较。

对于要求精度很高的 B、L 热电偶可以用辅助平衡点：锌凝固点(419.505℃)、锑凝固点(630.74℃)、铜凝固点(1084.5℃)进行校验。

表 1-2-8 常用热电偶校验

分度号	热电偶材料	校验温度点(℃)
B	铂铑-铂	600，800，1000，1200
S	镍铬-镍硅	400，600，800，1000
K	(铝)镍铬-考铜	300，400，600
L	铂铑-铂铑	700，900，1100，1300

3. 校验装置要求。

(1)管式加热炉：供校验热电偶用的管式加热电炉的规格如下：最大电流为 10A，最高工作温度为 1300℃，电源电压为 220V，功率为 2kW。管子内径为 50～60mm，长度为 600～1000mm，要求管内温度稳定，最好有 100mm 左右的恒温区。读数时炉内各点温度变化每分钟不得超过 0.2℃，否则不能读数。温度数值的变更，通过自耦变压器来实现，也可用温度自动调节装置来实现管式加热炉内温度的恒定。校验贵重金属热电偶用的加热炉，炉膛内应同轴装一个清洁的瓷管。

(2)冰点槽：一般用大口玻璃保温瓶做，内放有冰水混合物，把热电偶冷端插入冰点槽中，以保证冷端为 0℃。

(3)直流电位差计：用于测量热电偶的热电势。采用精度不低于 0.02 级的实验室用低电势直流电位计与其匹配。

（4）标准仪器：根据校验温度范围的不同，各类热电偶校验时所用的标准仪器如表 1-2-9 所示。

表 1-2-9　热电偶校验用标准仪器

校验温度范围（℃）	被校热电偶	选用的标准仪器
0～300	各类	二级标准水银温度计
300～1300	贵重金属	二级标准铂铑-铂热电偶
300～1000	廉金属	三级标准铂铑-铂热电偶

（5）切换开关：在校验热电偶时，一般可同时校验 5 支以上，因此在线路中采用寄生电势小于 0.1μF 的多点切换开关，依次逐点校验。

4. 校验方法。

（1）校验铂铑-铂热电偶时，将被校热电偶从保护套管中抽出，用铂丝把被校热电偶与标准热电偶的测量端捆扎在一起，插入管式加热炉的均匀温度场内。

（2）当校验镍铬-镍铝（硅）和镍铬-考铜热电偶时，为保护标准热电偶不受到有害影响，须将标准热电偶插入石英套管内，再用镍铬丝把标准热电偶和被校热电偶的测量端捆扎在一起，插入管式加热炉的均匀温度场内。

（3）热电偶放入管式加热炉后，炉口应用经过很好烧炼的石棉堵严，并把热电偶的冷端置于恒温槽中，以保持冷端温度恒定。

（4）插入管式加热炉内的热电偶一般插入深度为 300mm。被校热电偶较短时，插入深度可适当减少，但不得短于 150mm。

（5）校验时用自耦变压器来调整炉温。当炉温达到所需校验温度点的 ±10℃ 范围内，且每分钟变化不超过 0.2℃ 时，就可以用直流电位差计对每一个热电偶测量热电势。

（6）每一支热电偶在一个检定温度点上的热电偶的读数不得小于 4 次，然后分别取标准热电偶和被校热电偶的 4 次读数的平均值，最后求出每支热电偶在各检定温度点的误差。

（7）当利用切换开关同时校验数据热电偶时，检定方法同上，但必须注意读数顺序，防止造成混乱。

5. 当炉温快到校验点温度时，如采用手动控温，调节控制温度的电压，使温度变化的速度降下来；如自动控温，则必须等待温度稳定，以保证每分钟炉温的变化不超过 0.2℃ 的要求。同时还应注意冰点槽中是否还有冰块，以保证热电偶自由端恒为 0℃。在满足前述各项技术要求的前提下，即可进行数据测量。

在每一校验温度点处，可在升温情况下连续测量两次，在降温情况下再连续测量两次的数据来计算平均值。

四、实训报告

1. 画出调校接线图。

2. 将测量数据填入校验单中。

热电偶类别	0℃		200℃		400℃		600℃		800℃	
	升温	降温	升温	降温	升温	降温	升温	降温	升温	降温
标准热电偶										
被校热电偶										
结论	原精度：			绝对误差：						
	现精度：			基本误差：						

实训任务 2　温度数字显示仪校验

一、实训目的

1．了解数字显示仪表相关性能指标的含义及其测试方法。

2．掌握数字显示仪表的调整及校验方法。

二、实训装置

(一)实训主要调校装置及其作用

1．配用热电偶和热电阻的数字显示仪表各一台，型号 XMZ-101、XMZ-102。

2．精密直流手动电位差计一台，推荐型号 UJ-36、37 或 33a，替代热电偶提供 XMZ-101 所需的校验信号。

3．精密电阻箱一只，推荐型号 ZX-38/A，替代热电阻进行 XMZ-102 型仪表的校验。

4．数字电压表一只。

(二)实训调校装置连接图

1．配用热电偶的数显仪表线路连接图(图 1-2-26)。

2．配用热电阻的数显仪表线路连接图(图 1-2-27)。

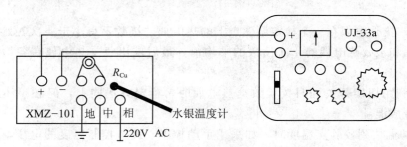

图 1-2-26　XMZ-101 数显仪表校验线路连接图

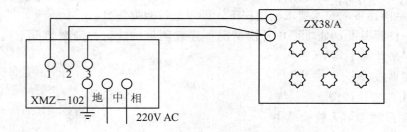

图 1-2-27　XMZ-102 数显仪表校验线路连接图

三、实训指导

（一）预备知识

1. 数字显示仪表的主要技术性能指标简介

数字显示仪表是能将被测的连续量自动地转换成断续量，然后进行数字编码，并将测量结果以数字形式显示的电测仪表，其主要技术性能指标如下。

（1）显示位数：数字显示仪表以十进制显示的位数称为显示位数，工业上常用的仪表显示位数为 $3×1/2$ 位。

（2）分辨率

分辨率是指使数字显示仪表示值的末位改变一个字所对应输入量的最小变化值（折算成相应的温度值），它表示了仪表能够检测到的最小信号变化量的能力。本调校要对分辨率进行测试。

（3）允许误差：表示数字显示仪表测量误差的形式与模拟仪表不同，其允许误差有三种绝对误差的表示方法：

$$\Delta=\pm\alpha\%\times（测量范围上限值-测量范围下限值）$$

$$\Delta=\pm\alpha'\%\times[（测量范围上限值-测量范围下限值）+b]$$

$$\Delta=\pm N$$

式中，Δ——允许误差，℃；

α——精确度等级，α 的数值为 0.1、0.2、0.5、1.0 等；

b——仪表显示的分辨率，℃；

α'——除量化误差以外的最大综合误差系数，α' 的取值与 α 相同，为 0.1、0.2、0.5、1.0 等。

N——允许的温度误差值，℃。

2. 实训内容及原理

（1）实训内容

①仪表零位与满度的调整；

②示值校验；

③分辨率的测试。

（2）实训原理

①配用热电偶的 XMZ-101 仪表的校验原理。

本调校以直流手动电位差计替代热电偶，给被校仪表输入信号而进行示值校验，输入信号的大小由直流手动电位差计进行精密读数，作为实验过程中的标准电量值。

配用热电偶的 XMZ 系列仪表内部具有温度补偿桥路，桥路中的铜电阻安装在仪表的接线端子排上，在校验过程中要测量环境温度，加信号及数据处理时也必须考虑该温度，这是与 XCZ-101 仪表校验的不同之处。当然，对于这一类高输入阻抗的仪表而言，在接线过程中不必考虑外线路电阻。

②配用热电阻的 XMZ-102 系列仪表的校验原理。

本调校是以电阻箱替代热电阻进行仪表的调整和示值校验的，仪表的接线仍采用三线制，外线路电阻值无具体要求，但它们的大小应相等，即三线平衡。

(二)实训步骤

1. 外观检查

观察仪表外观，整机应清洁、无锈蚀，各接线端子标号齐全，可调器件能正常工作；通电后显示部分应完整、清晰。

2. 零位与满度的调整

(1)分别按图 1-2-27 及图 1-2-28 进行实训装置连接，接线经指导老师检查无误后通电预热 30 分钟。

(2)将标准仪器(手动电位差计或标准电阻箱)的信号调至被校仪表的下限信号，调整零位电位器使数显仪表显示"000.0"。

(3)将标准仪器(手动电位差计或电阻箱)的信号调至被校仪表的上限信号(上限值见铭牌标注，信号值查分度表可得)，调整量程电位器使仪表显示上限刻度值(以上两项对 XMZ-101 而言均需考虑环境温度)。

在数显仪表的正面面板左下方有一锁紧螺钉"OPEN"，按标注方向旋动它可抽出表芯。表芯内的印刷线路板上装有零点及量程调整电位器，可分别调整仪表的零位和量程。

(4)复查零位和量程，调整合格后装上表芯。

3. 示值校验

采用"输入被校验点标称电量值法"(即"输入基准法")，校验方法如下：

先选好校验点，校验点不应少于 5 点，一般应选择包括上、下限在内的整十或整百摄氏度点。把选好的校验点及对应的标准电量值填入表 1-2-10。

表 1-2-10　数字显示仪表校验记

被 校 仪 表			
型号		配用分度号	
显示位数		指示范围	
允许误差(℃)		分辨率(℃)	
室温(℃)		对应电势值(mV)	
标 准 仪 器			
名称		型号	
精度级别			
示 值 校 验			
被校点温度(℃)	名义电量值(mV，Ω)	行程	被校表显示值(℃)	绝对误差(℃)
		正		
		反		
		正		
		反		
		正		
		反		

续表

示 值 校 验					
被校点温度(℃)	名义电量值(mV，Ω)	行程	被校表显示值(℃)		绝对误差(℃)
		正			
		反			
		正			
		反			
		正			
		反			
经过数据处理后的实际最大误差(℃)					
校验结论及分析：					

从下限开始增大输入信号(正行程时)，分别给仪表输入各被校验点温度所对应的标准电量值，读取被校仪表指示的温度值，直至上限(上限值只进行正行程的校验)。把在各校验点读取的温度值记入表 1-2-10 中。

减小输入信号(反行程校验)，分别给仪表输入各被校验点温度所对应的标准电量值，读取被校仪表显示的温度值，直至下限(下限值只进行反行程校验)。把各实测温度值记入表 1-2-10 中。对数字显示仪表而言虽然进行了正、反行程的校验，但不考虑变差。

4. 分辨率的测试

分辨率的测试点可以与示值校验点相同，但不包含上、下限值。分辨率的测试方法如下。

从下限开始增大输入信号，当仪表刚能够稳定地显示被校验点的温度值时，把此时的输入信号称为 A_1，并记入表 1-2-11 中。再增大输入信号，使显示值最末位发生一个字的变化(包括显示值在两值之间波动)，这时的输入信号值称为 A_2，并把 A_2 记入表 1-2-11 中。

按上述方法，依次对各测试点进行测试并记录数据于表 1-2-11 中。

表 1-2-11　分辨率测试表

分 辨 率 测 试			
测试点温度(℃)	实际输入电量值 A_1(mV，Ω)	示值变化后输入电量值 A_2(mV，Ω)	实际分辨率(℃)
校 验 人：			年　月　日
指导教师：			年　月　日

(三)数据处理

1. 绝对误差的计算。

绝对误差＝t 实－t 标

式中，t 实——被校表显示温度值，℃；

t 标——标准仪器输入的名义电量值所对应的被校点温度值,℃。

2. 实际最大误差的计算。

实际最大误差＝(t 实－t 标)$_{max}$±b

式中,(t 实－t 标)$_{max}$——绝对误差中的最大值,℃;

±b——仪表的标称分辨率,＋、－符号应与(t 实－t 标)$_{max}$的符号相一致。

3. 计算得到的实际最大误差应小于仪表的允许误差。

四、实训报告内容

如实、准确地反映出表 1-2-10 和表 1-2-11 所要求的各项内容,并以文字形式表达计算过程和调校结论。

实训任务 3 温度检测仪表的选择与安装

1. 温度检测仪表的选择

温度仪表种类很多,可按工作方式、测温范围、性能特点等多方面来选择。测温仪表选择及优缺点参考表 1-2-12。

表 1-2-12 温度检测仪表的选择

测温方式	温度计种类		常用测温范围(℃)	优　点	缺　点
接触式测温仪表	膨胀式	玻璃液体	－50～600	结构简单,使用方便,测量准确,价格低廉	测量上限和精度受玻璃质量的限制,易碎,不能记录和远传
		双金属	－80～600	结构紧凑,牢固可靠	精度低,量程和使用范围有限
	压力式	液体 气体 蒸汽	－30～600 －20～350 0～250	耐振,坚固,防爆,价格低廉	精度低,测温距离短,滞后大
	热电偶	铂铑-铂 镍铬-镍硅 镍铬-康铜	0～1600 0～900 0～600	测温范围广,精度高,便于远距离、多点、集中测量和自动控制	需要冷端温度补偿,在低温段测量精度较低
	热电阻	铂 铜 热敏	－200～500 －50～150 －50～300	测温精度高,便于远距离、多点、集中和自动控制	不能测高温
非接触式测量仪表	辐射式	辐射式 光学式 比色式	400～200 700～3200 900～1700	测量时不破坏被测温度场	低温段测温不准,环境条件会影响测温准确度
	红外线	光敏探测 光电探测 热电探测	－50～3200 0～3500 200～2000	测量时不破坏被测温场,响应快,测温范围大	易受外界干扰

2. 温度取源部件的安装位置

应按设计或制造厂的规定进行。如无规定时,应尽量选在被测介质温度变化灵敏和便于支撑和维修的地方,不宜选在阀门等阻力部件的附近和介质流束成死角以及振动较大的地方。热电偶取源部件的安装位置,应注意周围强磁场的影响。温度取源部件在工艺管道上的安装,应符合下列规定。

(1)与管道相互垂直安装时,取源部件轴线应与管道轴线垂直相交。

(2)在管道的拐弯处安装时,宜逆着物料流向,取源部件轴线应与工艺管道轴线相重合。

(3)与管道呈倾斜角度安装时,宜逆着物料流向,取源部件轴线应与管道轴线相交。

(4)设计文件规定传感器(一次元件)及取源部件需要安装在扩大管上时,异形管的安装方式应符合设计文件规定。同时注意,取源部件安装在高压管道上时,取源测点之间及与焊缝间的距离,不得小于管子的外径;在同一地点的温度测孔中,用于自动控制系统的测孔应开凿在前面;测量、保护与自动控制用仪表的测点一般不合用一个测孔。

3. 测温组件的安装方式

测温组件的安装方式按固定形式不同分为四种,即法兰固定安装、螺纹连接头固定安装、法兰与螺纹连接头共同固定安装、简单保护套插入安装。

①法兰固定安装。法兰固定安装适用于在设备上以及高温、腐蚀性介质的中低压管道上安装测温组件,因此具有适应性广、利于防腐蚀、方便维护等优点。

法兰固定安装方式中的法兰有四种,即平焊钢法兰、对焊钢法兰、平焊松套钢法兰、卷边松套钢法兰。具体标准可参见相关标准。

②螺纹连接头固定安装。螺纹连接头固定安装,适于在无腐蚀性介质的管道上安装测温组件,具有体积小、安装较为紧凑的优点。高压(PN 22MPa,32MPa)管道上安装温度计采用焊接式温度计套管,属于螺纹连接固定方式,有固定套管和可换套管两种形式,前者用于一般的介质,后者用于因易腐蚀、易磨损而需要更换的场合。

③螺纹连接固定中常用的螺纹有四种,公制的有 M33×2 和 M27×2,英制的有3/4″和1/2″。

④热电偶多采用 M33×2 和螺纹固定,也有采用 3/4″螺纹的。热电阻多采用英制管螺纹固定,其中以 3/4″最为常用。双金属温度计的固定螺纹是 M27×2。

⑤值得注意的是,3/4″与 M27×2 外径很接近,容易弄混,安装时要小心辨认,否则焊错了测量组件的凸台,将无法安装。

⑥法兰与螺纹连接头共同固定安装。法兰与螺纹连接头共同固定安装,当配带附加保护套时,适用于工业内标式玻璃温度计、热电偶、热电阻在腐蚀性介质的管道、设备上安装。

⑦简单保护套插入安装。简单保护套插入安装有固定套管和卡套式可换套管(插入深度可调)两种,适用于棒式玻璃温度计在低压管道上作临时检测的安装。

⑧测温组件一般安装在碳钢、耐酸钢、有色金属、衬里活土层的管道及设备上,有的安装在铸铁、玻璃钢、陶瓷、搪瓷等管道、设备上,其安装方式基本与在衬里管道、设备上的安装方式相同,仅取源部件不同,因此安装方式可以参考在设备上的安装方式。

4. 安装温度计采用保护套管及扩大管

(1)各类玻璃体温度计在 $DN < 50\text{mm}$ 的管道上安装。

(2)热电偶、热电阻、双金属温度计在 $DN < 80\text{mm}$ 的管道上安装。

表 1-2-13 测温组件在管道上插入深度和附加保护套长度

名称	热电偶				热电阻									双金属温度计	铠装热电偶		
安装方式	高压套管 PN220、320 (21.6、31.4MPa)		直形连接头，直插	45°角连接头，斜插	法兰，直插	高压套管 PN220、320 (21.6、31.4MPa)				直形内、外螺纹连接头，直插	铠装热电偶连接头（卡套式纹）直插		法兰直插
	固定套管	可换套管				固定套管	可换套管						
连接件标称高度 H	41	～70	60	120	90	150	150	41	～70	内80 外60	内140 外120	45	60
DN	插入深度 L	连接头加套管长度 L_3	插入深度 L	可换套管长度 L_2	插入深度 L				保护外套长度 L_1	插入深度 L	连接头加套管长度 L_3	插入深度 L	可换套管长度 L_2	插入深度 L	插入深度 L	接头加套管长度 L_2	插入深度 L
32															75	70	75
40															75	70	75
50															75	70	100
65	100	100	100	70						100	100				100	95	100
80	100	100	100	70	100	150	150	200	200	195	100	100	150	115	125	200	100	95	100
100	100	100	150	115	150	200	150	200	200	195	100	100	150	115	125	200	100	95	100
125	100	100	150	115	150	200	200	250	250	245	150	150	150	115	150	200	150	145	150
150	150	150	150	115	150	200	200	250	250	245	150	150	200	165	150	250	150	145	150
175	150	150	150	115	150	200	200	250	250	245	150	150	200	165	150	250	150	145	150
200	150	150	200	165	200	250	250	300	300	245	200	200	200	165	200	250	150	145	150
225					200	250	250	300	300	295					200	300	200	195	200
250					200	250	250	300	300	295					250	300	200	195	200
300					250	300	300	400	400	295					250	300			
350					250	300	300	400	300	295					300	400			
400					300	300	400	400	400	395					300	400			
450					300	400	400	500	400	395					400	400			
500					400	400	500		400	395					400	400			
600					400	500			500	495					400	500			
700					500										500				
800																			

5. 常用温度测量组件安装图

常用温度测量组件的安装如图 1-2-28 至图 1-2-34 所示。

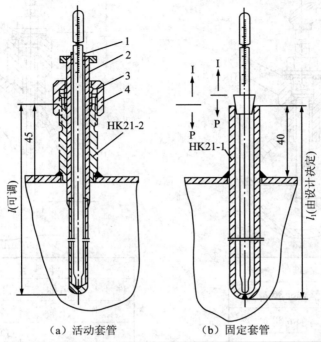

（a）活动套管　　　　（b）固定套管

材 料 表							
件号	名称	代号	数量	件号	名称	代号	数量
1	套	F772	1	3	卡套	F774	1
2	套管	F757	1	4	外套螺母	N063	1

图 1-2-28　工业棒式玻璃液体温度计在钢管道上垂直安装图

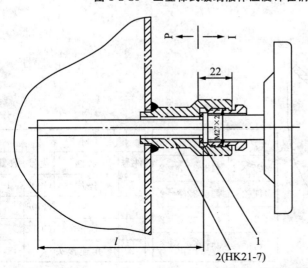

材 料 表			
件号	名称	代号	数量
1	垫片	G003	1
2	直形连接头	F740	1

图 1-2-29　双金属温度计安装图

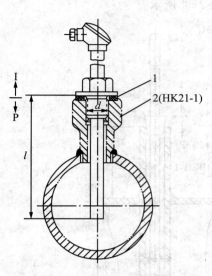

d	件号 1ϕ、δ
M27×2	$\phi43/30\ \delta=2$
G1/2″	$\phi35/22\ \delta=2$
G3/4″	$\phi43/30\ \delta=2$
G1″	$\phi51/38\ \delta=2$

图 1-2-30　热电偶、热电阻在钢管道上垂直安装图

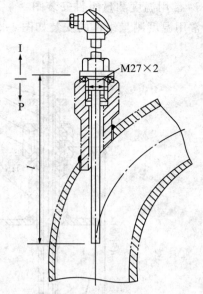

材 料 表			
件号	名称	代号	数量
1	垫片	G007	1
		G006	
		G012	
2	直形连接头		1

图 1-2-31　热电偶、热电阻在钢肘管道上安装图

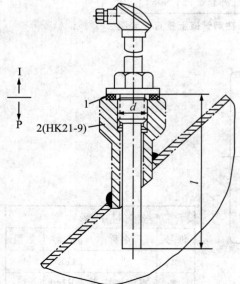

d	件号 1ϕ、δ
M27×2	$\phi43/30\ \delta=2$
G1/2″	$\phi35/22\ \delta=2$
G3/4″	$\phi43/30\ \delta=2$
G1″	$\phi51/38\ \delta=2$

材 料 表			
件号	名称	代号	数量
1	垫片	G007	1
		G006	
		G012	
2	45°角连接头		1

图 1-2-32　热电偶、热电阻在钢管道上斜 45°安装图

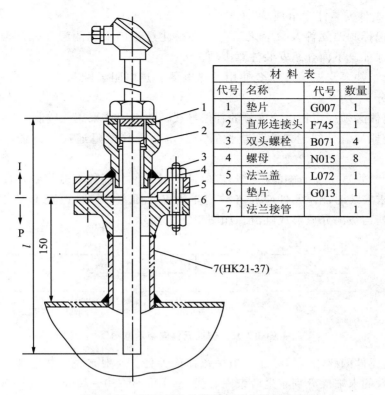

材 料 表

代号	名称	代号	数量
1	垫片	G007	1
2	直形连接头	F745	1
3	双头螺栓	B071	4
4	螺母	N015	8
5	法兰盖	L072	1
6	垫片	G013	1
7	法兰接管		1

图 1-2-33 用凹凸法兰带固定接头的热电阻

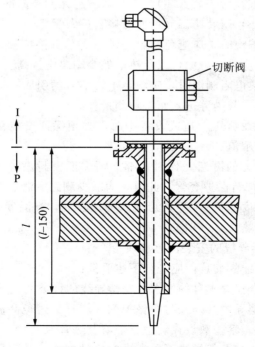

图 1-2-34 耐磨热偶安装图

6. 测温组件安装注意事项

在正确选择测温元件及仪表之后，还必须注意正确安装测温元件。否则，测量精度仍得不到保证。下面介绍安装注意事项。

(1)测温组件要与二次表配套使用。热电偶、热电阻要配相应的二次表或变送器，特别要注意分度号。

(2)热电偶必须配用相应分度号的补偿导线。热电阻要采用三线制接法。

(3)电缆或补偿导线通过金属挠性管与热电偶或热电阻连接，注意接线盒的防爆形式。

(4)在测量管道中介质的温度时，应保证测温元件与流体充分接触，以减少测量误差。因此要求安装时测温元件应迎着被测介质流向插入(斜插)；至少须与被测介质流向正交，切勿与被测介质形成顺流，如图 1-2-35 所示。

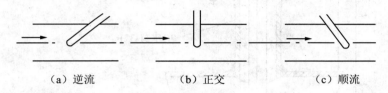

(a)逆流　　　　(b)正交　　　　(c)顺流

图 1-2-35　测温元件安装示意图

(5)测温元件的感温点应处于管道中流速最大处。一般来说，热电偶、铂电阻、铜电阻保护套管的末端应分别越过流束中心线 5～10mm、50～70mm、25～30mm。

(6)应尽量避免测温元件外露部分的热损失而引起的测量误差。为此，一是保证有足够的插入深度(斜插或在弯头处安装)；二是对测温元件外露部分进行保温。

(7)若工艺管道过小，安装测温元件处可接装扩大管。

(8)用热电偶测量炉温时，应避免测温元件与火焰直接接触，也不宜距离太近或装在炉门旁边。接线盒不应碰到炉壁，以免热电偶冷端温度过高。

(9)使用热电偶、热电阻测温时，应防止干扰信号的引入。同时应使接线盒的出线孔向下方，以防止水汽、灰尘等进入而影响测量。

(10)测温元件安装在负压管道或设备中时，必须保证安装孔的密封，以免冷空气被吸入后而降低测量指示值。

(11)凡安装承受压力的测温元件时，都必须保证密封。当工作介质压力超过 1×10^5 Pa 时，还必须另外加装保护套管。此时，为减少测温的滞后，可在套管之间加装传热良好的填充物。如温度低于 150℃时可充入变压器油，当温度高于 150℃时可充填铜屑或石英砂，以保证传热良好。

7. 连接导线与补偿导线的安装注意事项

连接导线与补偿导线的安装，应符合下述要求：

(1)线路电阻要符合仪表本身的要求，补偿导线的种类及正、负极不要接错。

(2)连接导线与补偿导线必须预防机械损伤，应尽量避免高温、潮湿、腐蚀性及爆炸性气体与灰尘的作用，禁止敷设在炉壁、烟筒及热管道上。

(3)为保护连接导线与补偿导线不受外来的机械损伤，并削弱外界电磁场对电子式显示仪表的干扰，导线应加屏蔽，即把连接导线或补偿导线穿入钢管内。钢管还需在一处接地。管径应根据管内导线（包括绝缘层）的总截面积决定，后者不超过管子截面积的 2/3。管子之间宜用丝扣连接，禁止使用焊接。管内杂物应清除干净，管口应无毛刺。

（4）导线、电缆等在穿管前应检查其有无断头和绝缘性能是否达到要求，管内导线不得有接头，否则应加装接线盒。补偿导线不应有中间接头。

（5）钢管的敷设应保证便于施工、维护和检修。

（6）导线附近应尽量避免交流动力电线。

（7）补偿导线最好与其他导线分开敷设。

（8）应根据管内导线芯数及其重要性，留有适当数量的备用线。

（9）穿管时同一管内的导线必须一次穿入。同时导线不得有曲折、迂回等情况，也不宜拉得过紧。

（10）导线应有良好的绝缘，禁止与交流输电线合用一根穿线管。

（11）配管及穿管工作结束后，必须进行校对与绝缘试验。在进行绝缘试验时，导线必须与仪表断开。

📖 学习评价

1-2-1　国际实用温标的作用是什么？它主要由哪几部分组成？

1-2-2　热电偶的测温原理和热电偶测温的基本条件是什么？

1-2-3　用分度号为 S 的热电偶测温，其参比端温度为 20℃，测得热电势 $E=(t, 20)=11.30\text{mV}$，试求被测温度 t。

1-2-4　用分度号为 K 热电偶测温，已知其参比端温度为 25℃，冷端温度为 750℃，其产生的热电势是多少？

1-2-5　在用热电偶测温时为什么要保持参比端温度恒定？一般都采用哪些方法？

1-2-6　在热电偶测温电路中采用补偿导线时，应如何连接？需要注意哪些问题？

1-2-7　以电桥法测定热电阻的电阻值时，为什么常采用三线制接线方法？

1-2-8　由各种热敏电阻的特性，分析其各适用什么场合。

1-2-9　分析接触测温方法产生测温误差的原因，在实际应用中用哪些措施克服？

▶任务三　压力检测传感器及仪表

任务描述

压力传感器是使用最广泛的一种传感器，它是检测气体、液体、固体等所有物体间作用力能量的总称，也包括测量高于大气压的压力计以及低于大气压的真空计。压力传感器的种类很多，传统的测量方法是利用弹性元件的变形和位移来表示，但它的体积大、笨重，输出非线性。随着微电子技术的发展，利用半导体材料的压阻效应和良好的弹性，研制出半导体力敏传感器，主要有硅压阻式和电容式两种，它们具有体积小、质量轻、灵敏度高等优点，因此半导体力敏传感器得到了广泛的应用。

1.3.1 压力传感器的分类与选型

1. 压力的单位

目前，工程技术部门仍在使用的压力单位还有工程大气压、物理大气压、巴、毫米水柱、毫米汞柱等。表1-3-1给出了各压力单位之间的换算关系。

表1-3-1　压力单位换算表

单位	帕(Pa)	巴(bar)	工程大气压(kgf/cm²)	标准大气压(atm)	毫米水柱(mmH₂O)	毫米汞柱(mmHg)	磅力/平方英寸(lbf/in²)
帕(Pa)	1	1×10^{-5}	1.019716×10^{-5}	0.9869236×10^{-5}	1.019716×10^{-1}	0.75006×10^{-2}	1.450442×10^{-4}
巴(bar)	1×10^{5}	1	1.019716	0.9869236	1.019716×10^{4}	0.75006×10^{3}	1.450442×10
工程大气压(kgf/cm²)	0.980665×10^{5}	0.980665	1	0.96784	1×10^{4}	0.73556×10^{3}	1.4224×10
标准大气压(atm)	1.01325×10^{5}	1.01325	1.03323	1	1.03323×10^{4}	0.76×10^{3}	1.4696×10
毫米水柱(mmH₂O)	0.980665×10	0.980665×10^{-4}	1×10^{-4}	0.96784×10^{-4}	1	0.73556×10^{-1}	1.4224×10^{-3}
毫米汞柱(mmHg)	1.333224×10^{2}	1.333224×10^{-3}	1.35951×10^{-3}	1.3158×10^{-3}	1.35951×10	1	1.9338×10^{-2}
磅力/平方英寸(lbf/in²)	0.68949×10^{4}	0.68949×10^{-1}	0.70307×10^{-1}	0.6805×10^{-1}	0.70307×10^{3}	0.51715×10^{2}	1

在工程上，"压力"定义为垂直均匀地作用于单位面积上的力，通常用P表示，单位力作用于单位面积上，为一个压力单位。在国际单位制中，定义1牛顿力垂直均匀地作用在1平方米面积上所形成的压力为1"帕斯卡"，简称"帕"，符号为Pa。加上词头又有千帕(kPa)、兆帕(MPa)等。我国已规定帕斯卡为压力的法定单位。

2. 压力传感器的分类与选型

(1)压力传感器的分类

①工业生产过程中压力测量的范围很宽，测量的条件和精度要求各异。常用压力传感器按原理可以分为四种：以液体静力学原理为基础制成的液压式压力传感器；根据弹性元件受力变形原理并利用机械机构将变形量放大的弹性变形压力传感器；基于静力学平衡原理将在已知面积上的重量作为负荷的压力传感器；通过弹性元件制成的将被测压力转换成电阻、电感、电容、频率等各种电学量的压力传感器。

②压力传感器分类及性能特点见表1-3-2。

表 1-3-2 压力传感器分类及性能特点

类别	压力表型式	测量范围	精度等级	输出信号	应用场合
液柱式压力计	U形管	−10～10	0.2，0.5	水柱高度	实验室低、微压测量
	补偿式	−2.5～2.5	0.02，0.1	旋转刻度	用作微压基准仪器
	自动液柱式	−102～102	0.05，0.01	自动计数	用光、电信号自动跟踪液面，用作压力基准仪器
弹性式压力表	弹簧管	−102～106	0.1～4.0	位移、转角或力	直接安装、就地测量或校验
	膜片	−102～103	1.5，2.5		用于腐蚀性、高黏度介质测量
	膜盒	−102～102	1.0～2.5		用于微压的测量与控制
	波纹管	0～102	1.5，2.5		用于生产过程低压的测控
负荷式压力计	活塞式	0～106	0.01～0.1	砝码负荷	结构简单，坚实，精确度极高。广泛用作压力基准器
	浮球式	0～10	0.02，0.05		
电气式压力表	电阻式	−102～10	1.0，1.5	电压，电流	结构简单，耐振动性差
	电感式	0～105	0.2～1.5	毫伏，毫安	环境要求低，信号处理灵活
	电容式	0～10	0.05～0.5	伏，毫安	动态响应快，灵敏度高，易受干扰
压力传感式	压阻式	0～105	0.02～0.2	毫伏，毫安	性能稳定可靠，结构简单
	压电式	0～104	0.1～1.0	伏	响应速度极快，限于动态测量
	应变式	−102～104	0.1～0.5	毫伏	冲击、温湿度影响小，电路复杂
	振频式	0～104	0.05～0.5	频率	性能稳定，精度高
	霍尔式	0～104	0.5～1.5	毫伏	灵敏度高，易受外界干扰

（2）压力检测仪表的分类

压力检测仪表按照其转换原理不同，可分为液柱式、弹性式、活塞式和电气式四大类，其工作原理、主要特点和应用场合如表 1-3-3 所示。

表 1-3-3 压力检测仪表分类比较

压力检测仪表的种类		检测原理	主要特点	用途
液柱式压力计	U形管压力计	液体静力平衡原理（被测压力与一定高度的工作液体产生的重力相平衡）	结构简单、价格低廉、精度较高、使用方便但测量范围较窄，玻璃易碎	适用于低微静压测量，高精确度者可用作基准器，不适用于工厂
	单管压力计			
	倾斜管压力计			
	补偿微压计			
	自动液柱式压力计			

续表

压力检测仪表的种类		检测原理	主要特点	用　　途
弹性式压力表	弹簧管压力表	弹性元件弹性变形原理	结构简单、牢固，实用方便，价格低廉	用于高、中、低压的测量，应用十分广泛
	波纹管压力表		具有弹簧管压力表的特点，有的因波纹管位移较大，可制成自动记录型	用于测量 400kPa 以下的压力
	膜片压力表		除具有弹簧管压力表的特点外，还能测量黏度较大的液体压力	用于测量低压
	膜盒压力表		用于低压或微压测量，其他特点同弹簧管压力表	用于测量低压或微压
活塞式压力表	单活塞式压力表	液体静力平衡原理	比较复杂和贵重	用于做基准仪器
	双活塞式压力表			
电气式压力表	压力传感器 应变式压力传感器	导体或半导体的应变效应原理	能将压力转换成电量，并进行远距离传送	用于控制室集中显示、控制
	霍尔式压力传感器	导体或半导体的霍尔效应原理		
	压力（差压）变送器（分常规式和智能式） 力矩平衡式变送器	力矩平衡原理	能将压力转换成统一标准电信号，并进行远距离传送	
	电容式变送器	将压力转换成电容的变化		
	电感式变送器	将压力转换成电感的变化		
	扩散硅式变送器	将压力转换成硅杯的阻值的变化		
	振弦式变送器	将压力转换成振弦振荡频率的变化		

（3）压力表的选用依据

工艺生产过程对压力测量的要求，按经济原则，合理地对仪表种类、型号、量程、精度等级等方面进行选择。选择时主要应从以下三方面进行考虑。

①仪表类型的选用：对仪表类型的选用主要应从能满足工艺生产的要求和价格两方面来考虑。例如，是需要就地指示还是需要远传、自动记录或报警；被测介质的理

化性能(如腐蚀性、温度高低、黏度大小、脏污程度、易燃易爆性等)是否对测量仪表有特殊要求;现场环境条件(如高温、电磁场、振动等现场安装条件)对仪表类型是否有特殊要求等。

②仪表测量范围的确定:仪表的测量范围是指仪表刻度下限值到上限值的范围,它表明该仪表可按规定精度对被测参数进行测量的范围。例如,在测量压力时,为避免弹簧管压力表的传感元件超负荷而遭到破坏,压力表的上限值应该高于工艺生产中可能的最大压力值。此外,为使仪表可靠地工作,在选择仪表时,还必须考虑留有足够的余地。根据规定,在被测压力比较平稳的情况下,其最大值不应超过压力表量程的2/3;测量高压、波动较大的压力时,最大工作压力不应超过量程的3/5。

③仪表精度等级的选取:仪表的精度等级是根据工艺生产中所允许的最大绝对误差来确定的。一般来说,仪表精度等级越高,价格就越昂贵,操作维护要求也越高。因此,选择时应在满足要求的前提下,尽可能选用精度较低、结构简单、价廉且耐用的压力表。

3. 弹性式压力传感器

当被测压力作用于弹性元件时,弹性元件就产生相应的变形。根据变形的大小,可以知道被测压力的数值。弹性式压力传感器就是基于弹性元件(弹簧管、膜盒、膜片、波纹管等)受压后产生的位移与被测压力呈一定函数关系的原理制成的。

(1)弹簧管式压力表

单圈弹簧管是弯成圆弧形的空心管子,它的截面呈扁圆形或椭圆形,结构如图 1-3-1 所示,普通弹簧管式压力表的结构如图 1-3-2 所示。

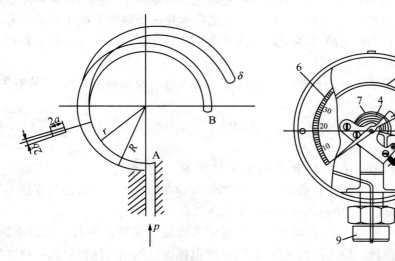

图 1-3-1　单圈弹簧管的结构　　　图 1-3-2　弹簧管式压力表的结构

当被测压力由接头 9 通入弹簧管,使弹簧管 1 的自由端 8 向右上方扩张,自由端 8 的弹性变形通过拉杆 2 使扇形齿轮 3 做逆时针偏转,则指针 5 通过同轴的中心齿轮 4 的带动而做顺时针偏转,在面板 6 的刻度标尺上显示出被测压力 P 的数值。由于弹性元件通常是工作在弹性特性的线性范围内,可认为弹性元件的位移与被测压力呈线性关系,弹簧管压力表的刻度标尺是线性的。游丝 7 用来克服扇形齿轮和中心齿轮间的传动间隙而产生的仪表变差。调整螺钉 8 用于改变机械传动的放大倍数,改变其位置可以调整压力表的量程。

弹簧管的材料因被测介质的性质、被测压力的大小而不同。一般在 $P<20\text{MPa}$ 时采用磷铜;$P>20\text{MPa}$ 时,则采用不锈钢或合金钢。使用压力表时,必须注意被测介质的化学性质。例如,测量氨气压力时必须采用不锈钢弹簧管,而不能采用铜质材料;测量氧气压力时,严禁沾有油脂,以免着火甚至爆炸;测量硫化氢压力时必须采用 Cr18Ni12Mo2Ti 合金弹簧,它具有耐酸、耐腐蚀能力。

弹性式压力表价格低廉,结构简单,坚实牢固,因此得到广泛应用。其测量范围从微压或负压到高压,精确度等级一般为 1~2.5 级,精密型压力表可达 0.1 级。它可直接安装在各种设备上或用于露天作业场合,制成特殊型式的压力表还能在恶劣的环境(如高温、低温、振动、冲击、腐蚀、黏稠、易堵和易爆)条件下工作。但因其频率响应低,所以不宜用于测量动态压力。

一般在仪表的外壳上用表 1-3-4 所列的色标来标注。

表 1-3-4　弹簧管压力色标含义

被测介质	氧气	氢气	氨气	氯气	乙炔	可燃气体	惰性气体或液体
色标颜色	天蓝	深绿	黄色	褐色	白色	红色	黑色

(2)霍尔片式远传压力传感器

霍尔片是一种用半导体材料制成的薄片。如图 1-3-3 所示,在霍尔片的 Z 方向施加磁场强度为 B 的恒定磁场,在 Y 轴方向通以恒定电流。当载流子(电子)在霍尔片中运动时,因受电磁力作用使电子运动轨道偏移,造成霍尔片一个端面有电子积累,另一个端面上正电荷过剩,则在它的 X 轴方向出现了电位差,此电位差称为霍尔电势 U_H,这种物理现象称为霍尔效应。

霍尔电势 U_H 与霍尔元件的材料、几何尺寸、输入电流及磁感应强度 B 等有关,其关系式为

$$U_\text{H}=R_\text{H}BI \tag{1-3-1}$$

式中,R_H 为霍尔常数。

R_H 与 B、I 成正比,提高 B 和 I 的值可增大 R_H,但都是有限的。一般 $I=3\sim20\text{mA}$,B 约为零点几特斯拉,所得的 U_H 约为几十毫伏数量级。元件的厚度越小灵敏度越高。一般 $d=0.1\sim0.2\text{mm}$,薄膜型霍尔元件只有 $1\mu\text{m}$ 左右。

使用霍尔元件时,除注意其灵敏度之外,还应考虑输入及输出阻抗、额定电流、温度系数和使用温度范围。输入阻抗是指图 1-3-3 中电流进、出端之间的阻抗,额定电流是指输入电流的最大值。输出阻抗是指霍尔电压输出的正、负端子间的内阻,外接负载阻抗最好和它相等,以便达到最佳匹配。

若 I 恒定,将霍尔片在一个磁感应强度 B 在磁极间呈线性分布的非均匀磁场中移动,因 B 与位移呈线性关系,所以 U_H 随位移的不同呈线性变化。如图 1-3-4 所示,当霍尔元件和弹簧管相配合,就构成了霍尔片式弹簧管压力传感器,实现了压力—位移—电势的转换。

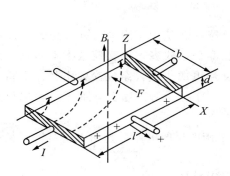
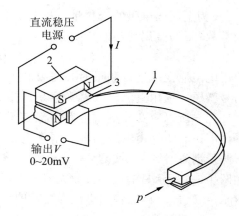

图 1-3-3　霍尔效应　　　　图 1-3-4　霍尔片式弹簧管压力传感器

4．电气式压力传感器

电气式压力传感器感受被测压力并将压力信号转换为电气信号输出，供信号处理、显示、控制之用。在测量变化、脉动压力和高真空、超高压等场合采用电气式压力传感器较为合适。

（1）应变式压力传感器

电阻应变片是可以将试件上应变变化转换为电阻变化的敏感元件，它是应变式传感器中的主要组成部分。电阻应变片有金属电阻应变片和半导体应变片，使用时应变片可以比较理想地粘贴在被测试件的各个部位，或与弹性元件制成专用的传感器使用。

金属电阻应变片结构如图 1-3-5 所示，它由保护片、敏感栅、基底和引出线组成，敏感栅可由金属丝或金属箔制成，它被粘贴在绝缘基底上，在其上面再粘贴一层绝缘保护片，在敏感栅的两个引出端焊上引出线。图中 l 称为应变片的标距或工作基长，b 称为工作宽度，$l \times b$ 称为应变片的规格。

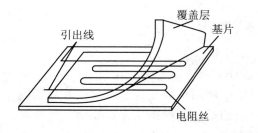
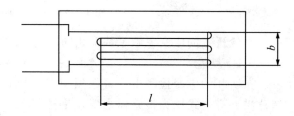

图 1-3-5　金属电阻应变片结构

电阻应变式传感器的工作原理是基于金属电阻片在外力作用下产生机械变形，从而导致其电阻发生变化的效应——电阻应变效应。

金属导线电阻　　　　　　　　　$R = \rho L / S$ 　　　　　　　　　（1-3-2）

式中，ρ 为电阻率；S 为截面积；l 为金属丝的长度。当金属丝受外力作用时，使长度、面积发生变化，引起电阻变化，受力伸长时阻值增加，受压缩短时阻值减小，阻值变化与应变关系是

$$\Delta R / R = K\varepsilon$$ 　　　　　　　　　（1-3-3）

式中，ΔR 为金属丝电阻的变化量；K 为金属材料的应变灵敏度系数，在弹性极限内，基本为常数；ε 为金属材料的长度应变值

$$\varepsilon = \Delta L / L \tag{1-3-4}$$

应用电阻应变片进行测量时，需要和电桥电路一起使用。因为应变片电桥电路的输出信号微弱，采用直流放大器又容易产生零点漂移，故多采用交流放大器对信号进行放大处理。所以应变片电桥电路一般都采用交流电源供电，组成交流电桥。电桥又分为平衡电桥和不平衡电桥两种。平衡电桥仅适用于测量静态参数，而不平衡电桥则适用于测量动态参数。

如图 1-3-6 所示是输出端接放大器的直流不平衡电桥的电路。初始电桥维持平衡条件是 $R_1 R_4 = R_2 R_3$，因而输出电压为零，即

$$U_O = K(R_1 R_4 - R_2 R_3) = 0 \tag{1-3-5}$$

当应变片承受应变时，应变片产生 ΔR 的变化，电桥处于不平衡状态，通过分析得

$$U_O = [(R_1 R_2)/(R_1 + R_2)^2](\Delta R_1/R_1 - \Delta R_2/R_2 + \Delta R_3/R_3 + \Delta R_4/R_4)U \tag{1-3-6}$$

在电桥初始值为全等臂形式 $(R_1 = R_2 = R_3 = R_4 = R)$ 工作时（通常如此），则有

$$U_O = (\Delta R_1/R_1 - \Delta R_2/R_2 + \Delta R_3/R_3 + \Delta R_4/R_4)U/4 \tag{1-3-7}$$

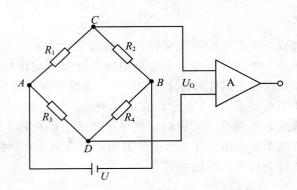

图 1-3-6 直流不平衡电桥的电路

当各桥臂的应变灵敏系数都相同时，上式可表示为

$$U_O = (\xi_1 - \xi_2 + \xi_3 - \xi_4)KU/4 \tag{1-3-8}$$

在实际的应变检测中，可根据情况在电桥电路中使用单应变片、双应变片和四应变片法。应变式压力传感器主要用来测量流动介质的动态或静态压力，如动力管道设备的进、出口气体或液体的压力、发动机内部的压力变化、枪管及炮管内部的压力、内燃机管道压力等。应变式压力传感器多采用膜片式或筒式弹性元件。如图 1-3-7 所示是应变片压力传感器示意图。应变筒 1 的上端与外壳 2 固定在一起，它的下端与不锈钢密封膜片 3 紧密接触，应变片粘贴在应变筒外壁。γ_1 沿应变筒的轴向贴放，作为测量片；γ_2 沿应变筒径向贴放，作为补偿片。

（2）半导体应变片

主要用硅半导体材料的压阻效应制作而成。如果在半导体晶体上施加作用力，晶体除产生应变外，其电阻率会发生变化。这种由外力引起半导体材料电阻率变化的现象称为半导体的压阻效应。

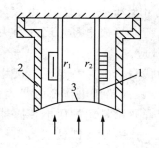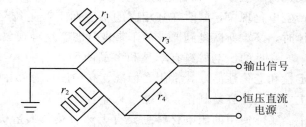

图 1-3-7　应变片压力传感器示意图

半导体应变片与金属电阻应变片相比，它的灵敏系数很高，可达 $100\sim200$，但它在温度稳定性及重复性方面不如金属电阻应变片优良。

半导体应变片是直接用单晶锗或单晶硅等半导体材料进行切割、研磨、切条、焊引线、粘贴等一系列工艺过程制作完成的。由半导体应变片组成的传感器中，均由四个应变片组成全桥电路，将四个应变片粘贴在弹性元件上，其中两个应变片在工作时受拉伸，而另外两个则受压缩，这样能使电桥输出的灵敏度最大。电桥的供电电源可采用恒流源或恒压源，电桥输出电压与 $\Delta R/R$ 成正比。

5. 压阻式压力传感器

压阻式压力传感器是用集成电路工艺技术，在硅片上制造出四个等值的薄膜电阻，并组成电桥电路，当不受压力作用时，电桥处于平衡状态，无电压输出；当受到压力作用时，电桥失去平衡，电桥输出电压。电桥输出的电压与压力成比例。其工作原理图如图 1-3-8 所示。

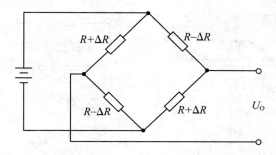

图 1-3-8　压阻式压力传感器工作原理图

压阻式压力传感器的灵敏系数比金属应变式压力传感器的灵敏度系数要大 $500\sim1000$ 倍；由于采用了集成电路工艺加工，因而结构尺寸小，质量轻；压力分辨率高，它可以检测出像血压变化细小的微压；频率响应好，可以测量几十千赫的脉动压力；由于传感器的力敏元件及检测元件制在同一块硅片上，所以它的工作可靠，综合精度高，且使用寿命长；由于采用半导体材料硅制成，对温度较敏感，若不采用温度补偿，则温度误差较大。

(1)压电传感器

压电传感器是利用某些压电材料的压电效应制成的，被广泛用于力、压力、加速度等非电量的测量。压电传感器的工作原理是以压电效应为基础的。某些物质(如石英、锆钛酸铅等)在特定方向上受到外力作用时,不仅几何尺寸发生变化,而且内部会产生极化现象,同时在其相应的两表面上产生符号相反的电荷而形成电场。当外力去掉时,又重新恢复到原来的不带电状态。这种现象称为压电效应。

常见的压电材料有单晶和多晶两种。前者以石英晶体为代表,主要特点是温度稳定性和老化性能好,常用在标准、高精度传感器中。后者以锆钛酸铅压电陶瓷为代表,主要特点是容易制作,性能可调,便于批量生产,大多用于普通测量用的压电传感器中。实际使用的压电材料主要有天然石英、人造铌酸锂单晶、钛酸钡及锆钛酸铅系压电陶瓷。另外,有机高分子压电材料聚偏二氟乙烯也有广泛应用。

石英晶体在使用时需要进行切片。沿不同的方位进行切片,可得到不同的几何切型,而不同的几何切型的晶片压电性能及参数都是不一样的。压电陶瓷只有在一定温度下,于压电陶瓷某一方向施加一定的电场以后(即进行了极化处理后),压电陶瓷才具备压电特性,而且压电特性在极化方向(即极化时施加的外电场方向)上最显著,所以使用时要注意其方向性。用压电陶瓷制作的压电传感器灵敏度较高,其压电性能也与受力方向及变形方向有关,故根据实际需要可制成各种形状的压电元件。常见的有片状和管状压电元件。

在压电晶片的两个工作面上,通过一定的工艺形成金属膜,构成了两个电极。如图 1-3-9(a)所示。当晶片受到外力作用时,在两个电极板上积聚数量相等而极性相反的电荷,形成了电场。因此,压电传感器可看做是一个静电荷发生器。而压电晶片在这一过程中则可认为是一个电容器。

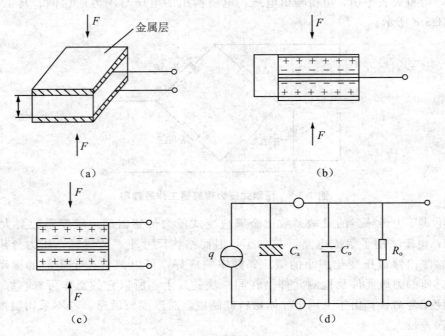

图 1-3-9　压电晶片及等效电路

实际压电传感器中,往往用两个或两个以上的晶片进行串接或并接。如图 1-3-9(b)所示为并接,其特点是电容量大,输出电荷量大,时间常数大,宜于测量缓变信号，常用于以电荷量作为输出的场合。如图 1-3-9(c)所示为串接，其特点是传感器本身电容小，输出电压大，适用于以电压作为输出信号的场合。

压电传感器等效为一个具有一定电容的电荷源。电容器上的开路电压 U_o 与电荷 q，电容 C_a 存在下列关系

$$U_o = q/C_a \tag{1-3-9}$$

当压电传感器接入测量电路，若考虑到连接电缆的等效电容 C_a 后续电路的输入阻抗和传感器的漏电阻形成的等效输入电阻 R_o，则可得到压电传感器的等效电路，如图 1-3-9(d)所示。

由于压电传感器输出信号是很微弱的电荷，而且传感器本身有很大内阻，故输出能量甚微。为此，通常把传感器信号先输到高输入阻抗的前置放大器，经过阻抗变换以后，方可用一般放大、检波电路将信号输给指示仪表或记录仪。目前多采用电荷放大器作为前置放大器。

电荷放大器实际上是一个高增益带电容反馈的运算放大器。当略去传感器漏电阻 R_a 及电荷放大器输入电阻 R_i 时，它的等效电路如图 1-3-10 所示。由图中可得出放大器的输出电压为

$$U_o = -Aq/(C + C_f + AC_f) \tag{1-3-10}$$

式中，C 为电缆电容，C_o 与输入电容 C_i 的等效电容；C_f 为反馈电容；A 为放大器开环放大倍数；q 为传感器输入电荷。

若放大器的开环增益 A 足够大，则 $AC_f \gg (C+C_f)$，上式可简化为

$$U_o = q/C_f \tag{1-3-11}$$

由上式可知，电荷放大器的输出电压 U_o 仅与输入电荷量 q 和反馈电容 C_f 有关，其他因素的影响可忽略不计。

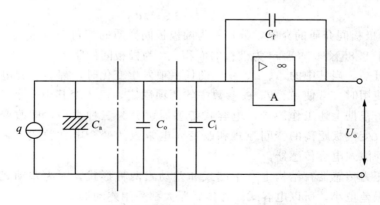

图 1-3-10　电荷放大器等效电路

压电式压力传感器的结构如图 1-3-11 所示，它主要由石英晶片、膜片、薄壁管、外壳等组成。石英晶片由多片叠堆放在薄壁管内，并由拉紧的薄壁管对石英晶片施加预载力。感受外部压力的是位于外壳和薄壁管之间的膜片，它由挠性很好的材料制成。

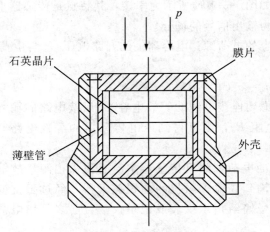

图 1-3-11　压电式压力传感器的结构图　　　图 1-3-12　平板式电容器

（2）电容式传感器

以电容器作为敏感元件，将被测物理量的变化转换为电容量的变化的传感器称为电容式传感器。电容式传感器在力学量的测量中占有重要地位，它可以对荷重、压力、位移、振动、加速度等进行测量。这种传感器具有结构简单、灵敏度高、动态特性好等许多优点，因此在自动检测技术中得到普遍的应用。

现以平板式电容器来说明电容式传感器的工作原理。电容是由两个金属电极、中间有一层电介质构成的，如图 1-3-12 所示。当在两极板间加上电压时，电极上就会储存有电荷，所以电容器实际上是一个储存电场能的元件。平板式电容器在忽略边缘效应时，其电容量 C 可表示为

$$C = \xi A / d = \xi_r \xi_0 A / d \qquad (1\text{-}3\text{-}12)$$

式中，ξ 为两极板间介质的介电常数；ξ_r 为两极板间介质的相对介电常数；ξ_0 为真空介电常数，等于 8.85×10^{-12} F/m 为极板的面积；d 为极板间的距离。

从上式可知，当其中的 A、d、ξ_r 中的任一项发生变化时，都会引起电容量 C 的变化。在实际使用时，常使 A、d、ξ_r 参数中的两项固定，仅改变其中一个参数来使电容量发生变化。根据上述工作原理，电容式传感器可分为三种类型，即改变极板面积的变面积式、改变极板距离的变间隙式和改变介电常数的变介电常数式。在力学传感器中常使用变间隙式电容传感器。

电容式压力传感器在结构上有单端式和差动式两种形式。因为差动式的灵敏度较高，非线性误差也小，所以电容式压力传感器大都采用差动形式。

如图 1-3-13 所示是差动式电容压力传感器的结构图。它主要由一个膜片式动电极和两个在凹形玻璃上电镀成的固定电极组成差动电容器。当被测压力或压力差作用于膜片并产生位移时，形成的两个电容器的电容量一个增大、一个减小。该电容值的变化经测量电路转换成与压力或压力差相对应的电流或电压的变化。

差动式电容压力传感器的测量电路常采用双 T 型电桥电路。双 T 型电桥电路如图 1-3-14 所示。其中 e 为对称方波的高频信号源，C_1 和 C_2 为差动式电容传感器的一对电容，R_L 为测量仪表的内阻，VD_1 和 VD_2 为性能相同的两个二极管，$R_1 = R_2$ 为固定

电阻。

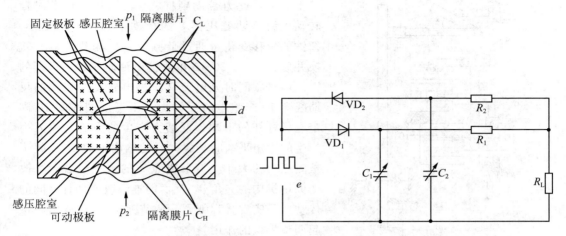

图 1-3-13   差动式电容压力传感器的结构图   图 1-3-14   双 T 型电桥电路

当 e 为正半周时，VD_1 导通，VD_2 截止，电容 C_1 充电至电压 E，电流经 R_1 流向 R_L；与此同时，C_2 通过 R_2 向 R_L 放电。当 e 为负半周时，VD_2 导通，VD_1 截止，电容 C_2 充电至电压 E，电流经 R_2 流向 R_L；与此同时，C_1 通过 R_1 向 R_L 放电。

当 $C_1 = C_2$ 时，亦即没有压力作用在膜片上时，在 e 的一周期内流过负载 R_L 的平均值为零，R_L 上无信号输出。当有压力作用在膜片上时，$C_1 \neq C_2$，在负载电阻上的平均电流不为零，R_L 上有信号输出。

双 T 电桥电路具有结构简单、动态响应快、灵敏度高等优点。

1.3.2   差压变送器

差压变送器可以测量液体、气体和蒸气的压力、压差及液位等参数，与节流装置配合可测量流量。气动差压变送器的输出是 20～100kPa 压力信号，电动差压变送器的输出是 4～20mA 或 0～10mA 标准电流信号。

（1）力平衡式差压变送器

力平衡式差压变送器的构成如图 1-3-15 所示，它包括测量机构、杠杆力平衡机构、位移检测放大器及电磁反馈机构。

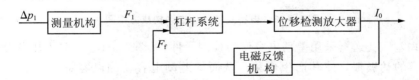

图 1-3-15   力平衡式差压变送器构成图

力平衡式差压变送器是基于力矩原理工作的，它以电磁反馈力产生的力矩去平衡输入力产生的力矩。由于采用了深度负反馈，因而测量精度较高，而且保证了被测差压 F_f 和输出电流 I_0 之间的线性关系。

力平衡式差压变送器结构如图 1-3-16 所示。被测压力 P 作用在测量膜片 1 上，转换为输入力作用于主杠杆 2 的下端。主杠杆以支点膜片 3 为轴而偏转，并将力传至矢

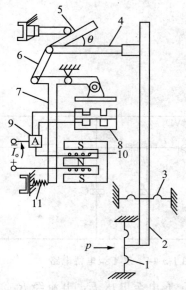

图 1-3-16　力平衡式差压变送器结构图

量机构 4 上。矢量机构将水平向左的力变成连杆 6 向上的力，此力带动副杠杆 7，绕其支点顺时针转动，使差动变压器 8 的衔铁下移，气隙变小，衔铁的位移变化量通过低频位移检测放大器 9 转换并放大为 4～20mA 的直流电流而作为变送器的输出信号。同时该电流又流过电磁反馈机构的反馈线圈 10 产生电磁反馈力。由于反馈线圈 10 固定在副杠杆的下端，反馈力产生的力矩与输入力产生的力矩平衡时，放大器的输出电流 I_o 反映了被测压力的大小。调节支点 5 的水平位置，可改变矢量机构的夹角 θ，从而能连续改变两杠杆间的传动比，实现量程细调。调节弹簧 11 的张力，可起调整零点的作用。

低频位移检测放大器的作用是将副杠杆上衔铁的微小位移转换成直流输出电流 I_o，所以它实际上是一个位移—电流转换器。

（2）电容式差压变送器

电容式差压变送器包括差动电容传感器和变送器电路两部分，其构成方框图如图 1-3-17 所示。变送器电路包括高频振荡器、振荡控制电路、放大器及量程调整（负反馈）电路等。

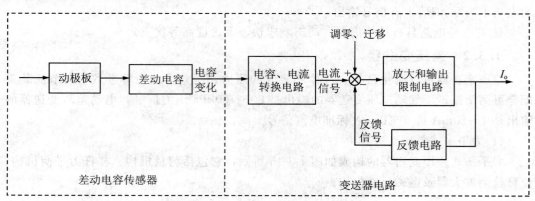

图 1-3-17　电容式差压变送器构成方框图

电容式差压变送器采用差动电容作为检测元件（见图 1-3-13），输入压差 Δp_i 作用于差动电容的动极板，使其产生位移，从而使差动电容器的电容量发生变化。此电容变化量由输入转换部分变换成直流电流信号，此信号与反馈信号进行比较，其差值送入放大电路，经放大得到整机的输出标准电流信号 4～20mA。

电容式差压变送器具有结构简单、体积小、抗腐蚀、耐振性好、过压能力强、性能稳定可靠、精度较高、动态性能好、电容相对变化大、灵敏度高等优点，因此获得广泛应用，如 1151 系列、1751 系列、3051 系列（美国 Rosemount 公司）智能变送器等。

美国 Rosemount 公司生产的 3051 系列智能变送器是带微机智能式现场使用的一种

变送器。3051 系列智能差压变送器的原理如图 1-3-18 所示,由传感器膜头、电子线路板、HART 手操通信器组成。

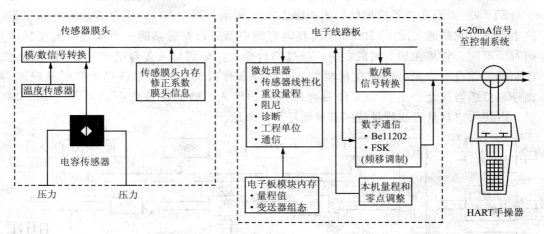

图 1-3-18　3051 系列差压变送器原理框图

3051 系列的特点是变送器带单片微机,因此功能强,性能优越,灵活性、可靠性高。测量范围从 0～1.24kPa 到 0～41.37MPa,量程比达 100∶1;可用于差压、压力(表压)、绝对压力和液位的测量,最大负迁移为 600%,最大正迁移 500%;0.1% 以上的精确度长期稳定可达 5 年以上;具有一体化的零位和量程按钮及自诊断能力;压力数字信号叠加在输出 4～20mA 信号上,适合于控制系统通信。

3051 系列带有不需电池而工作的不易失只读存储器 EEPROM。3051 系列智能变送器在设计上可以利用 Rosemount 集散系统和 HART 手操通信器对其进行远程测试和组态。

(3)扩散硅式差压变送器

扩散硅式差压变送器是采用硅杯压阻传感器作为敏感元件,同样具有体积小、重量轻、结构简单和稳定性好的优点,精度也较高。硅杯压阻传感器结构如图 1-3-19 所示。硅杯是由两片研磨后胶合成杯状硅片组成,它既是弹性元件,又是检测元件。当硅杯受压时,压阻效应使其上扩散电阻(应变电阻)阻值发生变化,通过测量电路将电阻变化转换成电压变化。

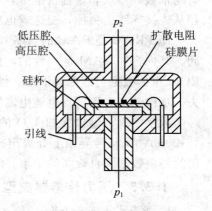

图 1-3-19　硅杯压阻传感器结构

硅杯两面浸在硅油中,硅油和被测介质之间用金属隔离膜分开。当被测差压输入到测量室内作用于隔离膜片上时,膜片将驱使硅油移动,并把压力传递给硅杯,转换成电阻变化。上述的应变电阻是采用集成电路技术,直接在单晶硅片上用扩散、掺杂、掩模等工艺制成的。

ST3000 系列智能变送器,就是根据扩散硅应变电阻原理进行工作的。在硅杯上除制作了感受差压的应变电阻外,还同时制作出感受温度和静压的元件,即把差压、温度和静压三个传感器中的敏感元件都集成在一起,组成带补偿电路的传感器,将差压、

自动检测与控制仪表实训教程

温度和静压这三个变量转换成三路电信号，分时采集后送入微处理器。微处理器利用这些数据信息，能产生一个高精确度的输出。

ST3000 系列变送器原理结构图如图 1-3-20 所示。图中 ROM 里存有微处理器工作的主程序，它是通用的。PROM 里所存内容则根据每台变送器的压力特性、温度特性而有所不同。它是在加工完成之后，经过逐台检验，分别写入各自的 PROM 中，使之依照其特性自行修正，保证在材料工艺稍有分散性因素下仍然能获得较高的精确度。此外，传感器所允许的整个工作参数范围内的输入、输出特性数据也都存入 PROM 里，以便用户对量程或测量范围有灵活迁移的余地。

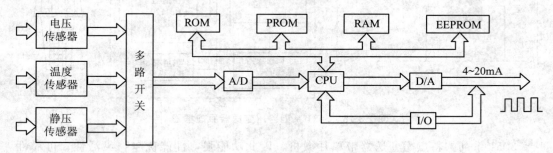

图 1-3-20　ST3000 系列变送器原理结构图

RAM 是微处理器运算过程中必不可少的存储器，它也是通过现场通信器对变送器进行各项设定的址忆硬件。例如，变送器的标号、测量范围、线性或开方输出、阻尼时间常数、零点和量程校准等，一旦经过现场通信器逐一设定之后，即使把现场通信器从连接导线上去掉，变送器也应该按照已设定的各项数值工作。

EEPROM 是 RAM 的后备存储器，它是电可擦除改写的 PROM。在正常工作期间，其内容和 RAM 是一致的，但遇到意外停电，RAM 中的数据立即丢失，而 EEPROM 里的数据仍能保存下来。供电恢复之后，它自动将所保存的数据转移到 RAM 里去。这样就不必用后备电池也能保证原有数据不丢失。

数字输入、输出接口 I/O 的作用，一方面，使来自现场通信器的脉冲信号能从 4～20mA DC 信号导线上分离出来送入 CPU；另一方面，使变送器的工作状态、已设定的各项数据、自诊断的结果、测量结果等送到现场通信器的显示器上。

1.3.3　压力传感器典型应用

1. 指套式电子血压计

指套式血压计是利用放在指套上的压电传感器，把手指的血压变为电信号，由电子检测电路处理后直接显示出血压值的一种微型装置。如图 1-3-21 所示是指套式血压计的外形图，它由指套、电子电路及压力源三部分组成。指套的外图为硬性指环，中间为柔性气囊，它直接和压力源相连，旋动调节阀门时，柔性气囊便会被充入气体，使产生的压力作用到手指的动脉上。电子血压计的电路框图如图 1-3-22 所示。当手指套入指套进行血压测量时，将开关 S 闭合，压电传感器将感受到的血压脉动转换为脉冲电信号，经放大器放大变为等时间间隔的采样电压，A/D 转换器将它们变为二进制代码后输入到幅值比较器和移位寄存器。

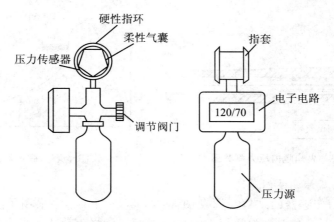

图 1-3-21   指套式血压计的外形图

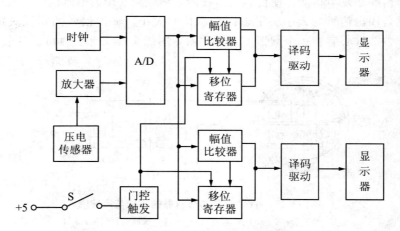

图 1-3-22   电子血压计的电路框图

移位寄存器由开关 S 激励的门控电路控制，随着门控脉冲的到来，移位寄存器存储采样电压值。移位寄存器寄存的采样电压又送回幅值比较器并与下面输入的采样电压进行比较，只将幅值大的采样电压存储下来，也就是把测得的血压最大值（收缩压）存储下来，并通过 BCD 七段译码驱动器在显示器上显示出来。

测量舒张压的过程与收缩压相似，只不过由另一路幅值比较器等电路来完成，将较小的一个采样电压存储在移位寄存器内，这就是舒张压的采样血压值，最终由显示器显示出来。

2. 火炮腔内压力测试

炮弹的发射是由发射药在膛内燃烧形成的压力完成的。膛内压力的大小，不仅决定着炮弹的飞行速度，而且与火炮及弹丸的设计也有密切的关系。早期常采用测压铜柱的变形量来测量膛内压力，它对研究膛内压力分布是非常困难的。目前采用各种压力传感器对炮膛内压力进行测试，图 1-3-23 是火炮膛内压力测试图。压力传感器设置在炮闩巢壁，当炮弹发射时，压力传感器将如实地记录下整个膛内压力的变化。如图 1-3-24 所示是测得的膛内压力曲线。

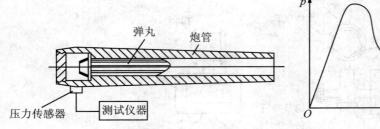

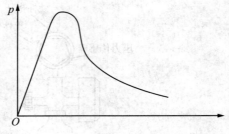

图 1-3-23　火炮膛内压力测试图　　　　　图 1-3-24　膛内压力曲线

3. 自感传感器结构举例

BYM 型压力传感器的结构与原理图如图 1-3-25 所示，它采用了变气隙差动传感器。当被测压力 P 变化时，弹簧管 1 的自由端产生位移，带动与自由端刚性连接的自感传感器的衔铁 2 发生移动，使传感器的线圈 5 和线圈 6 中的电感值一个增加，另一个减小。传感器输出信号的大小决定于衔铁位移的大小，输出信号的相位决定于衔铁移动的方向。整个铁心装在一个圆形的金属盒内，用接头螺纹与被测物相连接。

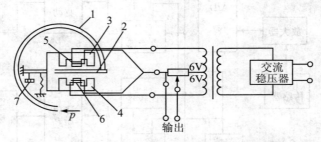

图 1-3-25　BYM 型压力传感器的结构与原理图
1—弹簧管；2—衔铁；3—铁心；5、6—线圈；7—调节螺钉

4. 压力检测系统

实际上，进行压力测量需要一套测量系统，包括直接测取压力的取压口、传递压力的引压管路和测量仪表。正确选用压力测量仪表十分重要，合理的测压系统也是准确测量的保证。

(1)取压点位置和取压口形式

为真实反映被测压力的大小，要合理选择取压点，注意取压口形式。工业系统中设置取压点的选取原则遵循以下几条。

①取压点位置避免处于管路弯曲、分叉、死角或流动形成涡流的区域。不要靠近有局部阻力或其他干扰的地点，当管路中有凸出物体时(如测温元件)，取压点应在其前方。需要在阀门前后取压时，应与阀门有必要的距离。

②取压口开孔的轴线应垂直设备壁面，其内端面与设备内壁平齐，不应有毛刺或凸出物。

③测量液体介质的压力时，取压口应在管道下部，以避免气体进入引压管；测量气体介质的压力时，取压口应在管道上部，以避免液体进入引压管。

图 1-3-26 给出取压口选择原则示意图。

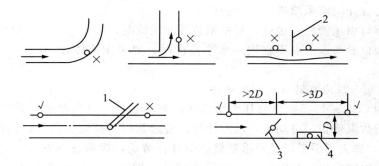

图 1-3-26　取压口选择原则示意图

1—温度计；2—挡板；3—阀；4—导流板

×—不适于做取压口的地点；√—可用于做取压口的地点

（2）引压管路的敷设

引压管路的敷设应保证压力传递的精确性和快速响应，需注意的原则有以下几点。

①引压管的内径一般为 6～10mm，长度不得超过 50～60mm。更长距离时要使用远传式仪表。引压管内径、长度的选定与被测介质有关，可参看有关规定。

②引压管路水平敷设时，要保持一定的倾斜度，以避免引压管中积存液体（或气体），并有利于这些积液（或气）的排出。当被测介质为液体时，引压管向仪表方向倾斜；当被测介质为气体时，引压管向取压口方向倾斜。倾斜度一般大于 3％～5％。

③当被测介质容易冷凝或冻结时，引压管路需有保温伴热措施。

④根据被测介质情况，在引压管路上要加装附件，如加装集液器、集气器以排除积液或积气；加装隔离器，使仪表与腐蚀性介质隔离；加装凝液器，防止高温蒸汽介质对仪表的损坏等。

引压管路的敷设情况如图 1-3-27 所示。

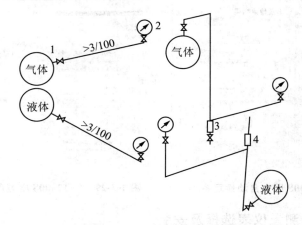

图 1-3-27　引压管路的敷设情况

1—管道；2—测压仪表；3—排液罐；4—排气罐

（3）测压仪表的安装

测压仪表安装时需注意的原则有以下几点：

①压力计应安装在易于观测和检修的地方，仪表安装处尽量避免振动和高温；

②对于特殊介质应采取必要的防护措施；

③压力计与引压管的连接处，要根据被测介质情况，选择适当的密封材料；

④当仪表位置与取压点不在同一水平高度时，要考虑液体介质的液位静压对仪表示值的影响。

5.CST2000S 压力自动检定系统软件

本软件为 CST2000 系列数字压力校验仪的配套软件，可自动进行数据记录、自动生成表动进行数据修正、自动进行误差计算、检定数据可存储打印等（可打印检定证书及检定结果），省去了手工记录及重复繁杂的计算劳动，检测效率大大提高，而且避免了人为误差。检定力表、精密压力表采用反校法，即固定被检表检定点，自动读取标准仪表示值，快速而准确消除了人为视差的影响，通过计算机内部进行计算可自动转换成正校格式，其格式完全符合量检定规程 JG49—1999、JG52—1999 及 JG882—2004 的要求，此套软件对于企事业单位完成认证有很大促进作用。

本套装置可调校：指针式普通压力表、指针式精密压力表、压力控制器、数字压力计、电接点压力表、血压计、传感器等检定软件。本套软件运行在 Windows98/2000 系统上，如图 1-3-28、图 1-3-29 所示。

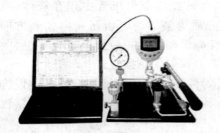

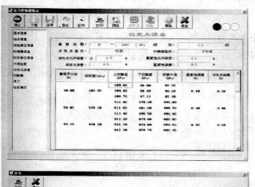

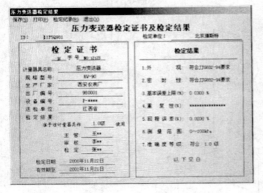

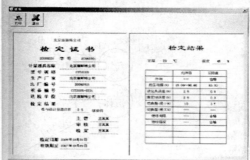

图 1-3-28　CST2000S 压力自动检定系统　　图 1-3-29　CST2000S 压力自动检定系统软件

1.3.4　压力测量仪表选择及安装

实训任务 1　压力表的选用与安装

一、实训目的

1.熟悉压力仪表，合理地对压力仪表型号、量程、精度等级等方面进行选择。

2.掌握就地指示压力表和压力变送器的安装。

3.压力传感器与取源部件的安装要求。

二、实训设备与所需的仪器、设备及工具

1. 现场仪表安装装置一台。

2. 各种压力传感器与压力仪表各一只。

3. 安装工具(管钳、压力钳、管刀、各种管件)。

三、实训准备与实训内容

1. 压力表的选用原则

根据工艺生产过程对压力测量的要求，按经济原则，合理地对仪表种类、型号、量程、精度等级等方面进行选择。选择时主要应从以下三方面进行考虑。

(1)仪表类型的选用

对仪表类型的选用主要应从能满足工艺生产的要求和价格两方面来考虑。例如，是需要就地指示还是需要远传、自动记录或报警；被测介质的理化性能(如腐蚀性、温度高低、黏度大小、脏污程度、易燃易爆性等)是否对测量仪表有特殊要求；现场环境条件(如高温、电磁场、振动等现场安装条件)对仪表类型是否有特殊要求等。

(2)仪表测量范围的确定

仪表的测量范围是指仪表刻度下限值到上限值的范围，它表明该仪表可按规定精度对被测参数进行测量的范围。例如，在测量压力时，为避免弹簧管压力表的传感元件超负荷而遭到破坏，压力表的上限值应该高于工艺生产中可能的最大压力值。此外，为使仪表可靠地工作，在选择仪表时，还必须考虑留有足够的余地。根据规定，在被测压力比较平稳的情况下，其最大值不应超过压力表量程的2/3；测量高压、波动较大的压力时，最大工作压力不应超过量程的3/5。

(3)仪表精度等级的选取

仪表的精度等级是根据工艺生产中所允许的最大绝对误差来确定的。一般来说，仪表精度等级越高，价格就越昂贵，操作维护要求也越高。因此，选择时应在满足要求的前提下，尽可能选用精度较低、结构简单、价廉且耐用的压力表。

2. 现场压力测量仪表的安装

压力测量仪表种类很多，按照信号传输距离，可分为就地指示压力表和压力变送器。这些压力仪表除满足现场仪表安装时的一般要求外，还应注意以下几方面。

(1)压力仪表不宜安装在温度过高的地方。温度过高会影响弹性元件的特性和电气回路的绝缘强度。

(2)用于现场压力指示的压力表均采用就地安装方式。就地压力表的安装高度一般为1.5m，以便于读数、维修。为了检修方便，在取压口和仪表之间应加装切断阀，并靠近取压口。安装地点应尽量避免高温，对于蒸汽和其他可凝性热气体及当介质温度超过600℃时，取压口和压力表之间应加冷凝管。对于腐蚀性、黏稠性、易结晶、有沉淀物的介质，则采用隔离法测量，如图1-3-30和图1-3-31所示。

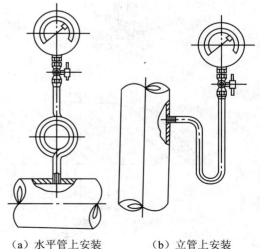

(a)水平管上安装　　　(b)立管上安装

图1-3-30　就地压力表的安装

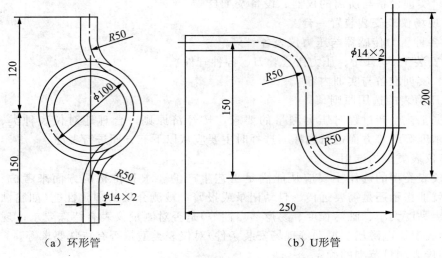

（a）环形管　　　　　　　　　　　　（b）U形管

图 1-3-31　环形管和 U 形管的制作

3. 现场压力仪表管状支架上的安装

信号远传的压力变送器由 U 形环紧固在垂直安装的管状支架上，管状支架焊接在铁板上，并用膨胀螺栓将铁板固定在地面上，如图 1-3-32 所示。压力变送器的安装高度一般为 1.5m。在寒冷、多尘的环境下，为了保证仪表正常使用，安装变送器要采用保温箱或保护箱。

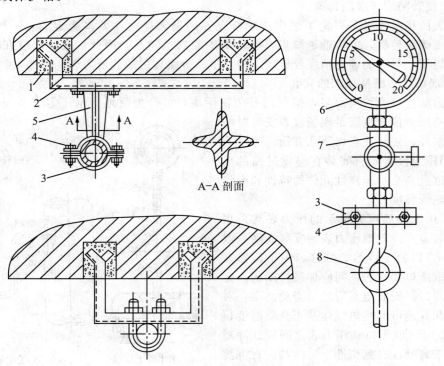

A-A 剖面

图 1-3-32　用支架固定的压力表

1—填料；2—角钢支架；3—抱箍；4—螺丝；5—支座；6—压力表；7—仪表阀门；8—环形管

4. 特殊介质的压力仪表的安装

图 1-3-33 为带插管式隔离容器的压力表安装图。当被测介质为腐蚀性气体或液体时应加装隔离器，非特殊场合下只要将冷凝管、隔离器省去即可。

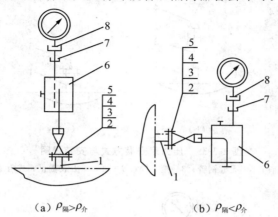

（a）$\rho_隔 > \rho_介$　　　　（b）$\rho_隔 < \rho_介$

图 1-3-33　带插管式隔离器的压力表安装图

1—法兰接管；2—垫片；3、4—螺栓螺母；5—取压截止阀；

6—隔离容器；7—压力表直通接头；8—垫片

附注：隔离容器需加固定，以免阀门的卡套密封受影响。

5. 差压变送器三阀组安装

差压变送器用做气体或液体压差的测量时，其仪表本身的安装，同压力变送的安装相同，但正、负压侧的管路敷设比较复杂。为了便于安装、操作和检修仪表，差压变送器前的导压管上应采用三阀组的连接方式，如图 1-3-34 所示。

四、压力传感器与取源部件的识图与安装练习

（1）安装位置选择

就地压力表的安装位置要便于观察，泵出口压力表应安装在出口阀门前，压力表不应固定在振动较大的工艺设备或管道上；检测高压的压力表安装在操作岗位附近时，必须距地面 1.8m 以上，或者安装保护罩。

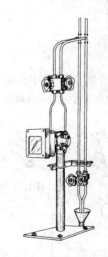

图 1-3-34　差压变送器三阀组安装示意图

（2）压力管路的连接方式与安装识图，如图 1-3-35 至图 1-3-38 所示。

①采用卡套式阀门与卡套或管接头连接；

②采用外螺纹截止阀和压垫式管接头连接；

③采用内螺纹闸阀和压垫式管接头连接。

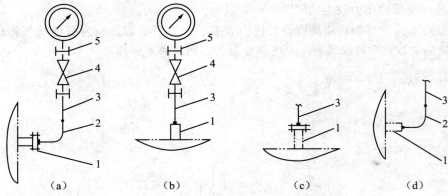

图 1-3-35　压力表安装方式与安装识图

1—管接头或法兰接管；2—无缝钢管；3—接表阀接头；4—压力表截止阀或阻尼截止阀；5—垫片

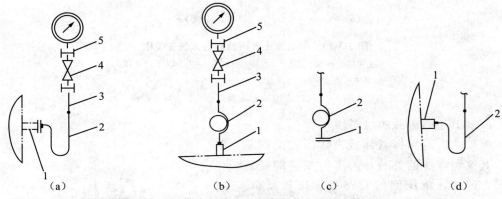

图 1-3-36　带冷凝管的压力表安装方式与安装识图

1—管接头或法兰接管；2—冷凝圈或冷凝弯；3—接表阀接头；4—压力表截止阀或阻尼截止阀；5—垫片

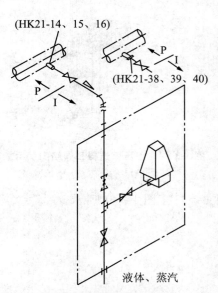

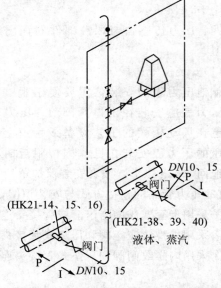

图 1-3-37　测量压力管路安装方式与安装识图
（变送器低于取压点）

图 1-3-38　测量压力安装方式与安装识图
（变送器高于取压点）

五、压力表及管路安装注意事项

压力计的安装正确与否，影响到测量的准确性和压力计的使用寿命。

（1）取压点的选择注意事项

所选择的取压点应能反映被测压力的真实大小。

①要选在被测介质直线流动的管段部分，不要选在管路拐弯、分叉、死角或其他易形成旋涡的地方。

②测量液体压力时，取压点应在管道下部，使导压管内不积存气体；测量气体压力时，取压点应在管道上方，使导压管内不积存液体。

（2）导压管铺设注意事项

①导压管粗细要合适，一般内径为 6～10mm，长度应尽可能短，最长不得超过 50m，以减少压力指示的迟缓。如超过 50m，应选用能远距离传送的压力计。

②导压管水平安装时应保证有 1∶10～1∶20 的倾斜度，以利于积存于其中的液体（或气体）的排出。

③当被测介质易冷凝或冻结时，必须加保温伴热管线。

④取压口到压力计之间应装有切断阀，以各检修压力计时使用。切断阀应装设在靠近取压口的地方。

（3）压力计的安装注意事项（见图 1-3-39）

①压力计应安装在易观察和检修的地方。

②安装地点应力求避免振动和高温影响。

③测量蒸汽压力时，应加装凝液管，以防止高温蒸汽直接与测压元件接触，见图 1-3-39(a)；对于有腐蚀性介质的压力测量，应加装有中性介质的隔离罐，图 1-3-39 (b)表示了被测介质密度 ρ_2 大于和小于隔离液密度 ρ_1 的两种情况。

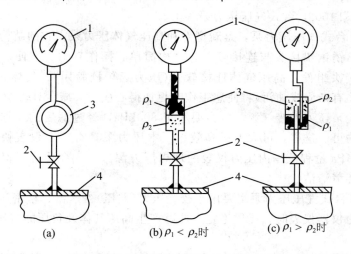

图 1-3-39　三种不同的压力计安装示意图

总之，针对被测介质的不同性质（高温、低温、腐蚀、脏污、结晶、沉淀、黏稠等），要采取相应的防热、防腐、防冻、防堵等措施。

④压力计的连接处，应根据被测压力的高低和介质性质，选择适当的材料，作为

密封垫片，以防泄漏。一般低于 80℃ 及 2MPa 时，用牛皮或橡胶垫片；350℃～450℃ 及 5MPa 以下用石棉或铝垫片；温度及压力更高（50MPa 以下）用退火紫铜或铅垫片。但测量氧气压力时，不能使用浸油垫片及有机化合物垫片；测量乙炔压力时，不能使用铜垫片，因它们均有发生爆炸的危险。

⑤当被测压力较小，而压力计与取压口又不在同一高度时，对由此高度差而引起的测量误差应按 $\Delta P = \pm H\rho g$ 进行修正。式中 H 为高度差，ρ 为导压管中介质的密度，g 为重力加速度。

⑥为安全起见，测量高压的仪表除选用表壳有通气孔的外，安装时表壳应向墙壁或无人通过之处，以防发生意外。

1.3.5 压力检测传感器及仪表实训

实训任务 2 压力表校验

一、实训目的

(1)熟悉并能正确使用实训装置。

(2)掌握压力表的结构和工作原理。

(3)学会弹簧管压力表的校验方法。

(4)学会正反行程的校验和误差计算方法。

(5)学会填写校验单。

二、实训设备与所需的仪器、设备及工具

(1)CST1002B 台式气压压力泵。

(2)标准压力表 1 块。

(3)工业用压力表 1 块。

三、准备工作

(1)认识 CST1002B 台式气压压力泵

CST1002B 台式气压压力泵，是新型专利高压气体压力泵。它的结构为开放压杆结构，采用进口不锈钢快接头与连接管；它结构简单、操作省力、方便、不易泄漏。若选购配套过渡接头组件、高压气体连接软管（压力远传校验用）、气体过滤器（十分必要，被检表往往有杂质或油污）将使您工作时更加得心应手，减少许多烦恼。

该压力校验泵还可外接气源，压力要小于 800kPa，经过滤后的压缩空气或氮气瓶减压后的气源均可。这样，可大大提高效率。本压力泵具有三个仪表快接头，是校验－0.098～6.0MPa 量程范围内压力仪表的理想压力源。空气介质可以保证校验的准确度，并且保持环境清洁。

CST1002B 台式气压压力泵主要用于校验压力（差压）变送器、精密压力表、普通压力表及其他压力仪器仪表时，提供稳定且能够产生高压气体及负压的气压压力源。

技术指标

压力范围：真空：－0.098MPa～0Pa(标准大气压下。验收、使用时，请核对当地大气压)

压力：0Pa～6.0MPa

体　　积：375mm×315mm×150mm

调节细度：10Pa

外形结构

CST1002B 气压压力泵结构如图 1-3-40 所示。

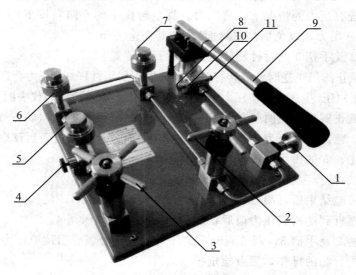

图 1-3-40　CST1002B 气压压力泵结构图

1—压力截止阀门；2—增、减压手柄；3—增、减压手柄；4—卸压阀；5—M20X1.5 快接内螺纹接头；
6—M20X1.5 快接内螺纹接头；7—M20X1.5 快接内螺纹接头；8—压力、真空转换手柄；9—加压杠杆；
10—压力、真空转换挡块；11—外接气源快接头(Φ6)

（2）选取标准压力表

选取标准表时，标准表的测量上限一般应不低于被校表测量上限，标准表的允许误差应不大于被校表允许误差的 1/3，或者标准压力表比被校压力表高两个精确度等级。

（3）确定校验点

点对于 1.0、1.6、2.5、4.0 精确度等级的压力表，可在 5 个刻度上进行校验，对于 0.5 级和更高精确度等级的压力表，应取全刻度标尺上均匀分布的 10 个刻度点进行校验。

（4）了解基本误差校准方法

正行程校验：逐渐增大压力泵输出压力，使标准表指针依次缓慢地停留在各个校验点上，轻敲表壳后读取压力表示值。

反行程校验：在测量上限处耐压 3 分钟，然后逐渐减小压力泵输出压力，使标准表指针依次缓慢地停留在各个校验点上，轻敲表壳后读取压力表示值。

用同样的方法按照原校验点进行反向校准。

四、实训内容与步骤

（1）压力仪表正行程校验

①将标准压力仪表和被检压力仪表连接到快接头 5、6 和 7 中(最多可以检定两块被检压力仪表)。如果只检定一块被检压力仪表，需将这三个快接头中的一个用本产品提供的封口螺母拧紧。必须将连接的仪表完全拧紧，以防使用时泄漏，确保使用者安全。

②将压力真空转换手柄 8 向左拉出(即"+"号方向,出厂时已设置为正压状态,且加有挡块 10,以免误操作),使压力泵处于压力输出状态(绝不允许压力泵处于压力输出状态,且系统有压力的情况下,将压力、真空转换手柄 6 向右按下)。顺时针旋转卸压阀 4(不能过分用力,以免损伤密封面),使其完全关闭。

③将手柄 2 及手柄 3 逆时针旋转退到最大行程位置。

④将压力截止阀门 1 逆时针旋转打开,轻轻操作加压杠杆 9,压力会逐渐上升,逼近所需压力后停止加压(注意不要使压力超过标准压力仪表或被检压力仪表的量程上限)。

⑤将压力截止阀门 1 顺时针旋转完全关闭(不要用力太大,以防损伤阀门)。使用手柄 2 或手柄 3 精细调节压力,直到调节到所需的压力,轻敲表壳后读取压力表示值。

重复步骤④、⑤的操作,逐点检测校验。

(2)压力仪表反行程校验

①正行程校验结束后,小心、缓慢地逆时针旋转卸压阀 4,使其微微打开,缓慢地卸去压力。当逼近到达所需压力值后,迅速顺时针关闭卸压阀 4。

②使用手柄 2 及手柄 3,调节到所需的压力值,轻敲表壳后读取压力表示值。

重复步骤①、②的操作,逐点检定校验。

校验单

待校压力表读数/kPa	行程	0	25%	50%	75%	100%
标准压力表读数/kPa	正行程					
	反行程					
绝对误差/kPa	正行程					
	反行程					
变差/kPa						

最大绝对误差: 原精度:

最大的相对百分误差: 现精度:

变差:

                              校验人: 日期:

五、实训报告要求

(1)写出常规实训报告。

(2)根据所得数据计算被校表的误差和精度等级。

(3)填写仪表校验单。

		被校验仪表示值	0	25%	50%	75%	100%
标准仪表示值	正行程	轻敲表壳前					
		轻敲表壳后					
	反行程	轻敲表壳前					
		轻敲表壳后					
	原精度:		绝对误差:				
	现精度:		基本误差:				

实训任务 3　智能差压变送器组态

一、实训目的

(1)掌握 EJA 智能差压变送器的安装与使用方法。

(2)掌握 BT200(手操器)的使用方法。

(3)学会用 BT200 进行调零,并能正确组态位号、量程、单位、变送器输出显示方式。

(4)学会输出测试方法。

二、实训设备

名　　　称	规格和型号	说　　明
智能差压变送器	EJA-110A	1 套
手操器	BT-100	1 个
数字显示表	XMZ-5060FPBH	1 块
万用表	MS8261	1 块
操作台		1 台

三、准备工作

(1)阅读 EJA-110A 使用说明书,熟悉差压变送器的安装方式,见附件 1。

(2)阅读 BT-200 手操器的使用说明,熟悉操作方法,见附件 2。

四、实训内容与步骤

(1)根据实际情况,参照附件 1 变送器的安装图,安装变送器。

(2)根据实际情况,参照附件 1 完成导压管装配。

(3)完成仪表接线。

按图 1-3-41 所示,连接好仪表,并接通电源。

(4)用 BT200(手操器)正确组态位号、量程、单位、变送器的输出显示方式。

①开机进入 BT200(手操器)的主页面。上面有四个显示功能键,分别是 HOME、SET、ADJUST、ESC。按不同的功能键可进入不同的显示界面。

②在进行校验前要按 SET 键,进入设置界面,在这一界面里主要可以有以下操作:C:设置;D:辅助设置 1;E:辅助设置 2;H:自动设置等。选定"C 项"按 ENTER 键进入设置参数页,可以对变送器的各项数据进行设置。如位号、量程上下限、单位、变送器的输出显示方式等。

③在设置好各项参数后,按 ADJUST 键进入调整菜单界面。在这一界面选定"J10 项"进行调零设置。如果对于量程不在零点的变送器要进行零点调整,量程设定和零点迁移等步骤。零点调整主要有两种方法,用手操器调零和外部调零。外部调零必须要在允许外部调零的前提下方可调零。

④零点调整完毕,方可进入测试。在调整菜单界面按 TEST 键进行测试。通过给定不同的值来检测变送器是否完好。

⑤测试完毕后,要按 ESC 键退出菜单返回到主菜单界面才可断电。

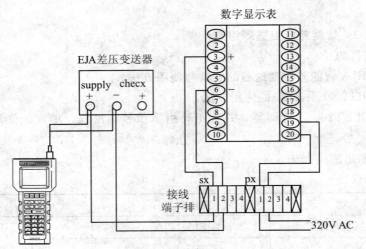

图 1-3-41　EJA 差压变送器校验接线图

五、填写校验单

样例：EJA 差压变送器液位测量安装与组态应用样例

现有一台余热锅炉的汽包需进行液位测量，测点名称为 LT-101 拟采用双室平衡容器与智能差压变送器进行液位测量。现场情况如下：汽包设计公称压力 1.6MPa，设计最高工作温度 250℃，汽包上下连接管高度 440mm，根据汽包运行规范要求汽包液位中间点为液位零点，向下为负液位，向上为正液位。本题不考虑温度、压力对水的密度影响，按照标准水密度(4℃标准气压下的水密度)进行相关设置。

（1）填写变送器型号规则。

表　变送器型号

名称	
型号选项	
模式	
电源	
输出	
最大工作压力	
出厂量程	
编号	

（2）请正确设置数显表参数。

表　数显表参数设置

分度号选择	小数点位置	量程下限	量程上限

（3）请画出双室平衡容器与变送器的简易连接图，注明正、负引压管与智能变送器的连接位置。

（4）请设置智能差压变送器的位号、量程，现场液位表头显示实际流量的百分比。

表　变送器参数设置

位号	单位	量程下限	量程上限	输出模式

（5）安装调试完毕后，进行模拟输出测试，分别输出 4mA、8mA、12mA、16mA、20mA，进行现场与数显表对应校验。

表　校验单

变送器输出电流(mA)		4	8	12	16	20
变送器显示值	标准值					
	实测值					
数显表显示值	标准值					
	实测值					

实训任务 4　EJA 差压变送器安装

1. 部件名称

EJA 差压变送器部件名称如图 1-3-42 所示。

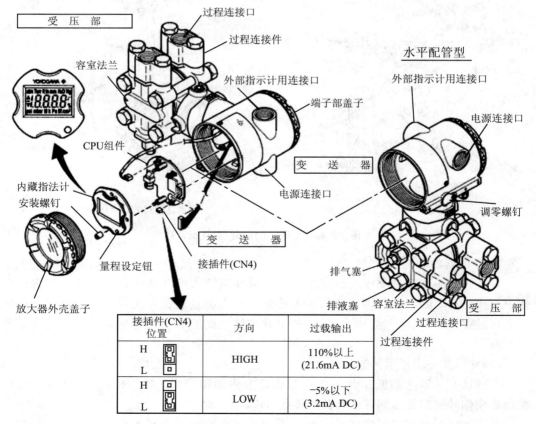

图 1-3-42　EJA 差压变送器部件名称

自动检测与控制仪表实训教程

2. 安装变送器

安装变送器时根据安装现场不同分为水平配管安装（如图1-3-43所示）、垂直配管安装（如图1-3-44所示）。

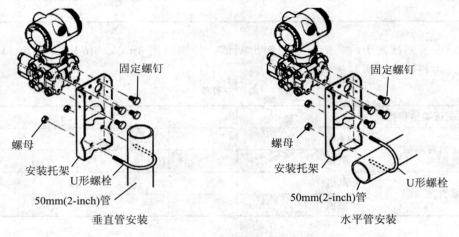

图 1-3-43　变送器的安装（水平配管）

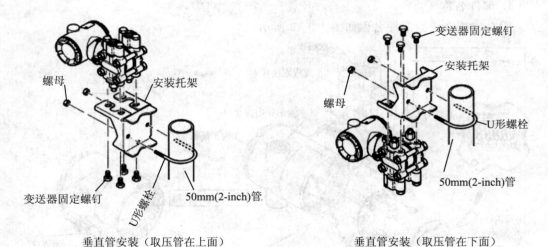

图 1-3-44　变送器的安装（垂直配管）

3. 导压管的装配

导压管用于传送过程压力给变送器。如果导压管内的液体中含有气体或管内的气体中有残留物，就不能进行正确的压力传递，压力测量就会产生误差。因此有必要施行适合过程流体（气体、液体、蒸汽）的配管方法。配装导压管与变送器时，请注意如下几点。

（1）导压管与变送器的连接

①确认变送器的高低压侧　变送器膜盒上将刻印"H"、"L"标记，以区分高低压侧。高压侧导管和低压侧导压管分别接在"H"、"L"侧。

②变送器与三阀组的连接　三阀组由两个截止阀和一个平衡阀构成。变送器与三

82

阀组的连接有配管型(如图1-3-45所示)、直接连接型(如图1-3-46所示)。

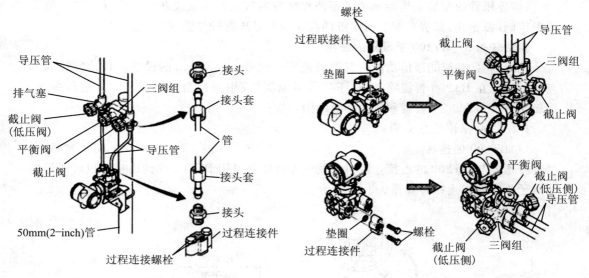

图1-3-45　三阀组(配管型)　　　　　　图1-3-46　三阀组(直接连接型)

③变送器和三阀组的连接完毕后,关闭高、低压侧的截止阀,打开平衡阀。该操作是为了防止变送器的任何一侧过载。

(2)导压管的配装方法

①引压阀角度　过程管道内的残液,煤气或沉淀物等流入导压管内,是测量压力时产生误差的主要原因。要排除这些影响,必须按图1-3-47所示的角度安装引压阀。

过程流体是气体时,垂直向上或垂直方向的上方45°之内。

过程流体是液体时,水平方向或水平方向的下方45°之内。

过程流体是蒸汽时,水平方向或水平方向的上方45°之内。

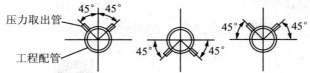

图1-3-47　过程压力的引入角度(水平配管)

②引压阀和变送器的位置　必须定期排除导压管内的残液、残气。这项工作会暂时给测量压力带来影响。因此,最好在配管时就做到使残液和残气能自动回流到管道里面去。

过程流体是气体,原则上变送器的位置高于引压阀。

过程流体是流体或蒸汽,原则上变送器的位置低于引压阀。

③导压管的倾斜　导压管只能上斜或下斜,水平部分至少应保持1/10的倾斜,使残留液体和气体不滞留在管内。

④两侧导压管的温差　高、低压侧的导压管如有温差,管内液体的密度也产生差

值，给测量压力带来误差。因此配管时应使两导压管并行以便不产生温差。

（3）导压管的配装完毕后，为了不使程配管的残液、残气或灰尘进入导压管，请关闭引压阀（截止阀）和装在变送器附近的截止阀及导压管的排液气阀。

实训任务 5　BT200 手操器的使用

Dpharp 具有智能通信功能，其测量范围、位号（Tag No.）的设置，自诊监控和零点调整均能在 BT200 智能终端（以下简称手操器）或中央控制台以遥控方式进行操纵。下面学习在 BT200 上设置和改变参数的操作规程。

1. BT200 操作注意事项

（1）BT200 的连接

变送器与 BT200 的连接，既可在变送器接线盒里用 BT200 挂钩连接，也可通过中继端子板传输线连接，如图 1-3-48 所示。

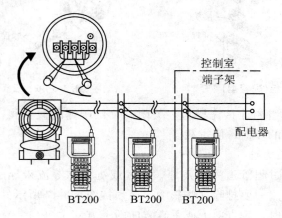

图 1-3-48　BT200 的连接

（2）通信线路状况（如图 1-3-49 所示）

回路电阻 $= R + 2R_c = 250 \sim 600\Omega$

回路电容 $= 0.22\mu F$（最大值）

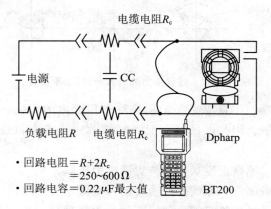

图 1-3-49　通信线路状况

2. BT200 的操作方法

(1)键面排列

BT200 键盘上的操作键排列，BT200 按键布置如图 1-3-50 所示，BT200 屏面组件如图 1-3-51 所示。

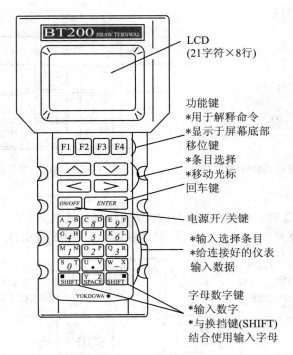

图 1-3-50　BT200 按键布置

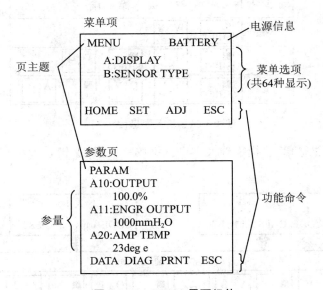

图 1-3-51　BT200 屏面组件

（2）操作键的功能

①数字/字母键和【SHIFT】键

利用数字/字母键直接输入数字，结合【SHIFT】键可以输入字母。

a. 输入数字、符号和空格

直接按数字/字母键

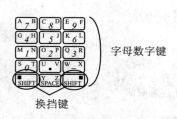

字母数字键

换挡键

图 1-3-52　数字/字母键和 SHIFT 键使用

输　入	按　键　顺　序			
-4	W X	G H 4		
0.3	S T 0	U V .	O R 3	
1 ⎵ -9	M N 1	Y Z SPACE	W X -	E F 9

图 1-3-53　数字/字母键使用

b. 输入字母（A－Z）

先按下【SHIFT】键，再同时按数字/字母键，则输入数字/字母键上与【SHIFT】键边侧位置相对应的字母。注意在按数字/字母键前必须先按下【SHIFT】键。

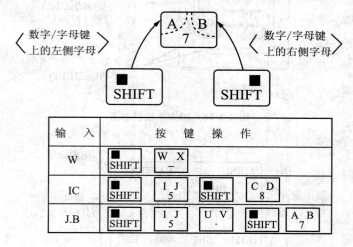

输　入	按　键　操　作			
W	SHIFT	W X -		
IC	SHIFT	I J 5	SHIFT	C D 8
J.B	SHIFT	I J 5	U V .	SHIFT / A B 7

图 1-3-54　输入字母（A－Z）

用功能键【F2】CAPS 选择字母大小定。每按一次【F2】键，大小写字形作一次更换并锁定。

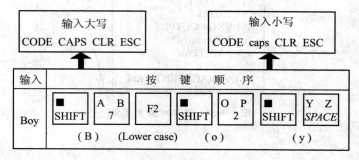

输入	按　键　顺　序					
Boy	SHIFT	A B 7	F2	SHIFT	O P 2	SHIFT / Y Z SPACE
	（B）	(Lower case)		（o）		（y）

图 1-3-55　字母大小写转换

使用功能键【F1】输入符号。

每按一下【F1】CODE 键，以下符号将逐个有光标位置顺次出现。

1。－，＋＊)('＆％＄＃"!

这些符号后面输入字母，要先按【＞】移动光标。

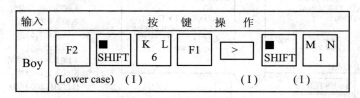

输入	按　键　操　作						
Boy	F2	■ SHIFT	K L 6	F1	＞	■ SHIFT	M N 1
	(Lower case)	（I）			（I）		（I）

图 1-3-56　输入符号

②功能键

功能键的含义与屏幕上显示的功能命令相对应。

MENU
　A: DISPLAY
　B: SENSOR TYPE

HOME　SET　ADJ　ESC 　}功能命令

| F1 | F2 | F3 | F4 | }功能键

图 1-3-57　功能键含义

表　功能命令表

命　令	功　能
ADJ	显示 ADJ（调整）菜单
CAPS/caps	大小写选择
CODE	选择符号
CLR	清除输入数据或删除所有数据
DATA	更新参数数据
DEL	删除一个字符
DIAG	调用自检页
ESC	返回上一页
HOME	显示菜单页
NO	放弃设置，返回上一显示
OK	继续显示下一页
PARM	进入参数号设置模式
SET	显示 SET（设置）菜单
SLOT	返回监视页
UTIL	调用公共页
※COPY	屏幕打印
※FEED	纸张进给
※LIST	在菜单上列出所有参数
※PON/POFF	变更数据打印模式设置开关
※PRNT	切换到打印模式
※GO	启动打印
※STOP	停止打印

注有※参数仅适用于配有打印机构的 BT200-P00

（3）用操作键调用菜单

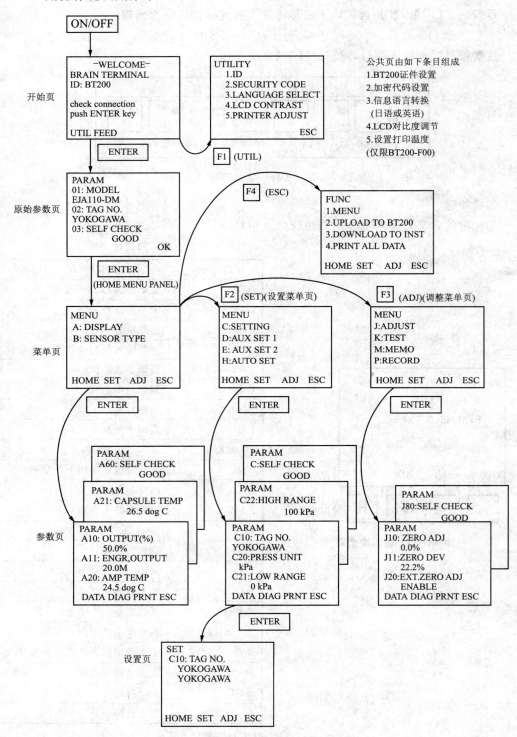

图 1-3-58　操作键调用图

3. BT200 的参数设置

（1）参数

适用仪表：

F：差压变送器…EJA110A，EJA120A，EJA130A

P：压力变送器…EJA310A，EJA430A，EJA440A，EJA510A，EJA530A

L：液位变送器…EJA210A，EJA220A

（2）参数设置

在需要时，设置或改变参数值。完成后，记住用【DIAG】键进行确认，60：SELF CHECK 自检查结果显示"GOOd"。

①位号设置（C10：TAG NO.）

在仪表出厂之前，TAG NO. 在已按订货要求设置。用如下方法可以改变位号。

最多可允许输入 16 个数字/字母作为位号。

例：TAG NO. 设置为 FIC－1A

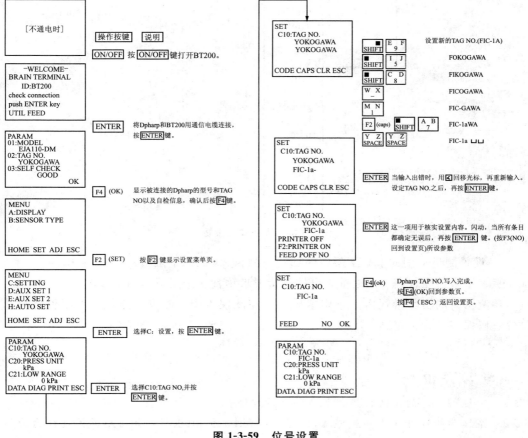

图 1-3-59　位号设置

②测量范围设置

a. 测量单位设置（C20：PRESS UNIT）

出厂前已按订货要求将单位预置，下面步骤用于改变单位。

●例：将"mmH₂O"换为"MPa"

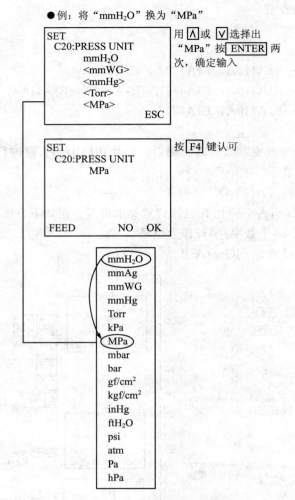

图1-3-60 测量单位设置

b. 设置测量范围的上、下限值(C21：下限值，C22：上限值)

上、下限值在仪表出厂之前，已按订货要求预置。按照下边的步骤改变可设定值。

●测量时的实际量程由上下限值确定。在此仪表中，改变下限值，上限值将自动改变，以保持量程恒定。

量程＝上限值－下限值

🍵 学习评价

1-3-1 简述"压力"的定义、单位及各种表示方法。

1-3-2 某容器的顶部压力和底部压力分别为50kPa和300kPa，若当地的大气压力为标准大气压，试求容器顶部和底部处的绝对压力以及顶部和底部间的差压。

1-3-3 弹性式压力计的测压原理是什么？常用的弹性元件有哪些类型？

1-3-4 常见的弹性压力计电远传方式举例。

1-3-5 应变式压力传感器和压阻式压力传感器的转换原理有什么异同点？

1-3-6 简述电容式压力传感器的测压原理。

1-3-7 振频式压力传感器、压电式压力传感器的特点是什么?

1-3-8 要实现准确的压力测量需要注意哪些环节?了解从取压口到测压仪表的整个压力测量系统中各组成部分的作用及要求。

1-3-9 在压力表与测压点所处高度不同时,如何进行读数修正?

1-3-10 用弹簧管压力计测量蒸汽管道内压力,仪表低于管道安装,两者所处标高为 1.6m 和 6m,若仪表指示值为 0.7MPa。已知蒸汽冷凝水的密度为 $\rho = 966\text{kg}/\text{m}^3$,重力加速度 $g = 9.8\text{m}/\text{s}^2$,试求蒸汽管道内的实际压力值。

1-3-11 简述测压仪表的选择原则。

1-3-12 被测压力变化范围为 0.5～1.4MPa,要求测量误差不大于压力示值的 ±5%,可供选用的压力表量程规格为 0～1.6MPa、0～2.5MPa、0～4.0MPa,精度等级有 1.0、1.5 和 2.5 三种。试选择合适量程和精度的仪表。

▶任务四 流量传感与仪表应用

 任务描述

在工业生产中,经常需要检测生产过程中各种介质(液体、气体、蒸汽等)的流量,以便为生产操作、管理和控制提供依据。

流量分为瞬时流量和累积流量。瞬时流量是指在单位时间内流过管道某一截面流体的数量,简称流量,其单位一般用立方米/秒(m^3/s)、千克/秒(kg/s)。累积流量是指在某一段时间内流过流体的总和,即瞬时流量在某一段时间内的累积值,又称为总量,单位用千克(kg)、立方米(m^3)。

1.4.1 流量检测传感器的分类

流量的检测方法很多,所对应的检测仪表种类也很多,表 1-4-1 对流量检测仪表进行了分类比较。

表 1-4-1 流量检测仪表分类比较

流量检测仪表种类		检测原理	特 点	用 途
差压式	孔板	基于节流原理,利用流体流经节流装置时产生的压力差而实现流量测量	已实现标准化,结构简单,安装方便,但差压与流量为非线性关系	管径＞50mm、低黏度、大流量、清洁的液体、气体和蒸汽的流量测量
	喷嘴			
	文丘里管			
转子式	玻璃管转子流量计	基于节流原理,利用流体流经转子时,截流面积的变化来实现流量测量	压力损失小,检测范围大,结构简单,使用方便,但需垂直安装	适于小管径、小流量的流体或气体的流量测量,可进行现场指示或信号远传
	金属管转子流量计			

续表

流量检测仪表种类		检测原理	特点	用途	
容积式	椭圆齿轮流量计	采用容积分界的方法，转子每转一周都可送出固定容积的流体，则可利用转子的转速来实现测量	精度高、量程宽、对流体的黏度变化不敏感，压力损失很小，安装使用较方便，但结构复杂，成本较高	小流量、高黏度、不含颗粒和杂物、温度不太高的流体流量测量	液体
	皮囊式流量计				气体
	旋转活塞流量计				液体
	腰轮流量计				液体、气体
涡轮流量计		利用叶轮或涡轮被液体冲转后，转速与流量的关系进行测量	安装方便，精度高，耐高压，反应快，便于信号远传，需水平安装	可测脉动、洁净、不含杂质的流体的流量	
电磁流量计		利用电磁感应原理来实现流量测量	压力损失小，对流量变化反应速度快，但仪表复杂、成本高、易受电磁场干扰，不能振动	可测量酸、碱、盐等导电液体溶液以及含有固体或纤维的流体的流量	
旋涡式	旋进旋涡型	利用有规则的旋涡剥离现象来测量流体的流量	精度高、范围广、无运动部件、无磨损、损失小、维修方便、节能好	可测量各种管道中的液体、气体和蒸汽的流量	
	卡门旋涡型				
	间接式质量流量计				

流量和总量又有质量流量、体积流量两种表示方法。单位时间内流体流过的质量表示为质量流量。以体积表示的称为体积流量。

1.4.2 流量检测传感器的选型

流量检测元件及仪表的选用应根据工艺条件和被测介质的特性来确定。要想合理选用检测元件及仪表，必须全面了解各类检测元件及流量仪表的特点和正确认识它们的性能。各类流量检测元件及仪表和被测介质特性关系如表 1-4-2 所示。

各种流量检测元件及仪表的选用可根据流量刻度或测量范围、工艺要求和流体参数变化以及安装要求、价格、被测介质或对象的不同进行选择。

表 1-4-2　流量检测元件及仪表与被测介质特性的关系

仪表种类		介质											
		清洁液体	脏污液体	蒸汽或气体	黏性液体	腐蚀性液体	腐蚀性浆液	含纤维浆液	高温介质	低温介质	低流速液体	部分充满管道	非牛顿液体
节流式流量计	孔板	○	●	○	●	◎	×	×	○	●	×	×	●
	文丘里管	○	●	○	●	●	×	×	○	●	●	×	×
	喷嘴	○	●	○	●	●	×	×	○	●	×	×	×
	弯管	○	●	○	×	◎	×	×	○	×	×	×	●

续表

仪 表 种 类	介 质											
	清洁液体	脏污液体	蒸汽或气体	黏性液体	腐蚀性液体	腐蚀性浆液	含纤维浆液	高温介质	低温介质	低流速液体	部分充满管道	非牛顿液体
电磁流量计	○	○	×	×	◎	○	○				◎	◎
旋涡流量计	○	●	◎	●	◎	×	×	◎	◎	×	×	×
容积式流量计	○	×	◎	○	●		×	◎	◎	×	×	●
靶式流量计	○	◎	◎	◎	◎	●	×	◎	●	×	×	●
涡轮流量计	○	●	◎	●	◎	×	×	●	◎	●	×	×
超声波流量计	○	●	◎	●	◎	×	×	◎		●	×	×
转子流量计	○	●	○	◎	◎	×		◎		◎	×	×

注：○表示适用；◎表示可以用；●表示在一定条件下可以用；×表示不适用。

流量就是单位时间内流过管道某横截面的流体数量，也称为瞬时流量。

$$q_v = vA \qquad (1\text{-}4\text{-}1)$$

$$q_m = \rho vA \qquad (1\text{-}4\text{-}2)$$

式中，q_v 为体积流量；v 为管道中某一截面上流体的平均流速；A 为管道的横截面积；q_m 为质量流量；ρ 为流体的密度。

总量是在一段时间内流过管道横截面的流体量，又称累计流量，在数值上它等于流量对时间的积分。

$$V = \int_{t_1}^{t_2} q_v \mathrm{d}_t \qquad (1\text{-}4\text{-}3)$$

$$m = \int_{t_1}^{t_2} q_m \mathrm{d}_t \qquad (1\text{-}4\text{-}4)$$

式中，V 为体积总量；m 为质量总量。

在过程控制工程中流量传感器是系统的检测仪表，总量表大都使用在生产过程的物料平衡和能量计量的贸易结算中。

1. 差压式流量传感器

差压式流量传感器是根据安装在管道中流量检测件产生的差压、已知的流体条件以及检测件与管道的几何尺寸来推算流量的仪表。差压式流量传感器由一次装置（节流装置）和二次装置（差压转换和流量显示仪表）组成。一次装置（节流装置）按其标准化程度分为标准型和非标准型两大类。所谓标准节流装置是指按照标准文件设计、制造、安装和使用，无须经实流校准即可确定其流量值并估算流量测量误差的检测件；非标准节流装置是尚未列入标准文件中的检测件。二次装置为各种机械、电子、机电一体化差压传感器，差压变送器和流量显示及计算仪表。差压计既可以测量流量参数，也可以测量其他参数（如压力、物位、密度）。

充满管道的流体，当它流经管道内的节流件（孔板）时，如图 1-4-1 所示，流束将在节流件处形成局部收缩，因而流速增加，静压力降低，于是在节流件前后便产生了压差。流体流量越大，产生的压差越大，这样可依据压差来衡量流量的大小。这种测量方法是以流体流动的连续性方程（质量守恒定律）和伯努力方程（能量守恒定律）为基础的。压差的大小不仅与流量有关，还与其他许多因素有关。流量方程为

$$q_v = \alpha \xi a \sqrt{2\Delta p / \rho_1} \tag{1-4-5}$$

$$q_m = \alpha \xi a \sqrt{2\Delta p \rho_1} \tag{1-4-6}$$

式中，α 为流量系数，它与节流件的结构形式、取压方式、孔口截面积与管道截面积之比、直径、雷诺数、孔口边缘锐度、管壁粗糙度等因素有关；ξ 为膨胀校正系数，它与孔板前后压力的相对变化量、介质的等熵指数、孔口截面积与管道截面积之比等因素有关；a 为节流件的开孔截面积；Δp 为节流件前后实际测得的压力差；ρ_1 为节流件前的流体密度。

差压式流量计（也称节流式流量计）是基于流体流动的节流原理，利用流体流经节流装置时产生的静压差来实现流量测量，由节流装置（包括节流元件和取压装置）、导压管和差压计或差压变送器及显示仪表所组成。

（1）测量原理

流体在管道中流动，流经节流装置时，由于流通面积突然减小，流速必然产生局部收缩，流速加快。根据能量守恒原理，动压能和静压能在一定条件下可以互相转换，流速加快的结果必然导致静压能的降低，因而在节流装置的上、下游之间产生了静压差。这个静压差的大小和流过此管道流体的流量有关，它们之间的关系可用下式表示

$$F_m = \alpha \varepsilon \frac{\pi}{4} d^2 \sqrt{2\rho_1 \Delta p} \tag{1-4-7}$$

$$F_V = F_m / \rho_1 \tag{1-4-8}$$

式中，F_m——流体的质量流量；

　　　F_V——流体的体积流量；

　　　α——流量系数；

　　　ε——流量的膨胀系数；

　　　d——节流件开孔直径；

　　　ρ_1——工作状态下，被测流体密度；

　　　Δp——压差。

当 α、ε、ρ_1、d 均为常数时，流量与压差的平方根成正比。由于流量与压差之间的非线性关系，在用节流式流量计测量流量时，流量标尺刻度是不均匀的。

（2）标准节流装置

设置在管道内能够使流体产生局部收缩的元件，称为节流元件。所谓标准节流装置，就是指它们的结构形式、技术要求、取压方式、使用条件等均有统一的标准。实际使用过程中，只要按照标准要求进行加工，就可直接投入使用。

目前常用的标准节流装置有孔板、喷嘴、文丘里管，其结构如图 1-4-1 所示。

①标准节流装置的使用条件

a. 流体必须充满圆管和节流装置，并连续地流经管道。

b. 管道内的流束（流动状态）必须是稳定的，且是单向、均匀的，不随时间变化或变化非常缓慢。

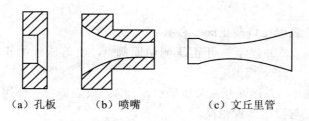

(a) 孔板　　　 (b) 喷嘴　　　　　(c) 文丘里管

图 1-4-1　标准节流装置

c. 流体流经节流件时不发生相变。

d. 流体在流经节流件以前，其流束必须与管道轴线平行，不得有旋转流。

②标准节流装置的选择原则

a. 在允许压力较小时，可采用文丘里管和文丘里喷嘴。

b. 在检测某些容易使节流装置玷污、磨损和变形的脏污或腐蚀性等介质的流量时，采用喷嘴较孔板为好。

c. 在流量值和差压值都相等条件下，喷嘴的开孔界面比值较孔板的小。这种情况下，喷嘴有较高的检测精度，而且所需的直管长度也较短。

d. 在加工制造和安装方面，以孔板最简单，喷嘴次之，文丘里管、文丘里喷嘴最为复杂，造价也高，所需的直管长度较短。

③节流装置的安装

a. 应使节流元件的开孔与管道的轴线同心，并使其端面与管道的轴线垂直。

b. 在节流元件前后长度为管径 2 倍的一段管道内壁上，不应有明显粗糙或不平。

c. 节流元件的上下游必须配置一定长度的直管。

d. 标准节流装置(孔板、喷嘴)，一般只用于直径 $D>50\text{mm}$ 的管道中。

（3）差压检测及显示

节流元件将管道中流体的流量转换为压差，该压差由导压管引出，送给差压计来进行测量。用于流量测量的差压计形式很多，如双波纹管差压计、膜盒式差压计、差压变送器等，其中差压变送器使用得最多。

由于流量与差压之间具有开方关系，为指示方便，常在差压变送器后增加一个开方器，使输出电流与流量变成线性关系后，再送显示仪表进行显示。差压式流量检测系统的组成框图如图 1-4-2 所示，图 1-4-3 所示为孔板附近的流速和压力。

图 1-4-2　差压式流量检测系统组成框图

（4）差压式流量计的投运

差压式流量计在现场安装完毕，经检测校验无误后，就可以投入使用。

开表前，必须先使引压管内充满液体或隔离液，引压管中的空气要通过排气阀和仪表的放气孔排除干净。

在开表过程中，要特别注意差压计或差压变送器的弹性元件不能受突然的压力冲击，更不要处于单向受压状态。差压式流量计的测量示意图如图 1-4-4 所示，其投运步

自动检测与控制仪表实训教程

骤如下。

①打开节流装置引压口截止阀 1 和截止阀 2。

②打开平衡阀 5，并逐渐打开正压侧切断阀 3，使差压计的正、负压室承受同样压力。

③关闭平衡阀 5，并逐渐开启负压侧切断阀 4，仪表即投入使用。

仪表停运时，与投运步骤相反。

在运行中，如需在线校验仪表的零点，只需关闭切断阀 3、切断阀 4，打开平衡阀 5 即可。

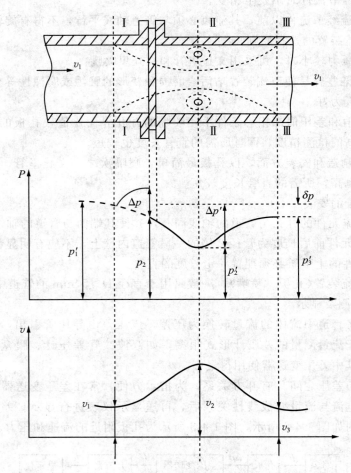

图 1-4-3 孔板附近的流速和压力

节流式差压流量传感器应用最普遍的节流件标准孔板，其结构简单、牢固，易于复制，性能稳定可靠，使用期限长，价格低廉；应用范围极广泛，至今尚无任何一类流量传感器可与之相比；全部单相流体，包括液体、气体、蒸汽皆可测量，部分混相流，如气固、气液、液固等亦可应用，一般生产过程的管径、工作状态（压力，温度）皆有产品；检测与差压显示仪表可分开不同厂家生产，便于专业化，形成规模经济生产；标准型的检测件是全世界通用的，并得到国际标准组织的认可；标准型节流式差

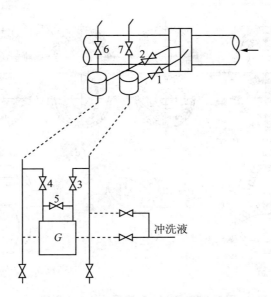

图 1-4-4　差压式流量计测量示意图

1，2—引压口截止阀；3—正压侧切断阀；4—负压侧切断阀；5—平衡阀；6，7—排气阀

压流量传感器无须实流校准，即可投用。

节流式差压流量传感器测量的重复性、精确度在流量计中属于中等水平；范围度窄，一般范围度仅为 3：1～4：1；现场安装条件要求较高，如需较长的直管段；检测件与差压显示仪表之间引压管线为薄弱环节，易产生泄漏、堵塞、冻结及信号失真等故障；孔板、喷嘴的压损大；流量刻度为非线性。

2. 容积式流量传感器

（1）容积式流量传感器又称定排量流量计，在流量仪表中是精度最高的一类仪表。它利用机械测量元件将流体连续不断地分割成单个已知的体积部分，根据计量室逐次、重复地充满和排放该体积部分流体的次数来测量流体体积总量。容积式流量传感器一般不具有时间基准，为得到瞬时流量值，需要另外附加测量时间的装置。

（2）椭圆齿轮流量传感器的工作原理如图 1-4-5 所示。它是把两个椭圆形柱体的表面加工成齿轮，互相啮合进行联动。p_1 和 p_2 分别表示入口压力和出口压力，$p_1 > p_2$，在图 1-4-5(a)中，下方齿轮在两侧压力差的作用下产生逆时针方向旋转，为主动轮；上方齿轮因两侧压力相等，不产生旋转力矩，是从动轮，由下齿轮带动，顺时针方向旋转。在图 1-4-5(b)位置中，两个齿轮均为主动轮，继续旋转。在图 1-4-5(c)中，上方齿轮变为主动轮，下方齿轮变为从动轮，继续旋转又回到与图 1-4-5(a)相同的位置，完成一个循环。一次循环动作排出四个由齿轮与壳壁间围成的半月形空腔的流体体积，该体积称为流量计的“循环体积”。设流量传感器“循环体积”为 v，一定时间内齿轮转动次数为 N，则在该时间内流过流量计的流体体积为 V，则

$$V = Nv \qquad (1-4-9)$$

（3）容积式流量计精度高，基本误差一般为 ±0.001R（在流量测量中常用两种方法表示相对误差：一种为测量上限值的百分数，以零点零零几 FS 表示；另一种为被测量的百分数，以零点零零几 R 表示），特殊的可达 ±0.002R 或更高，通常在昂贵介质或

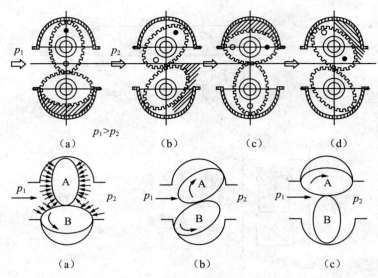

图 1-4-5　椭圆齿轮流量计的工作原理

需要精确计量的场合使用；没有前置直管段要求；可用于高黏度流体的测量；范围度宽，一般为 10：1～5：1，特殊的可达 30：1 或更大；它属于直读式仪表，无须外部能源，可直接获得累积总量。

(4)容积式流量计结构复杂，体积大，一般只适用于中、小口径；被测介质种类、介质工况(温度、压力)、口径局限性大，适应范围窄；由于高温下零件热膨胀、变形，低温下材质变脆等问题，一般不适用于高、低温场合，目前可使用温度范围大致在−30℃～160℃，压力最高为 10MPa；大部分只适用洁净单相流体，含有颗粒、脏污物时上游需装过滤器，既增加压损，又增加维护工作；如测量含有气体的液体，必须装设气体分离器；安全性差，如检测活动件卡死，流体就无法通过，断流管系就不能应用，但有些结构设计(如 Instromet 公司腰轮流量计)在壳体内置一旁路，当检测活动元件卡死时，流体可从旁路通过；部分形式仪表(如椭圆齿轮式、腰轮式、卵轮式、旋转活塞式、往复活塞式)在测量过程中会给流动带来脉动，较大口径仪表还会产生噪声，甚至使管道产生振动。

容积式流量计由于具有精确的计量特性，在石油、化工、涂料、医药、食品以及能源等工业部门计量昂贵介质的总量或流量。容积式流量计需要定期维护，在放射性或有毒流体等不允许人们接近维护的场所则不宜采用。

3. 电磁流量传感器

电磁流量传感器是一种测量导电液体体积流量的仪表，基本原理是法拉第电磁感应定律，即导体在磁场中切割磁力运动时在其两端产生感应电动势。如图 1-4-6 所示，导电性液体在垂直于磁场的非磁性测量管内流动，与流动方向垂直的方向上产生与流量成比例的感应电势，其值为

$$E = kBDV \qquad (1\text{-}4\text{-}10)$$

式中，E 为感应电动势；k 为系数；B 为磁感应强度；D 为测量管内径；V 为流速。

设液体的体积流量为 q_v，则

$$E = kq_v \qquad\qquad (1-4-11)$$

式中，k 为仪表常数。

（1）实际的电磁流量传感器典型结构由流量传感器和转换器两大部分组成。图 1-4-7 是传感器典型结构图，测量管上下装有激磁线圈，通入激磁电流产生磁场穿过测量管，一对电极装在测量管内壁与液体相接触，引出感应电势，送到转换器。激磁电流则由转换器提供。

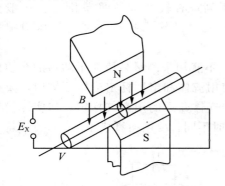

图 1-4-6　电磁流量传感器原理图　　　　图 1-4-7　电磁流量传感器典型结构图

（2）按激磁方式分为直流激磁和交流激磁。直流激磁用于测量液态金属表面流量，交流激磁是用 50Hz 工频市电激磁，产生正弦波交变磁场。采用交流激磁可避免直流激磁电极表面产生激化现象，但易受市电引起的与流量信号正交及同相位的各种感应噪声的影响，现在逐渐被低频矩形波激磁所代替。

（3）电磁流量传感器的测量通道是一段无阻流检测件的光滑直管，因不易阻塞，适用于测量含有固体颗粒或纤维的液、固两相流体，如纸浆、矿浆、泥浆和污水等；电磁流量计不产生因检测流量所形成的压力损失，对于要求低阻力损失的大管径供水管道最为适合；被测流体的密度、黏度、温度、压力和电导率（只要在某阈值以上）对所测的流量无影响；前置直管段要求较低；测量范围度大，通常为 20∶1～50∶1，可选流量范围宽；满度值液体流速可在 0.5～10m/s 内选定；电磁流量计的口径范围宽，从几毫米到 3m；可测正、反双向流量、脉动流量、腐蚀性流体；仪表输出是线性的。

电磁流量传感器不能测量电导率很低的液体，如石油制品和有机溶剂等；不能测量气体、蒸汽和含有较多较大气泡的液体；通用型电磁流量计由于衬里材料和电气绝缘材料限制，不能用于较高温度的液体。

4. 浮子流量传感器

浮子流量传感器是以浮子在垂直锥形管中随着流量变化而升降，改变它们之间的流通面积来进行测量的面积流量仪表，又称转子流量传感器。浮子流量传感器的流量检测元件是由自下向上扩大的垂直锥形管和一个沿着锥管轴上下浮动的浮子组成，如图 1-4-8、图 1-4-9 所示。被测流体从下向上经过锥管和浮子形成的环隙时，浮子上下端产生差压形成浮子上升的力，当浮子所受上升力大于浸在流体中浮子的质量时，浮子便上升，环隙面积随之增大，环隙处流体流速立即下降，浮子上下端差压降低，作用于浮子的上升力也随着减小，直到上升力等于浸在流体中浮子的质量时，浮子便稳

定在某一高度。浮子在锥管中的高度和通过的流量有对应关系。体积流量 Q 的基本方程式为：

$$Q = \alpha h \sqrt{2gV_f(\rho_f - \rho)/(\rho A)} = Kh \tag{1-4-12}$$

式中，α 为流量系数；h 为浮子浮起的高度；g 为重力加速度；ρ_f 所为浮子材料的密度；ρ 为被测流体的密度；V_f 为浮子的体积；A 为浮子的横截面积；K 为仪表系数。

(1)浮子流量传感器适用于小管径和低流速小流量，常用仪表口径为 40～50mm 以下；可用于较低雷诺数；对上游直管段要求不高；有较宽的流量范围度，一般为 10∶1，最低为 5∶1，最高为 25∶1；流量检测元件的输出接近于线性；压力损失较低。

(2)浮子流量传感器的浮子对脏污比较敏感，不宜用来测量易使浮子玷污的介质的流量；浮子流量传感器是一种非标准化仪表，使用流体和出厂标定流体不同时，要做流量示值修正，用于液体介质的用水标定，用于气体介质的用空气标定；如实际使用流体密度、黏度或工作状态(温度、压力)与标定时不同，要做换算修正。

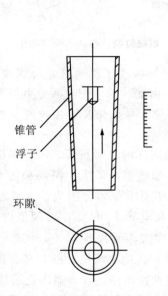

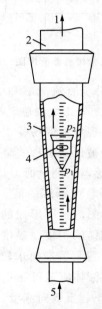

图 1-4-8　浮子流量计示意图　　　图 1-4-9　浮子流量计外形图

1，5—流体；2—管道；3—锥形玻璃管；4—转子

(3)浮子流量计作为直观流动指示或测量精度不高的现场指示仪表，占浮子流量计应用的 90% 以上，被广泛地用在电力、石油、化工、冶金、医药等流程工业和污水处理等公用事业。浮子流量计的主要测量对象是单相液体或气体，有些应用场所只要监测流量不超过或不低于某值即可，如电缆惰性保护气流量增加说明产生了新的泄漏点。循环冷却和培养槽等水或空气减流短流报警等场所可选用有上限或下限流量报警的玻璃浮子流量计。环境保护中的大气采样和流程工业在线监测的分析仪器连续采样，采样的流量监控也是浮子流量计的大宗服务对象。

5. 涡轮流量传感器

涡轮流量传感器是叶轮式流量(流速)传感器的主要品种。叶轮式流量传感器还有风速计、水表等。涡轮流量传感器，由传感器和转换显示仪组成，传感器采用多叶片的转子感受流体的平均流速，从而推导出流量或总量。转子的转速（或转数）可用机械、磁感应、光电方式检测并由读出装置进行显示和传送记录。

(1)涡轮流量传感器结构简图如图1-4-10、图1-4-11所示。当被测流体流过传感器时，叶轮受力旋转，其转速与管道平均流速成正比，叶轮的转动周期地改变磁电转换器的磁阻值。检测线圈中的磁通随之发生周期性的变化，产生周期性的感应电势，即电脉冲信号，经放大器放大后，送至显示仪表显示。

(2)涡轮流量传感器由表体、导向体（导流器）、叶轮、轴、轴承及信号检测器组成。表体是传感器的主要部件，它起到承受被测流体的压力，固定安装检测部件，连接管道的作用。表体采用不导磁不锈钢或硬铝合金制作。在传感器进、出口装有导向体，它对流体起导向整流以及支撑叶轮的作用，通常选用不导磁不锈钢或硬铝合金制作。涡轮也称叶轮，是传感器的检测元件，它由高导磁性材料制成。轴和轴承支撑叶轮旋转，需有足够的刚度、强度和硬度、耐磨性及耐腐蚀性等，它决定着传感器的可靠性和使用期限。信号检测器由永久磁铁、导磁棒（铁心）、线圈等组成，输出信号有效值在10mV以上的可直接配用流量计算机。

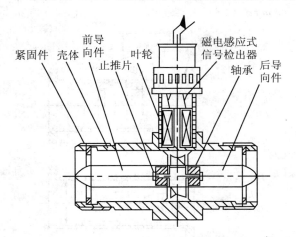

图1-4-10 涡轮流量计传感器结构简图

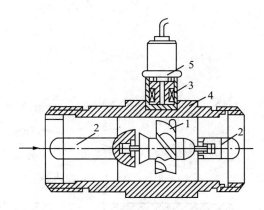

图1-4-11 涡轮流量变送器结构示意图

1—涡轮；2—导流器；3—磁电感应转换器；

4—外壳；5—前置放大器

(3)涡轮流量传感器的主要特点是高精确度，在所有流量传感器中它属于最精确的；重复性好；输出脉冲频率信号，适于总量计量及与计算机连接，无零点漂移，抗干扰能力强；可获得很高的频率信号(3～4kHz)，信号分辨率高；范围度宽，中大口径可达40:1～10:1，小口径为6:1～5:1；结构紧凑轻巧，安装维护方便，流通能力大；适用高压测量，仪表表体上不开孔，易制成高压型仪表；可制成插入式，适用于大口径测量，压力损失小，价格低，可不断流取出，安装维护方便。难以长期保持校准特性，需要定期校验；对于无润滑性的液体，液体中含有悬浮物或腐蚀性，造成轴承磨损及卡住等问题，限制了其使用范围，采用耐磨硬质合金轴和轴承后情况有所改进；一般液体涡轮流量计不适用于较高黏度介质，流体物性（密度、黏度）对仪表影响较大；流量计受来流流速分布畸变和旋转流的影响较大，传感器上、下游侧需安装较长直管段，如安装空间有限制，可加装流动调整器(整流器)以缩短直管段长度；不适于脉动流和混相流的测量；对被测介质的清洁度要求较高，限制了其使用范围。

6. 涡街流量传感器

涡街流量传感器在特定的流动条件下，一部分流体动能转化为流体振动，其振动频率与流速(流量)有确定关系，依据这种原理制作的流量传感器称为流体振动流量传感器。目前流体振动流量传感器有涡街流量传感器、旋进(旋涡进动)流量传感器和射流流量传感器。涡街流量传感器是在流体中设置旋涡发生体(阻流体)，从旋涡发生体两侧交替地产生有规则的旋涡，这种旋涡称为卡曼涡街，如图 1-4-12 所示。旋涡列在旋涡发生体下游非对称地排列。设旋涡的发生频率为 f，被测介质的平均流速为 V，旋涡发生体迎面宽度为 d，表体通径为 D，根据卡曼涡街原理，有

$$f = SrV_1/d = SrV/(md) \tag{1-4-13}$$

式中，V_1 为旋涡发生体两侧平均流速；Sr 为斯特劳哈尔数；m 为旋涡发生体两侧弓形面积与管道横截面面积之比。

管道内体积流量 q_v 为

$$q_v = \pi D^2 U/4 = \pi D^2 mfd/(4Sr) \tag{1-4-14}$$

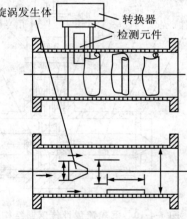

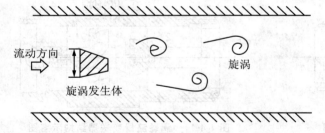

图 1-4-12　卡曼涡街图　　　　图 1-4-13　涡街流量传感器

(1)涡街流量传感器，由传感器和转换器组成，如图 1-4-13 所示。传感器包括旋涡发生体(阻流件)、检测元件、仪表表体等；转换器包括前置放大器、滤波整形电路、D/A 转换电路、输出接口电路、端子、支架和防护罩等。近年来，智能式流量计还把微处理器、显示通信及其他功能模块也装在转换器内。

(2)涡街流量传感器结构简单牢固，安装维护方便。适用于液体、气体、蒸汽和部分混相流体；范围度宽，可达 10∶1 或 20∶1；压损小(约为孔板流量计 1/4～1/2)；输出与流量成正比的脉冲信号，适于总量计量，无零点漂移；在一定雷诺数范围内，输出频率信号不受流体物性(密度、黏度)和组分的影响，即仪表系数仅与旋涡发生体及管道的形状尺寸有关，只需在一种典型介质中校验而适用于各种介质。

(3)涡街流量传感器不适用于低雷诺数测量($ReD > 72 \times 104$)，故在高黏度、低流

速、小口径情况下应用受到限制。

要正确和有效地选择流量测量方法和仪表，必须熟悉仪表和所使用流体特性，同时还要考虑经济因素。归纳起来有五个方面因素，即性能要求、流体特性、安装要求、环境条件和费用。选择仪表在性能要求方面主要考虑的内容是测量流量还是总量，精确度，重复性，线性度，流量范围和范围度，压力损失，输出信号特性和响应时间等。根据测量对象的不同要求，考虑的侧重点也不同。例如，商贸核算和仓储交接对精确度要求较高；过程控制连续测量一般要求良好的可靠性和重复性，而把测量精确度放在次要地位；批量配比生产除良好的可靠性和重复性外，还希望有好的测量精确度。

7. 旋涡流量计

旋涡流量计是根据流体振动原理而制成的一种测量流体流量的仪表。它具有精度高、结构简单，无可动部件，维修简单，量程比宽，使用寿命长，几乎不受被测介质的压力、温度、密度、黏度等因素影响等特点，因而被广泛应用。

旋涡流量计由测量管与变送器两部分组成，如图 1-4-14 所示。当被测流体进入测量管，通过固定在壳体上的螺旋导流架后，形成一股具有旋转中心的涡流。在螺旋导流架后检测元件处，因测量管逐渐收缩，而使涡流的前进速度和涡旋逐渐加强。在此区域内，流体中心是一束速度很高的旋涡流，沿着测量管中心线运动。在检测元件后，由于测量管内腔突然变大，流速突然急剧减缓，导致部分流体形成回流。这样，从收缩部分出来的旋涡流的旋涡中心，受到回流的影响后改变前进方向，于是，旋涡流不是沿着测量管的中心线运动，而是围绕中心线旋转，即旋进。旋进频率与流速成正比，只要测出旋涡流旋进频率，就可以获知被测流量值。

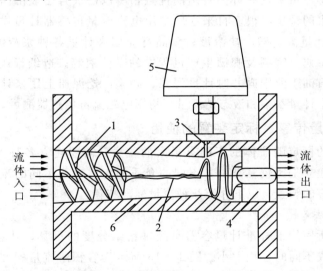

图 1-4-14　旋涡流量计原理示意图
1—螺旋导流架；2—流体旋涡流；3—检测元件；4—除旋整流架；5—放大器；6—壳体

1.4.3　流量传感器的应用

流量测量是研究物质量变的科学，凡需掌握量变的地方都有流量测量的问题。流量测量技术与仪表的应用大致有以下几个领域：工业生产过程、能源计量、环境保护工程、交通运输、生物技术、科学实验、海洋气象。

1.LZB 型玻璃转子流量计应用

某平板玻璃厂窑炉车间的设备上使用 LZB 型玻璃转子流量传感器数十台，测量介质为工业煤气，工作压力为 0.2MPa，测量管道管径为 $\Phi100$、$\Phi50$、$\Phi40$、$\Phi25$、$\Phi15$ 等，流量规格从 $10\sim1000Nm3/h$，共 9 种规格。

2.LZS 型电远传转子流量传感器应用

某化工农药集团使用 LZS 型电远传转子流量计多台，有 LZS～40、LZS～80 用于测量生产农药的原料，如甲醇、氯化钠、硫酸、磷酸、氢氧化钠、三氯硫酸等，工作压力为 $0.4\sim0.6$ MPa，流量为 $16001/h$、$25001/h$、$63001/h$、$100001/h$ 等多种，介质温度为 $60℃\sim80℃$。

3.容积式流量传感器应用

容积式流量传感器在石油制品计量中用得最多，从低黏度的汽油、煤油到高黏度的重油、含蜡油都可用容积式流量计来计量。遍及各地的加油站、加油车和加油船用的几乎都是容积式流量传感器，化工、食品、酿造以及医药等工业部门用得也很多。由于容积式流量传感器精确度高，所以常用于流体的贸易结算、部门之间的经济核算、不同流体的配比、添加剂定量注入以及昂贵流体的计算。在输气工作中如输送煤气、天然气及石油气等也常用容积式流量传感器，我们使用的煤气表也是容积式流量传感器。

4.电磁流量传感器

电磁流量传感器由于具有许多突出的优点，所以已被各工业部门广泛应用。用得最多的是上、下水的计量，很多自来水厂都用电磁流量传感器计量供水量。化工厂用电磁流量传感器计量酸、碱、盐溶液；食品行业用来计量各种浆液的流量，如糖浆、果浆、玉米浆、牛奶、啤酒及啤酒生产过程中的麦汁液等。造纸行业中的纸浆，制药行业中的药液，石油工业中固井时计量泥浆、砂浆，挖泥船上用来计量挖出的淤泥以及原子能反应堆中计量水银和液态钠流量等均用电磁流量传感器测量。

1.4.4 流量传感器标定装置的使用

流量传感器的标定随流体的不同有很大的差异，需要建立各种类型的标准装置。流量标准装置的建立是比较复杂的，不同的介质如气、水及不同的流量范围和管径大小均要有与之相应的装置。以下介绍几种流量标准装置。

1.标准容积法

标准容积法所使用的标准计量容器是经过精细分度的量具，其容可达万分之几，根据需要可以制成不同的容积大小。图 1-4-15 所示为容积法流量标准装置示意图。在校验时，高位水槽中的液体通过被校流切换机构流入标准容器。从标准容器的读数装置上读出在一定时间内准容器的液体体积，将由此决定的体积流量值作为标准值与被校流量准值相比较。高位水槽内有溢流装置以保持槽内液位的恒定，补充的泵从下面的水池中抽送。切换机构的作用是当流动达到稳定后再将流体引入标准容器。

进行校验的方法有动态校验法和停止校验法两种。动态校验法是让液体流量流入标准容器，读出在一定时间间隔内标准容器内液面上升量，或者读出液面上升一定高

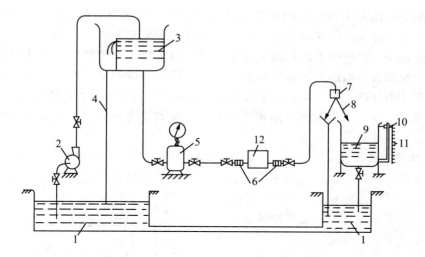

图 1-4-15　标准容积法流量标准装置

1—水池；2—冰泵；3—高位水槽；4—溢流管；5—稳压容器；6—活动管接头；7—切换机构；
8—切换挡板；9—标准容积计量槽；10—液位标尺；11—游标；12—被校流量计

度所需的时间。停止校验法是控制停止阀并且让一定体积的液体进入标准容器，测定开始流入到停止流入的时间间隔。容积法进行实验时，要注意温度的影响，因为热膨胀会引起标准容器变化影响测定精度。

2．标准质量法

这种方式是以秤代替标准容器作为标准器，用秤量一定时间内流入容器体总量的方法来求出被测液体的流量。秤的精度较高，这种方法可以达到 0.1% 的精度。其实验方法也有停止法和动态法两种。

3．标准流量计法

这种方式是采用高精度流量计作为标准仪表对其他工作用流量计进行校验。高精度流量计的有容积式、涡轮式、电磁式和差压式等型式，可以达到 0.1% 左右的测量精确度。这种校验方法简单，但是介质性质及流量受到标准仪表的限制。

4．标准体积管的校正法

用标准体积管流量装置可以对较大流量进行实流标定，并且有较高精度，广泛用作石油工业标定液体总量仪表。准体积管流量装置在结构上有多种类型。图 1-4-16 为单球式标准体积管原理示意图。合成橡胶球经交换器进入体积管，在流过被校验仪表

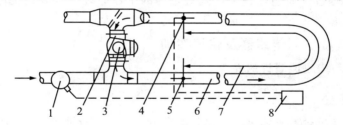

图 1-4-16　单球式标准体积管原理示意图

1—被校验流量计；2—交换器；3—球；4—终止检测器；5—起始检测器；6—体积管；7—校验容积；8—计数器

的液位扰动下，按箭头所示方向前进。橡胶球经过入口探头时发出信号启动计数器，橡胶球经过出口探头时停止计数器工作。橡胶球受导向杆阻挡，落入交换器，再为下一次实验作准备。被校表的体积流量总量与标准体积段的容积相等，脉冲计数器的累计数对应于被校表给出的体积流量总量。这样，用检测球走完标准体积段的时间求出的体积流量作为标准，把它与被校表值进行对比，即可得知被校表的精度。

应注意，在标定中要对标准体积管的温度、压力及流过被校表的液体温度、压力进行修正。

5. 气体流量标准装置

对于气体流量计，常用的校正方法有：用标准气体流量计的校正法，标准气体容积的校正法，使用液体标准流量计的置换法等。

标准气体容积校正的方法采用钟罩式气体流量校正装置，其系统示意如图 1-4-17 所示。作为气体标准容器的钟罩其下部是一个水封容器。下部液体起隔离作用，使钟罩下形成气体的标准容积。工作气体由底管道送入或引出。为了保证钟罩下压力恒定，以及消除由于钟罩浸入深化引起罩内压力的变化，钟罩上部滑轮悬以相应的平衡重物。钟罩侧经过分度的标尺，以计量钟罩内气积。在对流量计进行校正时，由底管道把气体送入系统，使钟罩浮起，当流过的气体量达到预定要求时，进气阀转向放空位置停止进气。放气使罩内气体经被校表流出，由钟罩

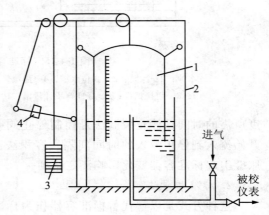

图 1-4-17　钟罩式气体流量校正装置
1—钟罩；2—导轨和支架；3—平衡锤；4—补偿锤

的刻度化换算为气体体积，被校表的累积流过总量应与此相符。采用该方法也可对温度、压力进行修正。这种方法比较常用，可达到较高精度。目前常用容积有 50L、500L、2000L 几种。

由以上简要介绍可见，流量试验装置是多样的，而且一般比较复杂。应该指出的是，在流量计实验过程中应保持流量值的稳定。因此，产生流量的装置应成为流量实验装置的一个部分。

简述流量测量的特点及流量测量仪表的分类。以椭圆齿轮流量计为例，说明容积式流量计的工作原理。简述几种差压式流量计的工作原理。节流式流量计的流量系数与哪些因素有关？

1.4.5　流量检测传感器及仪表实训

实训任务 1　电磁流量计的安装

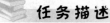　**任务描述**

流量是工业生产过程中常用的过程控制参数，是供水行业的一个重要的生产技术指标。流量计量的准确与否，将对企业的成本核算、能源消耗等重要指标的正确计算及可信程度产生影响。因此，选择高质量、运行稳定、计量准确的流量仪表是至关重要的。

1. 选用电磁流量计的前提条件

(1)被测介质必须是导电性的液体(即要求被测的流体具有最低限度电导率)。

(2)被测介质不应含有较多的铁磁性介质或大量气泡。

2. 应了解电磁流量计的主要特点

(1)测量管内基本无压损,不易堵塞,对浆液类测量具有独特的适应性;

(2)直管段要求低;

(3)低频矩形波励磁,不受工频及现场集散干扰的影响,工作稳定可靠;

(4)变送器躯体可采用全不锈钢,加装衬里材料后具有防酸、防碱、防腐蚀能力;

(5)现场显示型转换器可采用专用的智能芯片,参数设定方便;

(6)变送器内部可设自校系统,可随时对变送器常数及出厂校验值进行自校,便于调试和维修;

(7)测量范围宽,满量程流速设定可在 $0.3\sim12\text{m/s}$ 范围内;

(8)其插入式可在不断流状态下进行安装或拆卸;

(9)使用范围广:可应用于化工、冶金、造纸、食品、石油、城市供水等领域。

3. 电磁流量计型号的选择要点

(1)首要明确是选择管道式电磁流量计,或是插入式电磁流量计。

(2)一般情况下选择现场无显示型电磁流量计,其输出的 $4\sim20\text{mA}$(或 $0\sim10\text{mA}$)电流信号至控制室的二次仪表上并可显示流量和总量。

(3)若强调便于现场操作时观察管道内流量,则可选择现场显示型电磁流量计。

(4)在环境要求或测量精度要求较高时,可选择安全电压智能型电磁流量计。

(5)在 200mm 以上大管径测量流量或不断流状态装拆,可优先选择插入式或增强插入式电磁流量计。

4. 传感器口径的选择要点

(1)选择传感器的口径与连接的工艺管道口径相同,其优点是安装方便(不需异径管);其前提是管内流体的流速须在 $0.3\sim10\text{m/s}$ 范围内;其适用状态为工程前期使用且管内流体流速处于较低状态。

(2)选择传感器的口径与连接的工艺管道口径不相同,其适用状态:①流速偏低、流量稳定;②降低性价比。

5. 上限流量的选择

(1)一般选择变送器的通径与连接的配管通径相同。由于通径、流速和流量三者存在着严格函数关系,选择时可参阅厂家提供的电磁流量计上限流量表,在对应的通径下选择上限流量值。

(2)由于工艺配管内流速偏低时而达不到(1)中对应通径下的最小上限流量值时,可选择变送器通径小于工艺配管的通径,即在变送器前后加接异径管。

6. 安装注意要点

(1)电极轴线必须保持近似水平;

(2)保证测量管在所有时间必须注满;

(3)在管法兰附近确保留有足够的螺栓与螺母的安装空间;

(4)在安有流量计的管段要有管线支撑,以减少管线运行振动;

（5）流量计附近应避免强电磁场；

（6）长管线，应在流量计的下游安装控制阀和切断阀；

（7）如遇"开口馈入或排放"的状态，应在管道的低区段安装仪表；

（8）以电极轴线为基准，入口直线管段要大于或等于5倍测量管通径，出口管道要大于或等于2倍测量管通径。

7. 电磁流量计正确安装

（1）选择充满液体的直管段，如管路的垂直段（流向由下向上为宜）或充满液体的水平管道（整个管路中最低处为宜），在安装与测量过程中，不得出现非满管情况。如图1-4-18所示为电磁流量计安装点选择。

（2）测量位置应选在上游大于5D和下游有3D直管段处。

（3）测量点选择应尽可能远离泵、阀门等设备，避免其对测量的干扰。

（4）测量点选择应尽可能远离大功率电台、强磁场干扰源等。

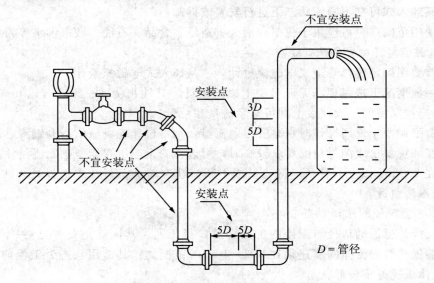

图 1-4-18　电磁流量计安装点选择

（5）测量电极的轴线必须近似于水平方向，测量管道内必须完全充满液体。如图1-4-19测量轴线必须水平。

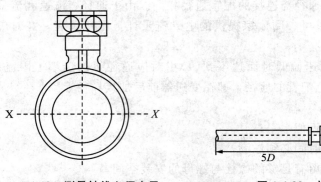

1-4-19　测量轴线必须水平　　　　图 1-4-20　长度的直管段

(6)流量计的前方最少要有 5D(D 为流量计内径)长度的直管段，后方最少要有 3D(D 为流量计内径)长度的直管段；为方便安装，可在流量计后加装管道伸缩节。如图 1-4-20 所示。

(7)流体的流动方向和流量计的箭头方向一致；管道内若为真空会损坏流量计的内衬，需特别注意，如图 1-4-21 所示。

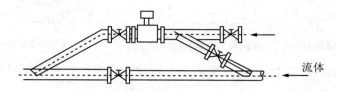

图 1-4-21　流体的流动方向和流量计的箭头方向一致

(8)若测量管道有振动，在流量计的两边应有固定的支座；在流量计附近应无强电磁场。

如安装聚四氟乙烯内衬的流量计时，连接两法兰的螺栓应用力矩扳手拧紧，否则容易压坏聚四氟乙烯内衬。

8. 智能电磁流量计安装要求

(1)电磁流量计应安装在水平管道较低处和垂直向上处，避免安装在管道的最高点和垂直向下处，如图 1-4-22 所示。

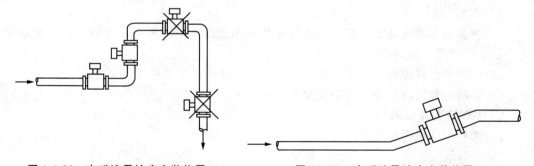

图 1-4-22　电磁流量计应安装位置　　　　**图 1-4-23　电磁流量计应安装位置**

(2)电磁流量计应安装在管道上的上升处，如图 1-4-23 所示。

(3)电磁流量计在开口排放管道安装，应安装在管道的较低处，如图 1-4-24 所示。

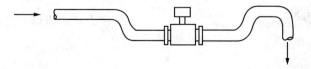

图 1-4-24　在开口排放管道安装

(4)若管道落差超过 5m 时，在电磁流量计的下游安装排气阀，如图 1-4-25 所示。

(5)应在传感器的下游安装控制阀和切断阀，而不应安装在电磁流量计上游，如图 1-4-26 所示。

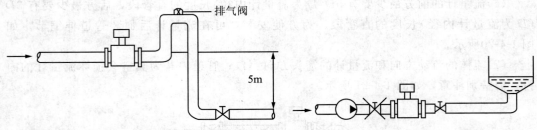

图 1-4-25　电磁流量计的下游安装排气阀　　　图 1-4-26　控制阀和切断阀安装位置

（6）电磁流量计绝对不能安装在泵的进出口处，应安装在泵的出口处，如图 1-4-27 所示。

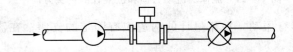

图 1-4-27　泵不能安装电磁流量计出口处

电磁流量计不受温度、压力、黏度等外界因素的影响，测量管内部无收缩或凸出部分造成的压力损失，另外，流量元件检测出的最初信号，是一个与流体平均流速成精确线性变化的电压，它与流体的其他性质无关，具有很大的优越性。

实训任务 2　电容式（1151）流量变送器调校

1. 实训目的

（1）熟悉电容式流量变送器的整体结构及各部分的作用，进一步理解电容式流量变送器的工作原理及整机特性。

（2）掌握电容式流量变送器的调校方法、零点迁移方法及精度测试方法。

（3）了解电容式流量变送器的安装及使用方法。

2. 实训装置及仪器

（1）调校训练所需仪器及设备

名称	精度	说明
①电容式流量差压变送器	0.2 级	1151DP 型（低、中、高差压变送器）
②标准电阻箱	0.02 级	ZX—25a（模拟负载）
③标准电流表	0.05 级	0～30mA DC
④标准压力表	0.35 级	YA—100
⑤智能数字压力校验仪	0.5 级	作为流量差压信号发生器
⑥直流稳压电源	1.0 级	0～30V DC

（2）实训装置连接图

1151DP 型流量差压变送器校验接线图如图 1-4-28 所示。

3. 实训指导

（1）1151DP 型流量差压变送器的主要技术指标

（2）实训注意事项

①接线时，要注意电源极性。在完成接线后，应检查接线是否正确，气路有无泄漏，并确认无误后，方能通电。

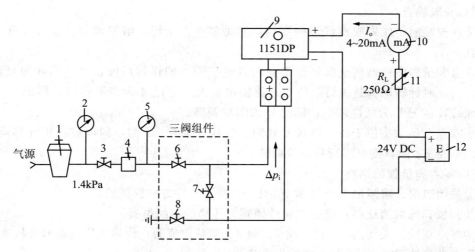

图 1-4-28　1151DP 流量差压变送器校验接线图

1—过滤器；2、5—标准压力表；3—截止阀；4—气动定值器；6—高压阀；7—平衡阀；8—低压阀；
9—1151DP 型差压变送器；10—标准电流表；11—标准电阻箱；12—直流稳压电源

②没通电，不加压；先卸压，再断电。

③一般仪表应通电预热 15 分钟后再进行校验。

4．实训原理

电容式流量差压变送器是一种没有杠杆系统和整机负反馈环节的开环仪表，它采用差动电容作为检测元件，整体结构无机械传动、调整装置，各项调整都是由电气元件调整来实现的。实质上仍然是一种将输入差压信号 ΔP_i 线性地转换成标准的 $4\sim20\text{mA}$ 直流电流开方信号输出的转换器。

结构上主要有三个部件：传感部件（测量部件）、放大板和调校板。对电容式流量差压变送器的调校，与Ⅲ型差压变送器相同。按图 1-4-28 接好线路与管路，即可进行调校。

（1）在对 1151DP 型流量差压变送器进行调校前，应先将阻尼电位器 W4，按逆时针方向旋到底，使阻尼关闭。

（2）在对变送器进行零点、量程调校前，应将迁移取消（即将放大板上的迁移插头插到无迁移的中间位置上，断开迁移电阻 $R20$、$R21$），然后再进行零点、量程调整。

（3）1151DP 变送器技术条件规定，正迁移量可达 500%，负迁移量可达 600%。但是迁移后的被测压力不得超过该仪表所允许测量范围上限值的绝对值，也不能将量程压缩到该表所允许的最小量程。

（4）1151DP 型电容流量差压变送器的电源信号端子位于电气壳体内的接线侧，接线时可将铭牌上标有"接线侧"的盖子拧开，上部端子是电源信号端子，下部端子则为测试或指示表的端子。注意，不要把电源信号线接到测试端子，否则，就会烧坏内部二极管。万一烧坏，为使变送器正常工作，可将两测试端子短接。

5．实训内容与步骤

按图 1-4-28 所示的校验接线图正确接线。

（1）一般检查

①在校验前，应先观察仪表的结构，熟悉零点、量程、阻尼调节、正负迁移等调整位置。

零点和量程电位器调整螺钉位于变送器电气壳体的铭牌后面，移开铭牌即可进行调校。当顺时针转动调整螺钉，使变送器输出增大。标记 Z 为调零螺钉，标记 R 为调量程螺钉，标记 L 为线性调整，标记 D 为阻尼调整。

②零点迁移插头位于放大器板元件侧。当插件插在 SZ 侧，则可进行正迁移调整，当插件插在 EZ 侧，则可进行负迁移调整。

（2）零点和量程的调整

①关闭阻尼：将阻尼电位器 W4（标记 D）按逆时针方向旋到底。

②调校训练取消迁移：将迁移插件插到无迁移的中间位置。

③零点调整：关闭阀6，打开阀7、阀8，调整定值器，使输入压差信号 ΔP_i 为零，调整零点电位器 W2（标记 Z），使输出电流为 4mA（1V）。

④满量程调整：关闭阀7，打开阀6，调整定值器，使输入压差 ΔP_i 为满量程值，调整量程电位器 W3（标记 R），使输出电流为 20mA（5V）。

因为调整量程螺钉 R（电位器 W3）时会影响零点输出信号，调整零点螺钉2（电位器 W2）不仅改变了变送器的零点，同时也影响了变送器的满度输出（但量程范围不变），因此，零点和满度要反复调整，直至都符合要求为止。

（3）仪表精度校验

将输入差压信号 ΔP_i 的测量范围平均分成 5 点（测量范围的 0、25%、50%、75%、100%），对仪表进行精度测试。其相对应的开方输出电流值 I_o 应分别为 4mA、8mA、12mA、16mA、20mA（或 1V、2V、3V、4V、5V）。

①测试方法为：用定值器缓慢加压力产生相应的输入差压信号 ΔP_i，防止发生过冲现象。先依次读取正行程时对应的输出电流值 I_o 正，并记录之；再缓慢减小压力，读取反行程时相对应的输出电流值 I_o 反，并记录之。

计算出相应的基本误差和变差，与实验结果一起填入实验数据表 1-4-4。

②如果基本误差和变差不符合要求，则要重新调整零点和量程，直到满足要求为止。如果线性误差太大，则应进行线性调整；具体步骤见（4）（5）。

当零点、量程、线性都调整好后，仍要进行精度检验，最后画出差压变送器的输入（ΔP_i）—输出（I_o）特性曲线。

（4）线性调整

通常变送器在出厂时已将线性度调整到了最佳状态，一般不在现场调整。如果实际使用时，要求在某一特定的测量范围有良好的线性，例如：变送器工作在跨零的量程上（例如测量范围为 $-18\sim18$kPa），使变送器的线性度降低。这时可按下列步骤进行调整。

①在调整好零点和量程后，输入压差 ΔP_i，测量范围的 50%，记下此时输出信号 I_o 为实际值，并算出偏差值：   偏差值＝I_o 标－I_o 实

②求出线性调整偏差值，即用 6 乘量程下降系数，再乘步骤①中记下的偏差值。

$$量程下降系数＝最大允许量程/调校量程$$

线性调整偏差＝6×量程下降系数×偏差值

③输入满量程的压差信号 ΔP_i，调整标有"L"的线性微调器。若是正线性偏差值，则从满量程输出电流 I_o 减去这个值，反之加上这个值。例如：量程下降系数为 4，量程 50%点输出电流偏差值为－0.05A，则调整线性微调器，使满量程输出电流增加 6×4×0.05＝1.2mA 即可。

④重调零点和量程。

（5）零点迁移调整及改变量程

①如果零点迁移量＜300%，则可直接调节零点螺钉电位器 W2；如果迁移＞300%，则将迁移插件插至 SZ(或 EZ)侧。

②调整气动定值器，使输入压差信号 ΔP_i 为测量范围下限值 ΔP_i 下，调整零点螺钉，使输出电流 I_o 为 4mA。

③调整气动定值器，使 ΔP_i 为测量范围上限值 ΔP_i 上，调整量程调节螺钉(电位器 W3)，使输出电流 I_o 为 20mA。

然后，零点、满量程反复调整，直到合格为止。

④零点迁移、待量程调整好以后，再进行一次精度检验，方法同前，并画出变送器迁移后的输入—输出特性曲线。

（6）阻尼调整

放大板上的电位器 W4 是阻尼调整电位器。调整 W4 可使阻尼时间常数在 0.2～1.67s 之间变化。

通常阻尼的调整可在现场进行。在使用时，按仪表输出的波动情况进行调整。由于调整阻尼并不影响变送器的静态精度，所以最好选择最短的阻尼时间常数，以使仪表输出的波动尽快地稳定下来。实验室的调整方法如下：输入一个阶跃负跳变差压信号，例如将输入压力由量程的最大值突然降至 0，同时用秒表测定当输出电流由 20mA 下降到 10mA 时所需的时间，即为阻尼时间常数。本变送器的阻尼时间常数在 0.2～1.67s 之间连续可调。

调节时可用小螺丝刀插入阻尼调节孔内(D 标记)，顺时针方向旋转时，其阻尼时间将增大。

6. 仪表校验记录单

（1）被校表及主要辅助设备的技术参数(表 1-4-3)

表 1-4-3　主要仪器、设备技术一览表

项　目	被校仪表	标准仪器			
名称					
型号					
规格					
精度					
制造厂及日期					

（2）调校数据记录表（表 1-4-4）

表 1-4-4　电容式变送器调校数据记录表

输入	输入信号刻度分值		0	25%	50%	75%	100%
	输入信号标准值 ΔP_i/kPa						
输出	标准输出信号 I_o标/mA	正行程					
		反行程					
	实测引用误差/%	正行程					
		反行程					
误差	（I_o正－I_o反）/mA						
	实测基本误差/%		被校仪表允许基本误差/%				
	实测变差/%		被校仪表允许变差/%				
	实测仪表精度等级		结论：				

7. 按要求填写调校报告

（1）数据处理应注意问题。

（2）整理调校训练数据。

（3）将上述表格填写好。

实训任务 3　差压式流量计的安装与投运

流量测量包括气体、液体和蒸汽流量的测量。对于腐蚀性、黏稠和含有固体物质易堵的介质，应采用隔离、吹气和冲液等方法测量。

1. 流量取源部件的安装应符合下列要求

①流量取源部件上、下游直管段的最小长度应按设计文件规定，并符合产品技术文字的有关要求。

②孔板、喷嘴和文丘里管上、下游直管段的最小长度，当设计文件无规定时，应符合《自动化仪表工程施工及验收规范》的规定，见表 1-4-5。

③在规定的直管段最小长度范围内，不得设置其他取源部件或检测组件，直管段管子内表面应清洁，无凹坑和突出物。直管距离应符合《自动化仪表工程施工及验收规范》的规定，见表 1-4-5。

④在节流件的下游安装温度计时，温度计与节流件间的直管距离不应小于 5 倍管道内径。

⑤节流装置在水平和倾斜的管道上安装时，取压口的方位应符合下列规定。

a. 测量气体流量时，在管道的上半部。如图 1-4-29 节流装置取压口方位图。

b. 测量液体流量时，在管道的下半部与管道的水平中心线在 0°～45°夹角范围内。

c. 测量蒸汽流量时，在管道的上半部与管道的水平中心线在 0°～45°夹角范围内。

⑥孔板或喷嘴采用单独钻孔的角接取压时，应符合下列规定。

a. 上、下游侧取压孔轴线，分别与孔板或喷嘴上、下游侧端面间的距离应等于取压孔直径的 1/2。

b. 取压孔的直径宜在 4～10mm 之间，上、下游侧取压孔的直径应相等。

表 1-4-5　节流装置最小直管段长度

直径比 $\beta \leqslant$	节流件上游侧阻流件形式和最小直管段长度							节流件下游最小直管段长度（包括在本表中的所有阻流件）
	单个90°弯头或三通（流体仅从一个支管流出）	在同一平面上的两个或多个90°弯头	在不同平面上的两个或多个90°弯头	渐缩管（在 1.5D~3D 长度内由 2D 变为 D）	渐扩管（在 1D~2D 的长度内由 0.5D 变为 D）	球形阀全开	全孔球阀球或闸阀全开	
0.20	10(6)	14(7)	34(17)	5	16(8)	18(9)	12(6)	4(2)
0.25	10(6)	14(7)	34(17)	5	16(8)	18(9)	12(6)	4(2)
0.30	10(6)	16(8)	34(17)	5	16(8)	18(9)	12(6)	5(2.5)
0.35	12(6)	16(8)	36(18)	5	16(8)	18(9)	12(6)	5(2.5)
0.40	14(7)	18(9)	36(18)	5	16(8)	20(10)	12(6)	6(3)
0.45	14(7)	18(9)	38(19)	5	17(9)	20(10)	12(6)	6(3)
0.50	14(7)	20(10)	40(20)	6(5)	18(9)	22(11)	12(6)	6(3)
0.55	16(8)	22(11)	44(22)	8(5)	20(10)	24(12)	14(7)	6(3)
0.60	18(9)	26(13)	48(24)	9(5)	22(11)	26(13)	14(7)	7(3.5)
0.65	22(11)	32(16)	54(27)	11(6)	25(13)	28(14)	16(8)	7(3.5)
0.70	28(14)	36(18)	62(31)	14(7)	30(15)	32(16)	20(10)	7(3.5)
0.75	36(18)	42(21)	70(35)	22(11)	38(19)	36(18)	24(12)	8(4)
0.80	46(23)	50(25)	80(40)	30(15)	54(27)	44(22)	30(15)	8(4)
对于所有的直径比 β	阻流件						上游侧最小直管段长度	
	直径比大于或等于 0.5 的对称骤缩异径管						30(15)	
	直径小于或等于 0.03D 的温度计套管和插孔						5(3)	
	直径在 0.03D~0.13D 之间的温度计套管和插孔						20(10)	

注：本表直管段长度均以直径 D 的倍数表示

　　c. 取压孔的轴线，应与管道的轴线垂直相交。

　　⑦孔板采用法兰取压时，应符合下列规定。

　　a. 上、下游侧取压孔的轴线分别与上、下游侧端面间的距离：当 $\beta > 0.6$ 且 $D < 150mm$ 时，为 $25.4 \pm 0.5mm$；当 $\beta \leqslant 0.6$ 或 $\beta > 0.6$，但 $150mm \leqslant D \leqslant 1000mm$ 时，为 $25.4 \pm 1mm$。

　　b. 取压孔的直径宜在 6~12mm 之间，上、下侧取压孔的直径应相等。

　　c. 取压孔的轴线，应与管道的轴线相交。

　　⑧用均压环取压时，取压孔应在同一截面上均匀设置，且上、下游侧取压孔的数量必须相等。

　　⑨皮托管、文丘皮托管和均速管等流量检测组件取源部件轴线必须与管道轴线垂直相交。

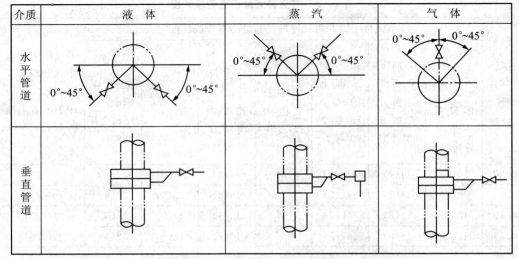

介质	液体	蒸汽	气体
水平管道			
垂直管道			

图 1-4-29　节流装置取压口方位图

2. 导压管

①导压管直径的选择：一般情况下选用 $\varphi14\times2$、$\varphi18\times3$。对于低压的粉尘气体则采用水煤气管。对于不同的管件连接形式，配管外径一般按如下规格选取：卡套连接形式为 $\varphi14$；对焊式压垫密封连接形式为 $\varphi14$；内螺纹连接形式为 $\varphi18$；承插焊连接形式为 $\varphi18$、$\varphi22$ 或 $1/2''$；对焊式锥面密封连接形式为 $\varphi14$。就加工、安装技术难度和可靠性而言，承插焊连接形式管件、阀门适用性更好些。

②节流装置与差压计之间的距离应尽量短，且应不超过 16m。当仪表在节流装置近旁时（小于 3m），可用一平衡阀代替三阀组件。

③当导压管水平敷设时，必须保持一定的坡度。测量液体时，导压管应从取压嘴向下倾斜。测量气体时，导压管应从取压嘴向上倾斜。一般情况下应保持（1：10）～（1：20）坡度，特殊情况下可减少到 1：50。测量气体时，管路最低位置应设有排液装置。测量液体时，管路最高点应设有排气装置。

3. 节流装置的取压方式

节流装置常见的取压方式有角接取压和法兰取压。

（1）角接取压

角接取压就是节流件上、下游的压力在节流件与管壁的夹角处取出。角接取压装置有两种结构形式，即环室取压和单独钻孔取压。环室取压适用条件为：PN 为 0.6～6.4MPa，DN 在 50～400mm 范围内。环室分为平面环室、槽面环室和凹面环室。环室取压的优点是压力取出口面积比较广阔，便于测出平均压差，有利于保证测量精度，但是加工制造和安装要求严格。因此在很多场合不用环室而用单独钻孔取压，特别是大口径管道多采用单独钻孔取压方式。

（2）法兰取压

法兰取压就是在法兰上取压。其取压孔中心线至孔板面的距离为 25.4mm（$1''$）。较环室取压有加工简单，而且金属材料消耗小，容易加工和安装，容易清理脏物，不易堵塞等优点。

　　根据法兰取压的要求和现行标准法兰的厚度，以及现场备料、加工条件，可采用直式钻孔型和斜式钻孔型两种形式。

　　①直式钻孔型：当标准法兰的厚度大于 36mm 时，可利用标准法兰进一步加工。如果标准法兰的厚度小于 36mm，则需用大于 36mm 的毛坯加工。取压孔打在法兰盘的边沿上与法兰中心线垂直。

　　②斜式钻孔型：当采用对焊钢法兰且法兰厚度小于 36mm 时，取压孔以一定斜度打在法兰颈的斜面上即可。

　　法兰钻孔取压节流装置安装如图 1-4-30、图 1-4-31 所示。

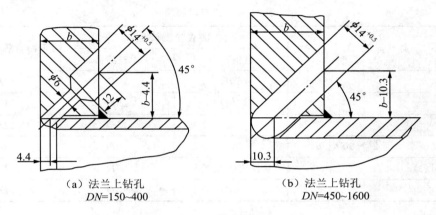

（a）法兰上钻孔
DN=150~400

（b）法兰上钻孔
DN=450~1600

图 1-4-30　法兰钻孔取压

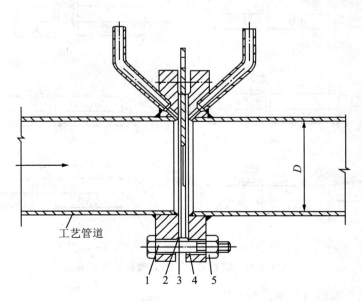

工艺管道

1　2　3　4　5

图 1-4-31　法兰上钻孔取压的孔板、喷嘴在钢管上的安装图
1—螺栓；2—垫片；3—节流装置；4—法兰；5—螺母

4. 流量传感器的安装

为了保证准确的测量，必须遵循以下建议来正确安装仪表。应当根据工艺管道的内径尺寸合理选择流量计表体内径的标准尺寸，要保证仪表内径与管道内径一致。

（1）上下游直管段要求

为了保证流量计的准确测量，管道内的流体必须是充分发展的对称的紊流。最小的直管段要求如下：

上游：10D（10倍管径）下游：5D（5倍管径）

如果流量传感器前有弯头、缩径、扩径、阀门等，则仪表需要更长的直管段。具体情况见图1-4-32和表格1-4-6。

表 1-4-6　直管段要求

典型管路	上游直管段长度 A		下游直管段长度
	有整流器	无整流器	
a（1个90°弯头）	10D	20D	5D
b（扩径）	10D	25D	5D
c（缩径）	8D	15D	5D
d（不在同一个平面2个90°弯头）	20D	40D	5D
e（控制阀后）	建议安装在上游	50D	5D
f（2个90°弯头）	10D	25D	5D

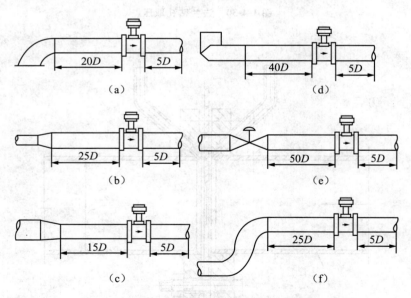

图 1-4-32　流量计上下游直管段长度要求

（2）保证仪表内径与管道内径一致

应当根据工艺管道的尺寸合理选择仪表表体内径的标准尺寸。仪表在安装时，使用公司提供的定位法兰可以保证仪表表体与管道同心，避免安装偏心造成的测量误差（见图1-4-33）。

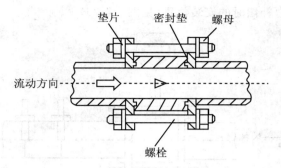

图 1-4-33　定位法兰

（3）选择理想的安装位置

传感器可以安装在室内或室外。传感器在管道上可以水平、垂直或倾斜安装。如图 1-4-34 所示。但测量液体和气体时为防止气泡和滴液的干扰，安装位置要注意，如图 1-4-35（b）所示。

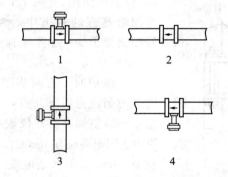

图 1-4-34　高温介质：垂直管道 3，水平管道 2 或 4
低温介质：垂直管道 3，水平管道 1 或 4

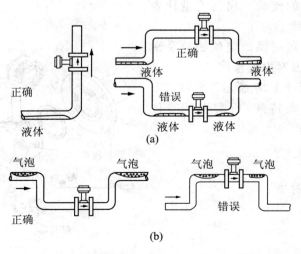

图 1-4-35　测量含液体的气体流量仪表安装（a）
测量含气液体的流量仪表安装（b）

（4）带温度和压力补偿时的安装位置（见图 1-4-36）

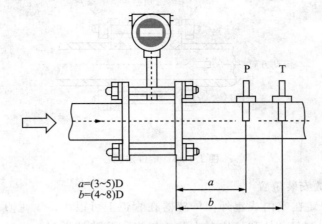

$a=(3\sim5)D$
$b=(4\sim8)D$

图 1-4-36　温度和压力补偿时的安装位置

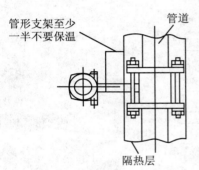

管形支架至少一半不要保温

管道

隔热层

图 1-4-37　仪表保温

（5）仪表的保温（见图 1-4-37）

在测量蒸汽的管道中，为防止转换器温度过高，仪表管型支架至少一半不要保温。

（6）安装空间

在仪表维护时，有时需要拧开螺栓或打开仪表端盖，安装时请注意以下几点：

最小安装空间：打开仪表端盖所需空间距离 12cm，其他周边空间距离应有 10cm。

应有 15cm 长的多余电缆，这样在打开端盖时不至于弄断电缆。

（7）流量计的组装与调试

在安装流量计时要注意以下事项：

①要确保流体的流动方向与流量计表体上标明的方向一致。

②尽量采用公司提供的定位法兰及密封圈，以确保密封及对中可靠。

安装部件如图 1-4-38 所示。SWP-TU 涡街流量传感器（夹持式）所需安装零件如下：

● 螺栓

● 螺母

● 石棉橡胶密封垫

● 垫圈

● 法兰

③表头的安装

SWP-TU 表头可以根据用户希望的最

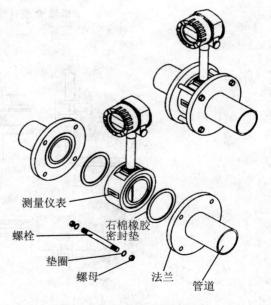

测量仪表

石棉橡胶密封垫

螺栓

垫圈

螺母

法兰

管道

图 1-4-38　流量传感器的组装

易于观察和接线的位置要求，在原有的基础上旋转 270°的范围。图 1-4-39 所示为表头的安装。

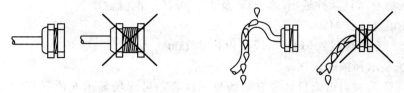

图 1-4-39   表头的安装

具体步骤如下：

● 拧松表壳背面的紧固螺钉。

● 将显示板旋转到理想的位置，最大可旋转 270°。

● 方向确定后，拧紧紧固螺钉。

（8）电气连接

①变送器的连线

a. 取表头两侧较为适合电缆连线的一端，卸下此端黄色堵头，将另一端用表上的堵头密封牢固。

b. 将电缆穿过电缆密封套。

c. 拧开后盖。

d. 从电缆入线孔将电源和信号电缆送入。

e. 根据连线图示正确连接。

f. 将电缆密封套紧固，并应保证电缆线在进入电缆密封套之前必须向下压弯，以确保没有水汽进入表内。

②连线如图 1-4-40 所示连线图示。

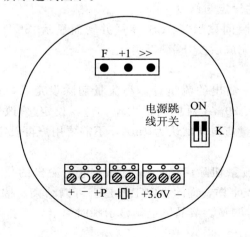

图 1-4-40   连线图示

注意：带电接线可能会危害转换器，内部电路或引起数据丢失，请在通电前完成所有接线。

供电电压：带现场显示，仪表自带 3.6V 锂电池

带现场显示，脉冲输出 12～36V

带现场显示，脉冲输出 12～36V 及 4～20mA　电流输出

不带现场显示，脉冲输出 12±0.5V

不带现场显示，脉冲输出 24±3V 及 4～20mA　电流输出

电缆孔内螺纹：M20×1.5

电缆密封套外螺纹：M20×1.5，内孔 Φ8mm

5. 现场显示和按键调试

SWP-TU 系列涡街流量计带有现场显示仪表，可现场显示 6 位字符的瞬时流量及 8 位字符的累计流量，并带有条形码显示瞬时流量的百分比。

打开仪表后盖，在电路板右方有一红色电源开关，将"1"和"2"开关拨到"ON"的位置。这时仪表进入工作显示状态，此时可进行编辑有关参数。

（1）K 系数的设定与修改

K 系数代表的是流过每立方米体积流量产生的涡街脉冲个数，此系数是仪表在出厂前经实际标定得出的。注意：在正常情况下，不允许改变 K 系数。

随着介质温度的改变，表体材料将会有轻微的热胀冷缩，只有仪表使用的介质温度与标定时的温度相差较大时才有必要进行温度修正。

按下电路板左上方的功能键"F"，显示屏即显示"SETC"，意为选择 K 系数，随即显示厂方预先经过实际标定得到的 K 系数值，且最高位在闪动。正常情况不必修改，可按"F"键确认并转入下一功能。

如需修改，按"+1"增加键，该位数码会自动逐次加 1，可对该位设定 0～9 之间数值，至数值适合后松手即可。按右移键"》"，下一位出现闪动，按增加键修改此位数。如已移至末位，则按右移键后闪动位会返回到最高位处，以便重新修改。K 系数可设置为 0.01～999999 间的任意值。每当设定/修改完毕后，都应按"F"键以确认。

注意：若设定仪表常数≥10000，则小数点后的数值会被忽略。

（2）小流量切除值的设定与修改

K 系数被确认后，瞬间显示"PASS"字样并转而显示"SET CUT"，继而显示小流量切除值。设定与修改完成后按"F"键以确认。

（3）4～20mA 的设定

对于带有 4～20mA 输出的流量计，小流量切除设定后，按功能键"F"，将出现 FL 0000，此时需要输入 20mA 对应的最大流量值，设定/修改完毕后，按"F"键以确认。仪表将 0(m³/h)流量值自动默认为 4mA，不需要用户再设定。

（4）最后确认

当按"F"键确认小流量切除后（带 4～20mA 电流输出的仪表确认 4～20mA 设定后），即显示"END"闪光字样，询问设定工作是否可以结束。按"F"键表示确认参数设定/修改结束，转入正常测量。液晶屏上排显示瞬时流量，下排显示累积量，右边条码显示百分比流量。

（5）累积量清零

若需要清除累积量，就要继续按键操作。为防止误操作或他人不必要的介入引起累积量丢失，增添了一些额外操作。

首先在"END"闪动状态下，同时按"F"键与"》"键达 5 秒以上，松开按键后，显示 8

个闪动的"0"字，询问是否要清除累积量，此时若改变主意，不想清除，可按"》"键退出清除累积量功能；如确要清除，按"F"键确认即可。清除累积量后，又自动恢复正常工作。

（6）调节显示速率

显示速率，实际上就是显示值的变化速率。如要改变变化速率，可在"END"闪动状态下同时按下"F"、"+1"、"》"三键 5 秒以上，就会轮流显示"CYCLE10"（周期为 10 秒）、"CYCLE5"（周期为 5 秒）和"CYCLE2"（周期为 2 秒）。在闪动到欲选用的周期处按"F"键确认，那么显示值就会每隔选定周期更新一次。

学习评价

1-4-1　简述流量测量的特点及流量测量仪表的分类。

1-4-2　以椭圆齿轮流量计为例，说明容积式流量计的工作原理。

1-4-3　简述几种差压式流量计的工作原理。

1-4-4　节流式流量计的流量系数与哪些因素有关？

1-4-5　简述标准节流装置的组成环节及其作用。对流量测量系统的安装有哪些要求？为什么要保证测量管路在节流装置前后有一定的直管段长度？

1-4-6　当被测流体的温度、压力值偏离设计值时，对节流式流量计的测量结果会有何影响？

1-4-7　用标准孔板测量气体流量，给定设计参数 $P=0.8\text{kPa}$，$t=20℃$，现实际工作参数 $P_1=0.4\text{kPa}$，$t_1=30℃$，现场仪表指示为 $3800\text{m}^3/\text{h}$，求实际流量大小。

1-4-8　一只用水标定的浮子流量计，其满刻度值为 $1000\text{dm}^3/\text{h}$，不锈钢浮子密度为 $7.929/\text{cm}^3$，现用来测量密度为 $0.799/\text{era}^3$ 的乙醇流量，问浮子流量计的测量上限是多少？

1-4-9　说明涡轮流量计的工作原理。某一涡轮流量计的仪表常数为 $K=150.4$ 次每升，当它在测量流量时的输出频率为 $f=400\text{Hz}$ 时，其相应的瞬时流量是多少？

1-4-10　说明电磁流量计的工作原理，这类流量计在使用中有何要求？

1-4-11　涡街流量计的检测原理是什么？常见的旋涡发生体有哪几种？如何实现旋涡频率检测？

1-4-12　说明超声流量计的工作原理，超声流量计的灵敏度与哪些因素有关？

1-4-13　质量流量测量有哪些方法？

1-4-14　为什么科氏力流量计可以测量质量流量？

1-4-15　说明流量标准装置的作用，有哪几种主要类型？

▶任务五　物位传感器与仪表

任务描述

两相物料或两种相对密度不同又互不相混合的物料界面位置的测量统称为物位测量，其中气相与液相间的界面测量称为液位测量。测量液位的仪表叫液位计，测量固体料位的仪表叫料位计，测量液体及液体间界面的仪表叫界面计，上述三种仪表统称为物位测量仪表。

1.5.1 物位计的主要类型

物位检测仪表的种类很多，大体上可分成接触式和非接触式两大类。表 1-5-1 给出了常见的各类物位检测仪表的工作原理、主要特点和应用场合。

表 1-5-1　物位检测仪表的分类

检测仪表的种类			检测原理	主要特点	用　途
接触式	直读式	玻璃管液位计	连通器原理	结构简单，价格低廉，显示直观，但玻璃易损，读数不十分准确	现场就地指示
		玻璃板液位计			
	差压式	压力式液位计	利用液柱或物料堆积对某定点产生压力的原理而工作	能远传	可用于敞口或密闭容器中，工业上多用差压变送器
		吹气式液位计			
		差压式液位计			
	浮力式	恒浮方式 浮标式	基于浮于液面上的物体随液位的高低而产生的位移来工作	结构简单，价格低廉	测量储罐的液位
		浮球式			
		变浮力式 沉筒式	基于沉浸在液体中的沉筒的浮力随液位变化而变化的原理工作	可连续测量敞口或密闭容器中的液位、界位	需远传显示、控制的场合
	电气式	电阻式液位计	通过将物位的变化转换成电阻、电容、电感等电量的变化来实现物位的测量	仪表轻巧，滞后小，能远传，但线路复杂，成本较高	用于高压腐蚀性介质的物位测量
		电容式液位计			
		电感式液位计			
非接触式	核辐射式物位仪表		利用核辐射透过物料时，其强度随物质层的厚度而变化的原理工作	能测各种物位，但成本高，使用和维护不便	用于腐蚀性介质的物位测量
	超声波式物位仪表		基于超声波在气、液、固体中的衰减程度、穿透能力和辐射声阻抗各不相同的性质工作	准确性高，惯性小，但成本高，使用和维护不便	用于对测量精度要求高的场合
	光学式物位仪表		利用物位对光波的折射和反射原理工作	准确性高，惯性小，但成本高使用和维护不便	用于对测量精度要求高的场合

1.5.2 物位信号的检测方法与检测元件选择

物位测量方法很多，按其测量原理分为直读式、浮力式、差压式、电磁式、超声波式、核辐射式、光学式等。下面介绍几种常见的液位测量传感器。

1. 玻璃液位传感器

玻璃液位传感器是最简单又较典型的一种直读式液位计。它是根据连通器的原理，其一端接容器的气相，另一端接液相，则管内的液位与容器内液位相同，读出管上的刻度值便可知容器内的液面高低，如图1-5-1所示。

玻璃液位传感器结构简单，价格便宜，一般用在温度及压力不太高的场合就地指示液位的高低。其缺点是玻璃易碎，且信号不能远传和自动记录。

玻璃液位传感器分玻璃管和玻璃板两种。对于温度和压力较高的场合多采用玻璃板液位传感器。透光式玻璃板液位传感器适用于测黏度较小的清洁介质，折光式玻璃板液位传感器适用于测黏度较大的介质。

2. 浮力式液位传感器

当一个物体浸放在液体中时，液体对它有一个向上的浮力，浮力的大小等于物体所排开的那部分液体的质量。浮力式液位计就是基于液体浮力原理而工作的，它分为恒浮力式和变浮力式两种。恒浮力式浮子的位置始终跟随液位的变化而变化，测量过程中感测元件所受的浮力不变。变浮力式沉筒所受的浮力随液位的变化而变化，测量过程中感测元件所受的浮力是变化的。

浮标式液位传感器的结构如图1-5-2所示。将浮标用绳索连接并悬挂在滑轮上，绳索的另一端挂有平衡重物及指针，利用浮标所受重力和浮力之差与平衡重物相平衡，使浮标漂浮在液面上。即有

$$W - F = G \tag{1-5-1}$$

式中，W 为浮标的质量；F 为浮力；G 为平衡重物的质量。

当液体上升时，浮标所受的浮力增加，则 $W - F < G$，原有平衡被破坏，浮标向上移动，而浮标上移的同时浮力又下降，直到 $W - F$ 重新等于 G 时，浮标将停在新的液位上；反之亦然。在浮标随液位升降时，指针便可指示出液位的高低来。如需远传，可通过传感器将机械位移转换为电或气的信号。

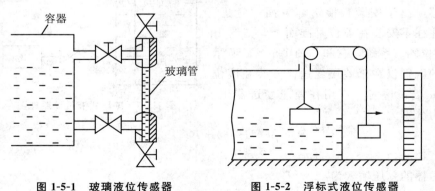

图 1-5-1 玻璃液位传感器   图 1-5-2 浮标式液位传感器

浮标为空心的金属或塑料盒，有许多种形状，一般为扁平状。这种液位计多应用于敞口容器中。

3. 差压式液位传感器

（1）差压式液位传感器测量原理

对于不可压缩的液体（其密度不变），液柱的高度与液体的差压成正比。差压式液

位传感器是利用容器内的液位改变时由液柱产生的差压也相应变化的原理而工作的。

如图 1-5-3 所示，根据流体静力学原理有

$$p_B = p_A + \rho g H \tag{1-5-2}$$

则差压与液位高度有如下关系

$$\Delta p = p_B - p_A = \rho g H \tag{1-5-3}$$

式中，p_A、p_B 分别为 A、B 两处的压力；ρ 为液体密度；g 为重力加速度；H 为液位高度。通常 ρ 视为常数，则 Δp 与 H 成正比。这样就把测液位高度的问题转换为测量差压的问题了。因此，各种压力计、差压计和差压变送器都可用来测量液位的高度。

利用差压变送器测密闭容器的液位时，变送器的正压室通过引压导管与容器下部取压点相通，其负压室则与容器气相相通；若测敞口容器内的液位，则差压变送器的负压室应与大气相通或用压力变送器代替。

（2）液位测量的零点迁移问题

所谓"零点迁移"，就是同时改变测量仪表的测量上、下限而不改变其量程。例如，一把量程 1m 的直尺可以用来测量 0~1m 的一段线段的长度，也可以用来测量 1~2m 这一段线段的长度。这是测量仪表在应用中常用的技术手段。用差压式液位传感器测量液位时，常常会遇到这种问题。下面分析一下几种典型情况。

①无迁移：在如图 1-5-4 所示的两个不同形式的液位测量系统中，作为测量仪表的差压变送器的输入差压 Δp 和液位 H 之间的关系都可以用式(1-5-3)表示。

当 $H = 0$ 时，差压变送器的输入 Δp 亦为 0，可用下式表示

$$\Delta p \mid_{H=0} = 0$$

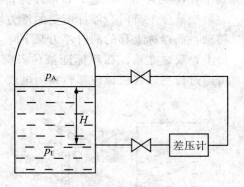

显然，当 $H = 0$ 时，差压变送器的输出亦为 0(下限值)，如采用 DDZ-Ⅱ 型差压变送器，则其输出 $l_0 = 0\text{mA}$，相应的显示仪表指示为 0，这时不存在零点迁移问题。

②正迁移：出于安装、检修等方面的考虑，差压变送器往往不安装在液位基准面上。如图 1-5-5 所示的液位测量系统，它和如图 1-5-4(a)所示的测量系统的区别仅在于差压变送器安装在液位基准面下方 h 处，这时，作用在差压变送器正、负压室的压力分别为

图 1-5-3　差压式液位计原理图

$$P_1 = \rho g(H + h) + P_0$$
$$P_2 = P_0$$

差压变送器的差压输入为

$$\Delta p = P_1 - P_2 = \rho g(H + h) \tag{1-5-4}$$

所以

$$\Delta p = \rho g h \tag{1-5-5}$$

就是说，当液位为零时，差压变送器仍有一个固定差压输入 $\rho g h$，这就是从液体储槽底面到差压变送器正压室之间那一段液相引压管液柱的压力。因此，差压变送器在液位为零时会有一个相当大的输出值，给测量过程带来诸多不便。为了保持差压变送

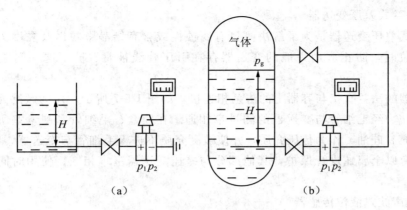

图 1-5-4　无迁移液位测量系统

器的零点(输出下限)与液位零点的一致，就有必要抵消这一固定差压的作用。由于这一固定差压是一个正值，因此称之为正迁移。

③负迁移：如图 1-5-6 所示的液位测量系统，它和图 1-5-4(b)所示系统的区别在于它的气相是蒸汽，因此，在它的气相引压管中充满的不是气体而是冷凝水(其密度与容器中的水的密度近似相等)。这时，差压变送器正、负压室的压力分别为

$$P_1 = P_v + \rho g H = P_v - I - \rho g H_0$$

差压变送器差压输入为

$$\Delta p = P_1 - P_2 = \rho g (H - H_0) \qquad (1\text{-}5\text{-}6)$$

所以

$$\Delta p \mid_{H=0} = -\rho g H_0 \qquad (1\text{-}5\text{-}7)$$

就是说，当液位为零时，差压变送器将有一个很大的负的固定差压输入，为了保持差压变送器的零点(输出下限)与液位零点一致，就必须抵消这一个固定差压的作用，又因为这个固定差压是一个负值，所以称之为负迁移。

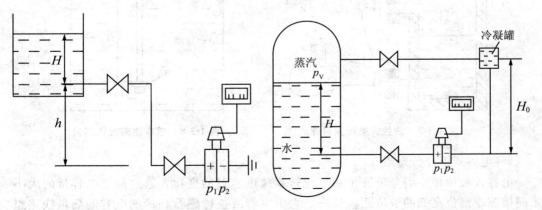

图 1-5-5　正迁移液位测量系统　　　　　**图 1-5-6　负迁移液位测量系统**

需要特别指出的是，对于如图 1-5-6 所示的液位测量系统，由于液位 H 不可能超过气相引压管的高度 H_0，所以 $\Delta p = \rho g (H + H_0)$ 必然是一个负值。如果差压变送器不进行迁移处理，无论液位有多高，变送器都不会有输出，测量就无法进行。

（3）法兰式差压变送器

法兰式差压变送器是为了解决测量有腐蚀性或含有结晶颗粒以及黏度大、易凝固等液体液位时，防止应用一般的变送器存在引压管线被腐、被堵这一问题而专门生产的。

变送器的法兰直接与容器上的法兰相连接，如图 1-5-7 所示。作为敏感元件的测量头（金属膜盒）经毛细管与变送器的测量室相通。在膜盒、毛细管和测量室所组成的密闭系统内充有硅油，作为传压介质，并使被测介质不进入毛细管与变送器，以免堵塞。毛细管外套以金属蛇皮管保护，其他部分与差压变送器基本相同。使用时同样要注意迁移问题。

（4）超声波式液位传感器

超声波式液位传感器是利用声速特性，采用回声测距的方法对液位进行连续测量。如图 1-5-8 所示，置于容器底部的超声波探头既可发出超声波又可接收超声波。当超声波探头发出的超声波到达液体与气体的分界面时，由于两种介质的密度相差悬殊，声波几乎全部被反射。如果超声波探头从发射到接收超声波所经过的时间为 t，超声波在介质中传播速度为 v，则探头到液面的距离为

$$H = (1/2)vt \tag{1-5-8}$$

可见，对于确定的被测液体，声波在其中的传播速度是已知的，只要准确测出时间 t，就可测出液位 H 的数值。

超声波式液位传感器的特点是可做到非接触测量，可测范围广，探头寿命长。但探头本身不能承受高温，声速受到介质的温度、压力影响，电路复杂，造价较高。

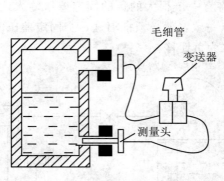

图 1-5-7　法兰式差压变送器

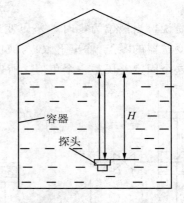

图 1-5-8　超声波液位传感器

（5）电容式液位传感器

电容式液位传感器是将液位的变化转换成电容量的变化，通过测量电容量的大小来间接测量液位高低的液位测量仪表。它由电容液位传感器和检测电容的测量线路组成。由于被测介质的不同，电容式液位传感器有多种不同形式。

导电液体的液位测量如图 1-5-9 所示。在液体中插入一根带绝缘套管的电极。由于液体是导电的，容器和液体可视为电容器的一个电极，插入的金属电极作为另一电极，绝缘套管为中间介质，三者组成圆筒形电容器。

由物理学可知，在如图 1-5-10 所示的圆筒形电容器中的电容量为

$$C = 2\pi\xi L / \ln(D/d) \tag{1-5-9}$$

式中，L 为两电极相互遮盖部分的长度；d、D 分别为圆筒形内电极的外径和外电极的内径；ξ 为中间介质的介电常数。当 ξ 为常数时，C 与 L 成正比。

在图 1-5-10 中，由于中间介质为绝缘套管，所以组成的电容器的介电常数 ξ 就为常数。当液位变化时，电容器两极被浸没的长度也随之而变。液位越高，电极被浸没的就越多，由式(1-5-9)可知，相应的电容量就越大。

电容式液位计可实现液位的连续测量和指示，也可与其他仪表配套进行自动记录、控制和调节。

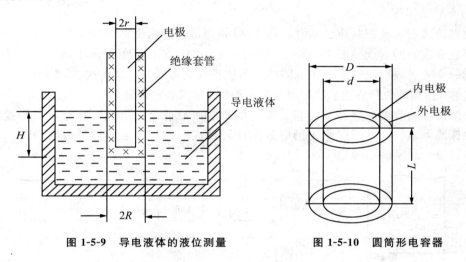

图 1-5-9　导电液体的液位测量　　　　图 1-5-10　圆筒形电容器

(6)吹气式液位传感器

吹气式液位传感器的原理如图 1-5-11 所示。在被测的液体中插入一根导管，由气源来的压缩空气经过滤器过滤，再经减压阀将压力减至 p_1，经节流元件降到 p_2，通过流量传感器到达吹气导管，最后压缩空气从导管下端逸出并上升到液面。通过导管底部排出气体所需压力的大小与液位高低有关，当导管下端有微量气泡逸出时，导管内的气压几乎与液封静压相等，此时压力传感器的读数便可反映出液位的数值。

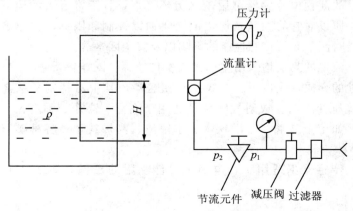

图 1-5-11　吹气式液位传感器

吹气式液位传感器构造简单，使用方便，尤其适用于测腐蚀性强、沉淀严重及含有悬浮颗粒的液体液位。

（7）核辐射式液（物）位传感器

放射性同位素的原子核在核衰变中放出各种带有一定能量的粒子或射线的现象称为核辐射。核辐射液（物）位传感器是以射线和物质的相互作用为基础的，同位素放射源所产生的射线能够穿透物质层，射线在穿透物质层时有一部分被吸收掉，其透射强度随物质的厚度而变。其关系为

$$I = I_0 e^{-\mu H} \tag{1-5-10}$$

式中，I_0、I 分别为射入介质前和通过介质后的射线强度；μ 为介质对射线的吸收系数；H 为介质的厚度。

当放射源选定，被测介质已知时，则 I_0 与 μ 为常数。由上面的关系式可知，只要能测知穿过介质后的射线强度 I，那么介质的厚度即物位的高度就可求出。

不同的介质吸收射线的能力是不同的，固体吸收能力最强，液体次之，气体最弱。

核辐射式液（物）位传感器由放射源、接收器和显示仪表三部分组成，原理如图 1-5-12 所示。放射源和接收器放置在被测容器旁，由放射源放射出的射线，穿过设备和被测介质，由探测器接收，并把探测出的射线强度转换成电信号，经放大器放大后送入显示仪表进行显示。

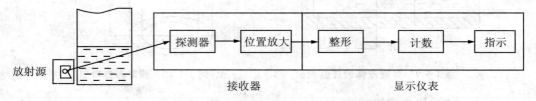

图 1-5-12　核辐射式液（物）位传感器原理框图

根据核辐射检测的原理可制成厚度传感器、物位传感器和密度传感器等，也可用来测量气体压力、分析物质成分以及进行无损探伤，应用范围很广。由于对被测介质进行的是非接触测量，因而适用于高温、高压容器，强腐蚀、剧毒、易爆、易结晶、沸腾状态介质以及高温熔体等物位的测量，又因为放射线不受温度、压力、湿度以及电磁场等影响，故此物位传感器可用于恶劣环境下，且不常有人的地方工作。但放射线对人体有害，所以对它的剂量及使用范围要加以控制和限制。物位传感器选择原则是考虑被测介质对测量元件传感性能的影响以及安全因素等。

一般情况下液位的测量均采用差压式液位传感器。对于高黏度、易结晶、易汽化、易冻结、强腐蚀的介质，应选用法兰式差压变送器，其中对特别易结晶的介质，应采用插入式法兰差压变送器。放射性物位计适用于高温、高压、强腐蚀、黏度大、有毒等介质的测量，如熔融玻璃、熔融铁水、水银渣、高炉料位、各种矿石、橡胶粉、焦油等。

电容式物位传感器不适用于在电极上可能黏附的黏稠介质及介电常数变化大的介质。

1.5.3　物位计典型应用

1. 太阳能热水器水位报警器

太阳能热水器水位报警器可实现水箱中缺水或加水过多时自动发出声光报警声。电路如图 1-5-13 所示。采用导电式水位传感器 1、2、3 三个金属探极探知水位，发光二极管 VT_5 为电源指示灯，报警声由音乐集成电路 9300 产生。

当水位在电极 1、2 之间正常情况下，电极 1 悬空，VT_1 截止，高水位指示灯 VT_8 为熄灭状态。因电极 2、3 处在水中，使 VT_3 导通，VT_2 截止，低水位指示灯 VT_9 也为熄灭状态。整个报警系统处于非报警状态。

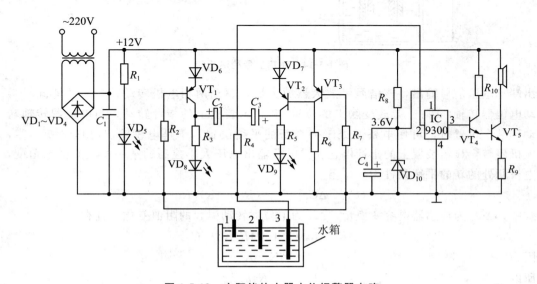

图 1-5-13　太阳能热水器水位报警器电路

当水位下降低于电极 2 时，VT_3 截止，VT_2 导通，低水位指示灯 VT_9 点亮。由 C_3 及 R_4 组成的微分电路在 VT_2 由截止到导通的跳变过程中产生的正向脉冲，将触发音乐集成电路 IC 工作，使扬声器发出 30s 的报警声，告知水箱将要缺水。

同理，当水箱中的水超出电极 1 时，VT_1 导通，高水位指示灯 VT_8 点亮，由 C_2 及 R_4 组成的微分电路产生的正向脉冲触发音乐集成电路 IC 工作，使扬声器发出报警声，告知水箱中的水快要溢出了。

2. 油箱油量检测系统

油箱油量检测系统如图 1-5-14 所示，其主要组成部分是电容式液位传感器、电桥、放大器、两相电机、减速机构和显示装置等。电桥中 C_0 为标准电容器，C_x 为电容式液位传感器，R_1 和 R_2 为标准电阻，且 $R_1 = R_2$，RP 为调整电桥平衡的电位器，它的转轴与显示装置同轴连接，并经减速器由两相电机带动。

当油箱中无油时，电容器的起始电容量是 C_{x0}，若 $C_0 = C_x$，且电位器的触点位于零点时，即 RP 的阻值为零，显示装置的指针指在零位，由电桥的平衡条件可知

$$C_{x0}/C_0 = R_1/R_2$$

此时电桥平衡，电桥输出电压为零，电机不转动。

当油箱注入油且液面升高到 h 时，则 $C_x = C_{x0} + \Delta C_x$，电桥失去平衡，于是电桥输

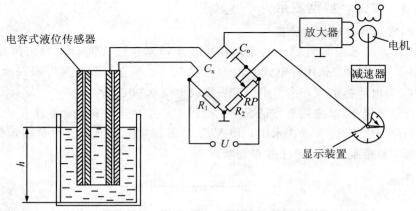

图 1-5-14 油箱油量检测系统

出端有电压信号输出，该信号经放大器放大后，驱动两相电机转动，经减速器同时带动电位器转轴（实际上是改变触点的位置）和显示装置上的指针转动，当电位器转轴转动到某个位置时，可使电桥又处于一个新的平衡位置，于是电桥输出电压又变为零，电机停转，显示装置上的指针停止在受电桥输出电压大小控制的某一相应的指示角度，电桥所处的新的平衡条件为

$$(C_{xo} + \Delta C_x)/C_o = (R_2 + \Delta R)/R_1$$

式中，ΔC_x 为传感器电容变换量；ΔR 为电位器转动引起的阻值变化，且有

$$\Delta R = R_1 \Delta C_x/C_o = R_2 K1h/C_o$$

因为

$$\theta = K_2 \Delta R$$

所以

$$\theta = R_1 K_2 K_1 h/C_o$$

式中，K_2、K_1 为比例系数。

由此可见，显示装置指针偏转角 θ 与油箱油量的液面高度 h 成正比，知道了液面高度，也就知道了油量。

1.5.4 液位检测传感器及仪表实训

实训任务 1 Ⅲ型差压变送器的调校

1. 实训目的

(1)通过调校训练，掌握Ⅲ型差压变送器的工作原理，了解并熟悉Ⅲ型差压变送器的整体结构及各部件的作用。

(2)掌握Ⅲ型差变的量程调整、零点迁移、精度校验的方法。

2. 实训所需的仪器设备及工具

(1)Ⅲ型差压变送器，DBC-3320B   一台

(2)标准电阻箱   一台

(3)CST1002B 气压压力泵   一台

(4)标准电流表 0.5 级 0～20mA   一只

(5)CST2003 智能数字压力校验仪   一台

(6)万用表 MF-50   一块

差压变送器的校验线路按图 1-5-15 连接。

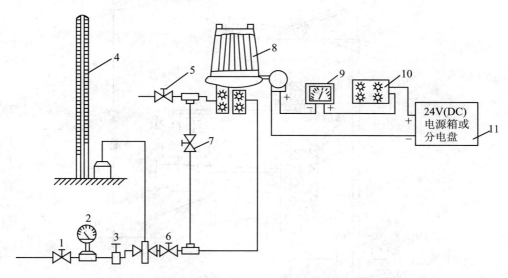

图 1-5-15　Ⅲ型差压变送器调校接线图

1—减压阀；2—压力表；3—气动定值器；4—单管压力计；5—低压阀；6—高压阀；7—平衡阀；

8—差压变送器；9—0.2级直流毫安表；10—电阻箱；11—24V DC 电源箱

3. 实训内容

(1)实训原理

Ⅲ型差变是按力矩平衡原理工作的。由于在力矩平衡机构上，采用了固定支点的矢量机构，并用平衡力到杠杆的重心与其支点相重合，从而提高了仪表的可靠性和稳定性。Ⅲ型差变原理如图 1-5-16 所示。

Ⅲ型差变是采用二线制的安全火花型仪表，它与输入端安全栅配合使用时，可构成安全火花型检测系统，适用于各种危险场所。

在对Ⅲ型差变进行校验时，先将差压变送器固定好后，再按图 1-5-15 接好线，由气源经气动定值器给出送往差变正压室的气压信号，作为输入的差压信号(因为负压室放空)，调整气动定值给标准压力表，可得输入差压信号的大小。按实验步骤，通过各部位的调整，使输出电流表指示值与标准值比较的误差控制在一定范围内，使各项技术指标都满足要求。

矢量机构式差压变送器实质上是一个差压——电流转换器，它将输入压差信号 ΔP_i 线性地转换成 4～20mA 直流电流信号输出。

(2)实训内容

①了解Ⅲ型差变的结构及其动作情况，熟悉各调节螺钉的位置和用途；

②调整仪表的零位和量程；

③仪表的精度检验；

④进行零点迁移。对量程 0～6kPa 的差压变送器进行正迁移，使量程变为0.2～6.2kPa；

⑤量程范围调整。将原量程范围 0～6kPa 改为 0～8kPa。

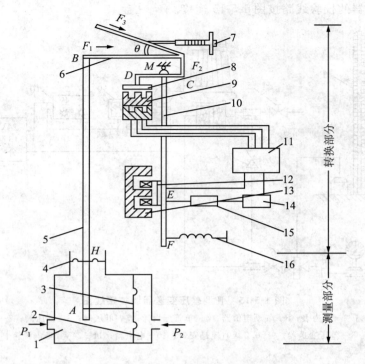

图 1-5-16　Ⅲ型差压变送器原理图

一低压室；2—高压室；3—测量元件；4—轴封膜片；5—全杠杆；6—矢量机构；7—量程调整螺钉；

8—检测片；9—差动变压器；10—副杠杆；11—放大器；12—反馈动圈；13—永久磁钢；

14—电源；15—负载；16—零点调整螺钉

4. 实训指导

（1）DDZ-Ⅲ型差压变送器的主要技术指标

①型号：DBC-3121-H　　　　　　②基本误差：≤±0.5%

③测量范围：0～6kPa～60kPa　　　④变差：≤0.5%

⑤输出电流：4～20mA DC　　　　　⑥静压误差：≤±3%

⑦负载能力：250～350Ω　　　　　 ⑧工作压力：6.4 MPa

⑨工作电源：24(1±5%)V DC

（2）实训注意事项

①接线时，要注意电源极性。在完成接线后，应检查接线是否正确，气路有无泄漏，并确认无误后，方能通电。

②没通电，不加压；先卸压，再断电。

③进行量程调整时，应注意量程调整端正极上的跨接片位置是否合适。

④小心操作，切勿生扳硬拧，严防损坏仪表。不能把静压螺钉当做调零螺钉，静压调整螺钉不允许随便转动，以免产生静压误差。

⑤一般仪表应通电预热 15 分钟后再进行校验。

⑥在实际应用中，下列情况应对差压变送器进行零点迁移。

a. 差压计的安装位置与取压点不在一个水平位置上；

b. 为了解决介质对导压管线的腐蚀、堵塞等问题，而采用法兰式差压变送器或在导压管中充满隔离液的差压变送器。另外为了正确选择变送器量程大小，提高变送器的测量灵敏度和精度，还常常需要对变送器的量程进行压缩。但要注意：零点迁移或改量程后，其测量范围不应小于该仪表所规定的最小量程；测量范围的上限值不能超过该表所规定的量程上限值。

5. 实训步骤

(1) 调校训练接线

按差压变送器校验接线图 1-5-15 接线。

(2) 一般检查

① 外观检查　仔细观察仪器，熟悉其结构，看清可调部件，但不能任意调整。观察机械传动部分的螺钉是否紧固牢靠，杠杆传递系统是否运动灵活，反馈动圈在磁钢中有无卡滞现象。

② 通电检查　通电后观察整机工作是否正常，当输出电流为正值时，动圈为吸力，否则为不正常，应当调整动圈引出线的焊接头。

③ 用手来回推平衡锤，看输出电流是否迅速地升降，有无卡滞现象。

④ 气密性和静压误差的检查　关闭阀 8，打开阀 7、阀 6，向正负压室同时通入额定工作压力，观察仪表有无泄漏。若有，应查找原因并进行消除。

(3) 差压变送器零点及量程的调校

① 零点调整　关阀 6，打开阀 7 和阀 8，使正负压室都通大气，观察输出电流表的读数是否为 4mA(零点)。如果不对，则用调零弹簧调整，直至读数为 4mA。

② 满量程调整　待零点调整好以后，关闭阀 7，打开阀 6，用定值器逐渐加压，增至测量范围上限值，观察输出电流表读数是否为 20mA(满量程)，如果不对，则用量程调整螺钉(杆)进行调整，直至输出为 20mA。

满量程调整后会影响零点。因此，零点、满量程需反复多次调整，直至满足要求为止。

(4) 仪表精度校验(基本误差及变差的检验)

将输入差压信号测量范围平均分为 5 点(测量范围的 0、25%、50%、75%、100%)，对仪表进行精度测试，其相对应的输出电流值应分别为 4mA、8mA、12mA、16mA、20mA。

测试方法为：用定值器缓慢加压产生相应的输入差压信号 ΔP_i，注意：不应该使输入信号超过检测点再返回(即不要产生过冲现象)。先依次读取正行程时对应的输出电流值 I_0 正，并记录；再缓慢减小压力，读取反行程时相对应的输出电流值 I_0 反记录。然后计算出相应的基本误差和变差，与调校结果一起填入调校数据表 1-5-3。同时画出实测的输入—输出关系曲线($\Delta P_i \sim I_0$ 关系曲线)。

如果基本误差和变差不符合要求，则要重新调整零点和满量程，直到满足要求为止。在调整过程中应注意调整螺钉的旋转方向与输出电流变化的关系。

表 1-5-2　主要仪器、设备技术一览表

项目	被校仪表	标准仪器			
名称					
型号					
规格					
精度					
制造厂及日期					

（5）零点迁移调整

本项内容应是在零点、量程已调整好以后的基础上进行。

①调整气动定值器产生一个数值上等于迁移量（10kPa）的输入差压信号 ΔP_i（新零点），调整迁移弹簧，使输出电流指示值为 4mA。

②再将输入差压信号缓慢加到零点迁移后的测量范围上限值，这时仪表的输出电流应为 20mA，否则应重新进行步骤（3）的实训内容。

在零点和满度都符合要求后，再进行精度测试。并将校验结果填入实训数据记录表 1-5-3，同时画出差压变送器零点迁移后的输入—输出关系曲线。

如欲改变量程范围，首先应查看量程调整端子板上的跨接片位置是否与要求的量程范围一致，如不一致，则重新连接跨接片（量程粗调）。

①先进行零点调整（若已调好，可省去这一步）。

②零点调整好后，用定值器加压至预定测量上限值，调整量程螺钉，使输出电流 I_0 为 20mA。同理，需反复进行零点、量程的调整，直到零点为 4mA，满量程为 20mA 为止。

③调整好后，再进行精度测试，并将调校结果填入调校数据记录表 1-5-3。

表 1-5-3　差压变送器校验数据记录表

输入	输入信号刻度分值		0	25%	50%	75%	100%
	输入信号标准值 ΔP_i/kPa						
输出	标准输出信号 I_0标/mA	正行程					
		反行程					
	实测引用误差/%	正行程					
		反行程					
误差	（I_0 正 — I_0 反）/mA						
	实测基本误差/%			被校仪表允许基本误差/%			
	实测变差/%			被校仪表允许变差/%			
	实测仪表精度等级			结论：			

6. 实训报告

（1）数据处理时应注意的问题

①调校训练前拟好记录表格，格式见表 1-5-2、表 1-5-3。

②调校训练时一定要等现象稳定后再读数、记录，否则因滞后现象会给调校现象带来较大的误差。

(2)整理调校数据

计算被校表的各项误差，确定精度等级，并填入仪表校验记录单。

(3)分析差压变送器的静态特性，画出变送器输入（ΔP_i）－输出（I_0）静态特性曲线（包括正、反行程）。

(4)填写实训报告。

实训任务 2 液位检测仪表选择及安装

1. 射频导纳物位传感器选择及安装

(1)安装要求

SWP-RFC 系列为可现场安装式设计，但仍要尽可能安装在远离振动、腐蚀性空气及可造成机械损坏的场合。为便于调试，仪表应安装在有操作平台或类似平台的地方。环境温度应在－40℃～75℃之间。仪表安装区域要求有避雷装置，以防雷击。

仪器安装时，必须保证传感器的中心探杆和屏蔽层与容器壁（或安装管）互不接触，绝缘良好，安装螺纹与容器连接牢固，电器接触良好，并且传感器的地端要进入容器内部。对于大量程的或有搅拌的场合，传感器需要支撑或地锚固定，但固定端要与传感器绝缘。

按隔爆要求安装的仪表，每一与防爆外壳相连的接线必须配有一经认证过的隔爆型填料函或防爆钢管密封接头。按本安装要求安装的仪表，每一回路上必须配有一经认证过的安全栅。认证过的隔爆型填料函或防爆钢管密封接头和安全栅产品请咨询公司。

24V DC 电源纹波不得大于 200mV。电源地线要接在标准地或标准的仪表地，不可接在动力地上。现场电源电缆推荐采用屏蔽电缆，不可长距离无屏蔽与交流电源电缆并行。电缆经过区域要求有避雷装置，以防雷击。

电源电缆为铠装隔爆 3 芯电缆，电缆外径不大于 12mm，线缆导体材质为铜，导体截面积在 0.13～2.1mm²（AWG14-26），线缆绝缘强度 1500V，并符合 IEC60245/60227 标准要求。

配用的开关符合 IEC60947 标准要求。

(2)整体型系统安装

SWP-RFC 系列物位计是现场安装式设计，但仍应使其尽可能远离振动源、高温环境、腐蚀性空气及任何可能造成机械损坏的地方。如果不能满足要求，请将仪表换成分体型。为便于调试，仪表应安装在有操作平台或类似平台的地方。环境温度应在－40℃～75℃之间。图 1-5-17 为整体型系统安装。图中所有尺寸标注单位为毫米，后文中亦如此。

2. 射频导纳物位计分体型系统安装

当仪器安装在有较高的温度、较强的振动、有腐蚀性空气及任何可能造成机械损坏的地方，请将仪器换成分体型安装。分体型安装是指传感器与信号转换的电子单元部分分开安装，中间以厂家所配的特殊信号电缆相连接，并且该电缆可截短不可加长。

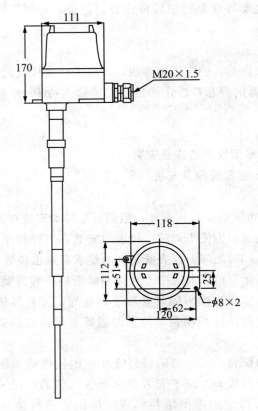

图 1-5-17　整体型系统安装

这样，传感器安装在现场，电子单元就可以安装在相对安全的场所，以利提高仪表使用寿命。信号电缆在安装时，不可盘成螺旋状，多余的连接电缆不能盘起，应剪短。电子单元中心端(CW)与同轴电缆中心线连接；电子单元屏蔽层(CSL)接同轴电缆芯线屏蔽层，然后连接到传感器屏蔽端上；地线是电缆中另一条独立的导线或电缆外层屏蔽层。见图 1-5-18 分体型系列系统。电子单元端防爆外壳可通过其两侧的安装孔固定在如安装支架或墙壁这样的平面上。见图 1-5-19 防爆外壳安装图。

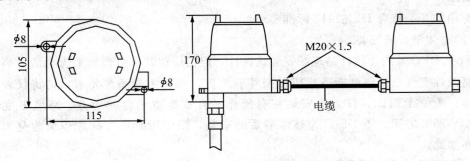

图 1-5-18　分体型系列系统

(1)传感器的安装

传感器的安装位置通常是由容器的开孔位置所决定，但不可将其安装在进料流中，

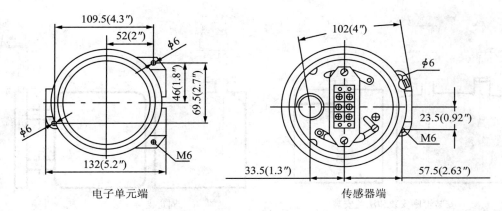

电子单元端   传感器端

图 1-5-19   防爆外壳安装图

当容器内部无适当位置时，可考虑使用外浮筒或量筒安装（如能保证内外界面一致的话）。为使设备正常、准确工作，请注意以下事项。

①安装必须非常仔细，不要损伤传感器的绝缘层。传感器及其屏蔽层不可与安装接口或容器壁接触，并避免传感器使用过程中与安装接口、容器壁、物料等的机械磨损。

②传感器不能安装于填充嘴（或槽）等物料直接流经的地方。若无法做到这一点，则要在传感器与填充嘴（或槽）间加装隔板。

③不要拆开传感器或松开安装密封盖。

④用扳手的平面部分拧紧传感器。

⑤射频导纳物位计硬杆传感器，安装时要考虑安装空间。缆式传感器安装后要拉直，避免对地短路。

⑥待测容器内部有搅拌或气流、料流、波动较大的场合和倾斜安装的传感器，除应避免传感器的直接机械损伤外，还应考虑长时间的传感器的材料疲劳等间接机械损伤，因此建议用户加装传感器的中间支撑和底部地锚固定。请注意，支撑与地锚应与传感器绝缘，绝缘材料应选用绝缘强度高、硬度不高、有润滑功能不磨损传感器的材料（如 PTFE）。若非如此，请考虑定期更换传感器，以免传感器损坏，造成连锁损失。

⑦应注意仪表护线管积水可能会危及仪表电子单元。

⑧传感器地端要求与现场容器电器连接良好，非金属容器要求现场提供标准地。

注意：不要在传感器或仪器机壳内采用单组份常温硫化密封剂，该物质经常含有乙酸，将会腐蚀电子元件。应采用特殊的双组份密封剂（非腐蚀性），请注意究竟采用何种双组份密封剂。

（2）典型安装介绍

图 1-5-20 所示为电脱罐安装。

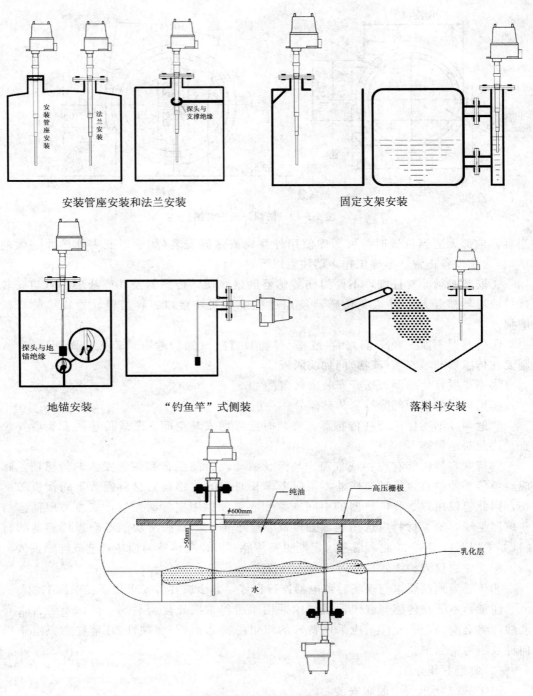

安装管座安装和法兰安装　　　　　　固定支架安装

地锚安装　　　　　"钓鱼竿"式侧装　　　　　落料斗安装

图 1-5-20　电脱罐安装

（3）系统接线

SWP-RFC 系列物位计属于本质安全型仪表，不论整体还是分体安装，当安装在危险场合时需要在其供电回路上加认证过的安全栅，单栅双栅都可以，但接法是不一样的，图 1-5-21 为系统接线图，所举例子为单栅整体安装和双栅分体安装。电缆、负载及安全栅在 24V DC 电源下，最大阻抗和为 450Ω。

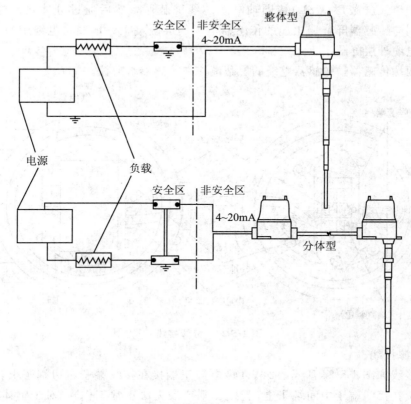

图 1-5-21　系统接线图

(4)传感器接线

按隔爆要求安装的仪表，在防爆现场打开仪表防爆壳体之前，一定要确认仪表已断电 10 分钟以上。

电源接线端子在三端接线端上，传感器连接电缆接在电子单元另一侧，单元与传感器之间的连接电缆必须使用专用电缆，其他电缆会导致测量误差。

图 1-5-22 为整体接线图。出厂时已连接好，电子单元中心端（CW）与同轴电缆中心线连接；电子单元屏蔽层（CSL）接同轴电缆芯线屏蔽层，然后连接到传感器屏蔽端上。必要时可以解开电子单元端接线，不推荐解开传感器端接线。由于使用金属外壳，地线可不接。

图 1-5-23 为分体接线图。分体壳与电子

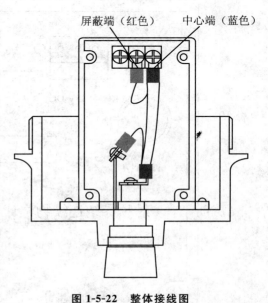

图 1-5-22　整体接线图

单元之间多余的连接电缆不能盘起，应剪短。电子单元中心端（CW）与同轴电缆中心线连接，然后通过分体接线端子 CW 端，连接到与传感器中心端相连的传感器电缆的芯线上；电子单元屏蔽层（CSL）接同轴电缆芯线屏蔽层，然后通过分体接线端子 DSH 端，连接到与传感器屏蔽端相连的传感器电缆的屏蔽端上；地线是电缆中另一条独立的导线或电缆外层屏蔽层。

对于两端传感器，传感器电缆的屏蔽端应在传感器端剪掉。

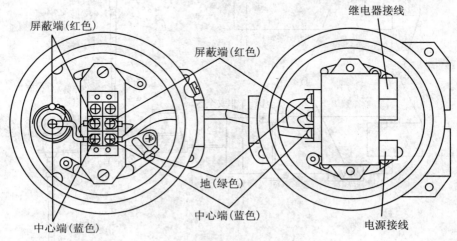

图 1-5-23　分体接线

（5）电源接线

电源接线如图 1-5-24 所示。24V DC 电源正端接在接线端子右边端子上，24V DC 电源负端接在接线端子中间端子上（若接反则仪表无法正常工作）。对于整体安装，由于使用金属外壳，地线可不接。

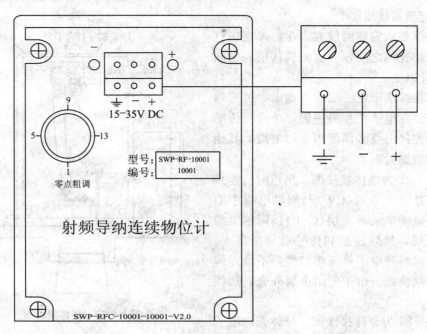

图 1-5-24　电源接线

24V DC 电源纹波不得大于 200mV。电源地线要接在标准地或标准的仪表地，不可接在动力地上。现场电源电缆推荐采用屏蔽电缆，不可长距离无屏蔽与交流电源电缆并行。

如图 1-5-24 所示，电源接线端子左右两边设有，不用断开回路直接用电流表进行监测的端子。

（6）功能设置

①零点微调设置

位置如图 1-5-25 电子单元外形图，配合零点粗调调节 4mA 输出。顺时针旋转电流增加，逆时针旋转电流减小。其内部为一多圈电位器，注意它没有机械停止点，旋转到头时，除电流输出不变外，还伴有轻微的"咔咔"声，此时不要再旋转，若调不出 4mA，可考虑调节零点粗调。调节零点，将使满点随零点调节幅度平移。

②零点粗调设置

零点粗调位置如图 1-5-25 电子单元外形图，当仅用零点微调不能调出 4mA 时调节零点粗调，可以以一定的步进量较大幅度地调节零点。其内部为一波段开关，1～16 挡，顺时针旋转电流减小，可循环调节，没有机械停止点。对于绝大多数应用场合，仪表设计零点粗调已能满足要求。若还调不出 4mA，可考虑安装有无问题或调整垫整跳块。调节零点，将使满点随零点调节幅度平移。

③延时方式设置

电位器位置如图 1-5-25 电子单元外形图，当物位有波动时可以调节电位器来稳定输出电流。顺时针旋转延时增加。当输出电流为 90% 量程变化时，响应时间在 0.5～30 秒可调。

④量程微调设置

量程微调位置如图 1-5-25 电子单元外形图，调节量程时使用，顺时针旋转电流增加，可用来较细微地调节满点（20mA）的电流输出。其内部为一多圈电位器，注意它没有机械停止点，旋转到头时，除电流输出不变外，还伴有轻微的"咔咔"声，此时不要再旋转，若调不出 20mA，可考虑调节量程粗调设置。调节满点，仪表零点将不改变。

⑤量程粗调设置

量程粗调位置如图 1-5-25 电子单元外形图，根据不同的量程范围确定跳块的位置。

1 挡	2 挡	3 挡	4 挡	5 挡	6 挡
0～20pF	0～100pF	0～450pF	0～2000pF	0～10000pF	0～20000pF

针对不同物料，其介电常数不同，不同的传感器对物料的感知能力也不同，在实际应用中，需要具体情况（待测介质和传感器种类及其安装）具体分析，从而确定量程跳块的位置。基本上，每一挡比前一挡测量范围大约 5 倍。若还调不出 20mA，则应考虑安装有无问题。调节满点，仪表零点将不改变。

⑥垫整跳块设置

跳块位置如图 1-5-25 电子单元外形图，跳块在位置 1 时垫整电容为 0pF，跳块在位置 2 时垫整电容为 100pF，跳块在位置 3 时垫整电容为 200pF，一般情况下，不用调整垫整跳块（出厂时跳块位置为 1）就能调出 4.0mA。当容器与传感器形成的电容超过 300pF 时，就需要调整垫整跳块，一般先从位置 1 开始依次向位置 3 调，如果容器与传

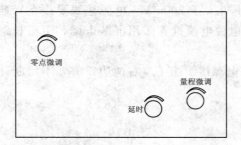

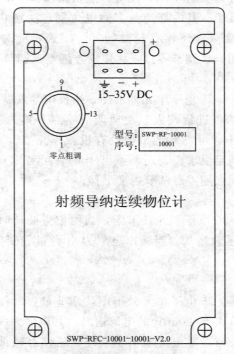
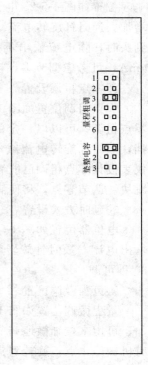

图 1-5-25　电子单元外形图

感器形成的电容在 $300\sim600\text{pF}$，跳块在位置 2 时，如果超出 600pF 就需要把跳块置于位置 3。若跳块置于位置 3 还调不出 4mA，则应考虑安装有无问题。

⑦相位设置

跳块位置如图 1-5-25 电子单元外形图，跳块在位置上位时，相位为 $0°$；跳块在位置下位时，相位为 $45°$。一般出厂时设定为 $0°$ 或根据用户要求设置，对于导电挂料影响较大的场合，推荐选择 $45°$ 相位。

⑧测量方式设置

跳块位置如图 1-5-25 电子单元外形图，跳块在位置上位时，测量方式为正作用（也称为物位方式），输出电流随物位的升高而增大，其故障保险方式为当内部检测到故障时，输出小于 20mA；跳块在位置下位时，测量方式为反作用（也称为距离方式），输出电流随物位的升高而减小，其故障保险方式为当内部检测到故障时，输出大于 20mA。

（7）调试

把万用表拨至电流 20mA 挡，两表笔分别插入相应的测试孔中，万用表指示值即为仪表输出值。

所有物位测量实际上均可称为界面测量，其中最常见的即为物料与空气的界面。这里的界面指的是两种互不相溶液体（或一液一气）的界面。

正常界面（下部液体具有较高的电导率如油水界面）—直接作用式（正作用）

①将零点、量程微调逆时针旋到头，不要用力。

②将零点、量程粗调（量程挡）置于♯1。

③降低界面至零位，传感器仅为上部绝缘液体覆盖，调节零点粗调、零点微调控制，使输出为 4mA。调试方法为先调微调，调不出来再调粗调，然后再调微调。

④若输出电流总大于 4mA，则需要调整垫整跳块，厂方出厂前在单元内配置了两个垫整电容以调整输出电流。

⑤升高界面大于 30％量程（或其最高物位）。调节量程粗调、量程微调控制，使输出电流达到对应的量程输出（或其最高物位 20mA）。调试方法为先调微调，调不出来再调粗调，然后再调微调。

⑥若第③步中无法降低界面至零位，则应选择一个最低界面位置和一个最高界面位置，要求两者之间相差大于 30％量程，反复重复第③步到第⑤步，约 4~5 次便可达到较好结果。

⑦如若经过出厂标定，省略第①步和第②步。标定完毕。

学习评价

1-5-1　常用液位测量方法有哪些？

1-5-2　对于开口容器和密封压力容器用差压式液位计测量时有何不同？影响液位计测量精度的因素有哪些？

1-5-3　利用差压变送器测量液位时，为什么要进行零点迁移？如何实现迁移？

1-5-4　恒浮力式液位计与变浮力式液位计的测量原理有什么异同点？在选择浮筒式液位计时，如何确定浮筒的尺寸和重量？

1-5-5　物料的料位测量与液位测量有什么不同的特点？

1-5-6　电容式物位计、超声式物位计、核辐射式物位计的工作原理，各有何特点？

1-5-7　画出差压变送器测量液位时，无迁移、正迁移、负迁移的测量原理图。

1-5-8　电磁式流量计安装时，应注意哪些事项？

项目二 调节控制仪表应用

任务描述

在工业生产应用中，调节控制装置是构成自动控制系统的核心仪表，它的基本功能是将来自变送器的测量信号与给定信号相比较，并对由此所产生的偏差进行各类运算处理后，输出调节信号控制执行器的动作，实现对不同被测或被控参数的自动控制作用。

图 2-1-1 给出了实现单回路调节作用的典型控制系统。当被控变量因某种干扰原因偏离给定值并产生了偏差时，调节单元才会真正发挥作用。其中，调节器的偏差是被控变量的测量值与系统给定值之差，即可定义为

$$\varepsilon = z - s \tag{2-1-1}$$

式中，ε 是偏差；z 是参数测量值；s 是系统给定值。

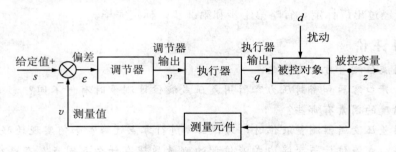

图 2-1-1 典型控制系统回路结构图

习惯上，对调节器而言，定义偏差量 $\varepsilon > 0$ 时为正偏差，偏差量 $\varepsilon < 0$ 时为负偏差。偏差量 $\varepsilon > 0$ 时，若对应的输出信号变化量 $\Delta y > 0$，则称调节器为正作用调节器；偏差量 $\varepsilon > 0$ 时，若对应的输出信号变化量 $\Delta y < 0$，则称调节器为反作用调节器。

调节器在接受到偏差信号后，依据自身设置的控制规律使其输出信号发生变化，通过执行器作用于被控对象，使被控变量朝着系统给定值的方向变化，从而重新达到新的稳定状态。

控制过程的品质如何，不仅与被控对象特性有关，还与调节器本身的特性有关。调节器的控制特性即其所具有的控制规律，是指其输出信号随输入信号（偏差量）变化的规律。

2.1.1 基本控制规律

双位、比例、积分和微分是调节器的基本控制规律，而所有的实用控制规律都是由这些基本控制规律或其组合形成的。

1. 比例(P)控制规律

具有比例控制规律的调节器其输出信号的变化量 Δy 与偏差信号 ε 之间存在比例关系，即

$$\Delta y = K_P \times \varepsilon \tag{2-1-2}$$

式中，K_P 是一个可调的比例增益。

这是一种最基本、最主要、应用最普遍的控制规律，它能及时和迅速地克服扰动的影响，从而使系统很快地达到稳定状态。但因调节器的输出信号与输入信号需始终保持比例关系，所以在系统稳定后，被控变量无法达到系统给定值，而是存在一定的残余偏差，即残差。

2. 积分(I)控制规律

具有积分控制规律的调节器其输出信号的变化量 Δy 与偏差信号 ε 的积分成正比，即

$$\Delta y = \frac{1}{T_I}\int \varepsilon \cdot \mathrm{d}t \tag{2-1-3}$$

式中，T_I 是积分时间，而 $1/T_I$ 是积分速度。

具有积分控制规律的调节器输出信号变化量 Δy 的大小不仅与偏差信号 ε 的大小有关，而且还与偏差存在的时间有关。只要有偏差，调节器的输出就不断地变化，偏差 ε 存在的时间越长，输出信号的变化量 Δy 也越大，直到调节器的输出达到极限值为止。只有在偏差信号 ε 等于零时，积分调节器的输出信号才能相对稳定，且可稳定在任意值上，这是一种无定位调节。因此，希望消除残差和最终消除残差是积分调节作用的重要特性。

积分调节作用总是滞后于偏差的存在，不能及时和有效地克服扰动的影响，使调节不及时，造成被控变量超调量增加，操作周期和回复时间增长，也使调节过程缓慢，不易稳定，是积分控制规律使用时需考虑的主要问题。所以积分控制规律一般不单独使用。

3. 微分(D)控制规律

有微分控制规律的调节器其输出信号的变化量 Δy 与偏差信号 ε 的变化速度成正比，即

$$\Delta y = T_D \frac{\mathrm{d}\varepsilon}{\mathrm{d}t} \tag{2-1-4}$$

式中，T_D 是微分时间，而 $\dfrac{\mathrm{d}\varepsilon}{\mathrm{d}t}$ 表示偏差信号的变化速度。

实际上，这种理想的微分作用是无法实现的，而且也不可能获得好的调节效果。实际应用中采用实际微分控制规律。它是在阶跃发生的时刻，输出突然跳跃到一个较大的有限值，然后按指数曲线衰减直至零。该跳跃跳得越高或降得越慢，表示微分作用越强。

采用微分调节的好处在于偏差尽管不大，但还在偏差开始剧烈变化的时刻，就能立即自动地产生一个强大的调节作用，及时抑制偏差的继续增长，故有超前调节的作用。同时，因为微分调节器的输出大小只与偏差变化的速度有关，当偏差固定不变时，无论其数值有多大，微分器都无输出，不能消除偏差，因此不能单独使用。

2.1.2 常规控制规律

将比例、积分和微分三种基本控制规律进行适当的组合，构成多种工业适用的常规控制规律，包括比例、比例积分(PI)、比例微分(PD)和比例积分微分(PID)控制规律。

用微分方程表示法、传递函数表示法、图式法和频率特性表示法描述的常规控制规律有以下几种。

1. 微分方程表示法

控制规律	微分方程表示法
比例积分(PI)	$\Delta y = K_P \left(\varepsilon + \dfrac{1}{T_I} \displaystyle\int_0 \varepsilon \cdot \mathrm{d}t \right)$
比例微分(PD)	$\Delta y = K_P \left(\varepsilon + T_D \dfrac{\mathrm{d}\varepsilon}{\mathrm{d}t} \right)$
理想比例积分微分(PID)	$\Delta y = K_P \left(\varepsilon + \dfrac{1}{T_I} \displaystyle\int_0 \varepsilon \cdot \mathrm{d}t + T_D \dfrac{\mathrm{d}\varepsilon}{\mathrm{d}t} \right)$

上述控制规律的表示是基于变化量形式的，而要表示调节器的实际输出量 y，必须考虑调节器输出的初始值，即有：

$$y = \Delta y + y_0 \tag{2-1-5}$$

式中，y_0 是调节器的输出初始值，即在 $t=0$，$\varepsilon=0$，$\mathrm{d}\varepsilon/\mathrm{d}t=0$ 时的输出值。

此外，这里所列的均是调节器为正作用时的控制规律表达式。当调节器采用负作用时，需在等式中加上负号。为方便起见，在讨论各种控制规律时，如无特殊说明，均假设调节器工作在正作用状态。

2. 传递函数表示法

控制规律	传递函数表示法
比例积分(PI)	$W(s) = \dfrac{\Delta Y(s)}{E(s)} = K_P \left(1 + \dfrac{1}{T_I s} \right)$
比例微分(PD)	$W(s) = \dfrac{\Delta Y(s)}{E(s)} = K_P (1 + T_D s)$
理想比例积分微分(PID)	$W(s) = \dfrac{\Delta Y(s)}{E(s)} = K_P \left(1 + \dfrac{1}{T_I s} + T_D s \right)$

常规控制规律的传递函数表示法常用于控制系统的设计和分析。

3. 图示法

图示法常可用来直观地定性描述调节器在一定输入信号情况下的输出变化趋势。例如图 2-1-2 给出了在阶跃输入信号下，调节器控制规律分别为比例积分、比例微分和理想比例积分微分时的输出响应特性曲线。

调节器的图示法常可用于调节器参数的测定和控制规律的定性分析，是一种直观而有效的方法。

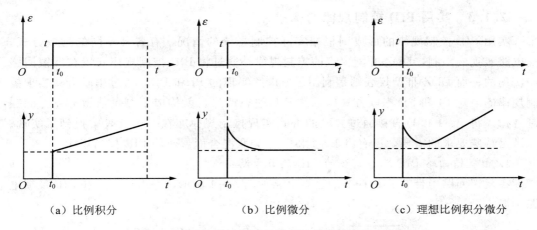

（a）比例积分　　　　　　　（b）比例微分　　　　　　（c）理想比例积分微分

图 2-1-2　阶跃输入情况下常规控制规律的输出响应特性曲线

4. 频率特性表示法

控制规律的频率特性表示法，常用于控制系统的综合和分析，且应用范围较广。

控制规律	频率特性表示法
比例积分 （PI）	$G(\mathrm{j}\omega) = K_{\mathrm{P}}\left(1 + \dfrac{1}{\mathrm{j}\omega T_{\mathrm{I}}}\right), A(\omega) = K_{\mathrm{P}}\sqrt{1 + \dfrac{1}{(T_{\mathrm{I}}\omega)^2}}, \phi(\omega) = \arctan\left(-\dfrac{1}{T_{\mathrm{I}}\omega}\right)$
比例微分 （PD）	$G(\mathrm{j}\omega) = K_{\mathrm{P}}(1 + \mathrm{j}\omega T_{\mathrm{D}}), A(\omega) = K_{\mathrm{P}}\sqrt{1 + (T_{\mathrm{D}}\omega)^2}, \phi(\omega) = \arctan(T_{\mathrm{D}}\omega)$
理想比例积分微分 （PID）	$G(\mathrm{j}\omega) = K_{\mathrm{P}}\left(1 + \dfrac{1}{\mathrm{j}\omega T_{\mathrm{I}}} + \mathrm{j}\omega T_{\mathrm{D}}\right), A(\omega) = K_{\mathrm{P}}\sqrt{1 + \left(T_{\mathrm{D}}\omega - \dfrac{1}{T_{\mathrm{I}}\omega}\right)^2},$ $\phi(\omega) = \arctan\left(T_{\mathrm{D}}\omega - \dfrac{1}{T_{\mathrm{I}}\omega}\right)$

频率特性又可用对数形式进行表示，即下式所示的对数幅频特性和相频特性 $\phi(\omega)$。

$$L(\omega) = 20\lg A(\omega) \tag{2-1-6}$$

因此，上述几种控制规律的对数幅频特性和相频特性曲线如图 2-1-3 所示。

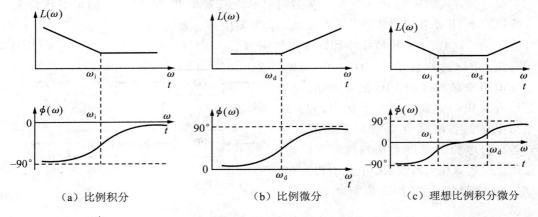

（a）比例积分　　　　　　　（b）比例微分　　　　　　（c）理想比例积分微分

图 2-1-3　常用控制规律的对数幅频特性和相频特性曲线

2.1.3　实用 PID 控制规律的构成

实用 PID 控制规律的形成则根据实际控制系统的情况，有各种不同的构成方式。受电路实现的限制，DDZ-Ⅱ型仪表的控制规律是通过将 PID 控制规律安置在反馈回路中实现的；而 DDZ-Ⅲ型仪表则是利用运放电路实现的 PI 和 PD，通过串联方式实现控制规律的。对 PI 和 PD 串联方式构成的 PID 进行改进，就构成了测量值微分先行的控制规律。将 P、I 和 D 直接通过并联的方式实现控制规律亦在一些仪表中得到了实现。为满足特殊要求的需要，还有将 P、I 和 D 串并联混合而形成的 PID 控制规律。

1. 由反馈回路 PID 环节构成的 PID 运算电路

在反馈回路中带有 PID 环节的运算电路如图 2-1-4 所示，它由放大器和 PID 反馈电路构成。

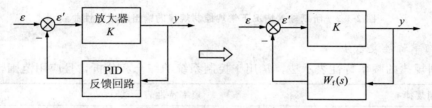

图 2-1-4　由反馈回路实现的 PID 运算电路结构图

用传递函数表示如有 K 为放大器放大倍数，$W_f(s)$ 为反馈回路传递函数，则运算电路的传递函数可表示为

$$W(s) = \frac{K}{1 + K \cdot W_f(s)} \tag{2-1-7}$$

当 K 足够大时，式(2-1-7)可简化为

$$W(s) \approx \frac{1}{W_f(s)} \tag{2-1-8}$$

可见，只要放大器放大倍数足够大，运算电路的传递函数 $W(s)$ 即为反馈回路传递函数 $W_f(s)$ 的倒数。反馈回路衰减多少倍，闭环运算电路就放大多少倍；反馈回路是微分运算电路，闭环运算电路就是积分作用；反馈回路是积分电路，闭环运算电路就是微分作用。这是利用负反馈回路来实现 PID 控制规律的基本原理。

以这种方式构成的 PID 运算电路结构简单，但 K_P、T_I 和 T_D 三者间的干扰较大。主要应用于 DDZ-Ⅱ型调节器及某些基地式调节器中。

2. 由 PD 和 PI 串联构成的 PID 运算电路

图 2-1-5(a)给出了由 PD 和 PI 两种运算电路串联构成的 PID 运算电路。在这种方式中，参数的相互干扰小。但因电路串联的各级误差会被积累和放大，对各部分电路的精度要求较高。它们通常由集成运算放大器及 RC 电路组成，如 DDZ-Ⅲ型调节器的 PID 控制规律运算电路。

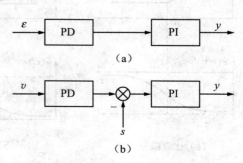

图 2-1-5　由 PD 和 PI 构成的 PID 运算结构

为解决某些生产过程控制系统给定值变化频繁，但同时又必须引入微分作用的矛盾，还可引入测量值微分先行 PID 运算电路，其结构如图 2-1-5（b）所示。显然，测量值先经比例增益为 1 的 PD 电路后再与给定值比较，差值送入 PI 电路。于是，在改变给定值时，由于给定值没有经过微分环节，调节器的输出就不会因此而出现大的幅度跳变。

3. 由 P、I 和 D 并联构成的 PID 运算电路

由 P、I 和 D 三个运算电路并联构成的 PID 控制规律运算电路如图 2-1-6 所示。显然，总的输出由三部分的输出相叠加而成。在此构成中，由于三个运算电路相并联，避免了级间误差累积的放大，有利于保证整机的精度，并可消除 T_I 和 T_D 变化对整机参数的影响。但是，K_P 的变化仍然会对实际积分时间和微分时间产生干扰。

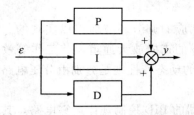

图 2-1-6 由 PID 构成的运算电路结构图

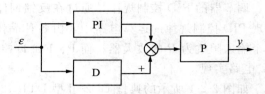

图 2-1-7 由 PID 串并联构成的运算电路结构图

4. 由 P、I 和 D 串并联混合构成的 PID 运算电路

为消除 K_P、T_I 和 T_D 之间的相互干扰，可采用 P、I 和 D 串并联混合的电路如图 2-1-7 所示，构成实用的 PID 运算电路。在这种结构中，PI 和 D 的电路先并联后再与 P 的电路相串联。

这种构成方式不仅可以避免级间的误差累积，也可消除调节器整定参数间的相互干扰。

学习评价

2-1-1 生产过程自动化主要包括哪些内容？

2-1-2 说明以下名词术语的含义：被控对象、被控变量、操纵变量、扰动（干扰）量、设定（给定）值、偏差。

2-1-3 什么是生产过程自动化？它有什么重要意义？

2-1-4 何谓自动控制？自动控制系统怎样构成？各组成环节起什么作用？

2-1-5 什么是闭环自动控制？什么是开环自动控制？

2-1-6 过程控制系统由哪几部分组成？各组成部分在系统中的作用是什么？

2-1-7 过程控制系统为何又称反馈控制系统或闭环控制系统？

2-1-8 什么是控制系统的过渡过程？研究过渡过程有什么意义？

任务二　调节器控制规律的实现

任务描述

由于在调节器的电路中，反馈回路是由比例、积分和微分运算电路串联而成，因而将比例 P、积分 I 和微分 D 运算电路所形成的调节作用相乘即可获得 PID 运算电路的调节作用。DDZ-Ⅲ型调节器的 PID 控制规律是利用运算放大器电路先分别形成 PD 和 PI 控制规律，然后再串联形成 PID 控制规律的。

2.2.1　DDZ 型调节器 PID 控制规律的实现

1. DDZ-Ⅱ型调节器的 PID 控制规律

调节器的 PID 控制规律是通过在反馈回路设置相应的调节环节而得以实现的。在实现 PID 控制规律的运算电路中，由各种晶体管构成的正向放大通道，其工作等效于一个输入阻抗为 R_i 的放大器；而 P、I 和 D 控制规律的动态特性则是分别由分压电路和 RC 电路实现。

如图 2-2-1 所示的典型 DDZ-Ⅱ型 DTL-121 调节器的 PID 控制规律运算电路，其中 I_i 是反馈电路的输入，即等效于调节器的偏差输入；R_L 是调节器输出负载；I_o 是调节器输出电流。输出电路与反馈电路的隔离作用由隔离电路实现。

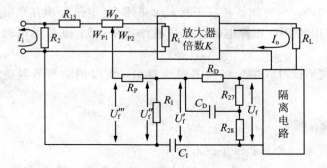

图 2-2-1　DTL-121 调节器 PID 调节运算电路原理图

隔离电路的输出电压即反馈回路的输入电压为 U_{f1}，经过比例微分运算电路后的电压为 U_{f2}，再经过积分运算电路的电压为 U_{f3}，反馈回路的最终输出电压为 U_{f4}。显然，根据相关的电路原理，为保证反馈回路的正常工作，必须要求反馈电路满足如下要求

$$R_P \gg R_I \gg R_{27}, \ R_{28} \tag{2-2-1}$$

只有比例控制规律的情况，反馈回路中不含 $R_I C_I$ 电路和 $R_D C_D$ 电路，其等效工作电路如图 2-2-2 所示，其中 $W'_{P1} = W_{P1} + R_{15} + R_2$。于是有

$$U'''_f = \frac{W'_{P1}}{R_P + W'_{P1}} \cdot U_f \tag{2-2-2}$$

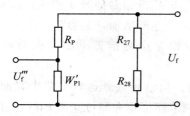

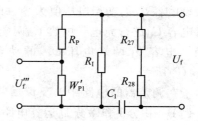

图 2-2-2　反馈回路比例环节等效电路　　图 2-2-3　反馈回路比例积分环节等效电路

即当有阶跃偏差信号 I_i 输入时，反馈回路有阶跃输入电压信号 U_f 产生，其输出电压 U_{f3} 亦为阶跃信号，如图 2-2-4（a）所示。

在比例控制规律的基础上增加积分 R_1C_1 电路，即可获比例积分 PI 控制规律的运算电路，此时其等效工作电路如图 2-2-5 所示。考虑电容 C_1 的初始电压值为零，即 $Uc_1 = 0$，当偏差信号 I_i 产生阶跃输入时，电路对电容 C_1 进行充电，电容 C_1 两端的电压 Uc_1 逐渐增加。电容 C_1 两端电压 Uc_1 的动态变化过程如图 2-2-4（b）所示，该变化过程即形成了积分运算电路的调节作用。

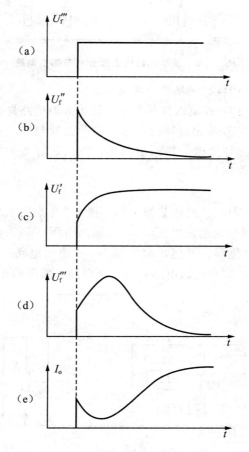

图 2-2-4　调节运算电路动态响应曲线

自动检测与控制仪表实训教程

假设电容 C_D 的初始电压值为零，即 $U_{C_D}=0$，于是当偏差信号 I_i 产生阶跃输入时，电路对电容 C_D 进行充电，电容 C_D 两端的电压 U_{C_D} 会逐渐增加，显然待 $U_{CD}=U_{R27}$ 时充电结束。电容 C_D 两端电压 U_{C_D} 的动态变化过程即是微分运算电路的调节作用，如图 2-2-4(c) 所示。

由于在调节器的电路中，反馈回路是由比例、积分和微分运算电路串联而成，因而将比例 P、积分 I 和微分 D 运算电路所形成的调节作用相乘即可获得 PID 运算电路的调节作用，如图 2-2-4(d) 所示。由反馈回路中运算电路实现的 PID 控制规律，其作用效果应与反馈回路运算电路所提供的作用效果相反。于是计算图 2-2-4(d) 所示曲线的倒数即获实际的 PID 控制规律动态曲线如图 2-2-4(e) 所示。

此外，在比例控制规律的基础上增加微分 $R_D C_D$ 电路，又可获比例微分 PD 控制规律的运算电路，此时其等效工作电路如图 2-2-5 所示。

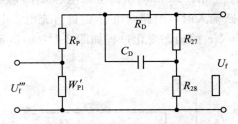

图 2-2-5　反馈回路比例微分环节等效电路

2. DDZ-Ⅲ型调节器 PID 控制规律的实现

DDZ-Ⅲ型调节器的 PID 控制规律是利用运算放大器电路先分别形成 PD 和 PI 控制规律，然后再串联形成 PID 控制规律的。考虑微分控制规律只有在输入信号发生变化时才起作用，而且该变化越大微分作用越明显，因而运算放大电路中先进行微分调节作用，然后再进行积分作用。

(1) 比例微分电路

以 DDZ-Ⅲ型调节器中的基型调节器为例，图 2-2-6 给出了实现比例微分控制规律的运算放大电路，其中 U_{01} 为输入电压，U_{02} 为输出电压，C_D 为微分电容，R_D 为微分电阻，R_P 为比例带调整电位器。显然，放大器 IC₂ 左边的电路为无源的比例微分电路，实现比例微分控制规律；而右边的电路为纯比例电路，实现输出的调整作用。

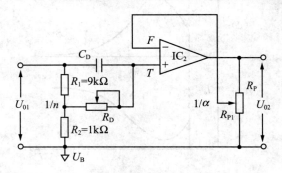

图 2-2-6　PD 调节规律阶跃动态响应曲线

（2）比例积分电路

串联于比例微分电路之后，实现比例积分控制规律的运算放大电路原理如图 2-2-8 所示，其中 U_{02} 为输入电位，是前级电路即比例微分电路的输出电位，U_{03} 为输出电位，R_I 为积分电阻，C_I 和 C_M 为比例积分电容。显然，电容 C_I 和 C_M 与运算放大器 IC_3 形成了基本的比例调节作用环节，而积分电阻 R_I 和电容 C_M 与 IC_3 形成积分调节作用环节。

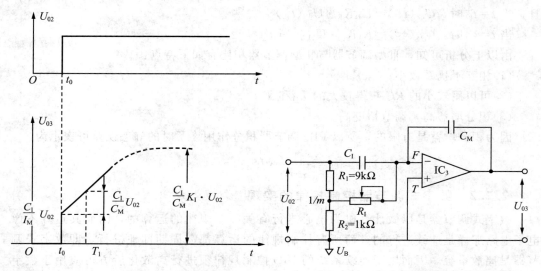

图 2-2-7　PI 调节规律阶跃动态响应曲线　　　图 2-2-8　基型调节器 PI 运算等效放大电路

图 2-2-7 给出了比例积分环节的阶跃动态响应曲线。考虑实际比例积分电路，由于运算放大器的增益为有限值 A_3，所以尽管输入信号 U_{02} 始终存在，也不能使积分作用无限制地进行下去，从而在积分作用时间相当长后，响应曲线出现饱和现象。这是实际应用系统中常存在静差的根本原因所在。

此外，在Ⅲ型调节器中，由于积分增益 K_P 要比Ⅱ型调节器的积分增益大得多，因而在系统中所产生的静态误差相对于Ⅱ型调节器来说要小得多，甚至可以认为接近理想状态。

（3）PID 控制规律传递函数

由于Ⅲ型调节器的 PID 控制规律是由 PD 环节和 PI 环节串联而成，因而 PID 控制规律的传递函数应是两者的乘积，即：

$$W_{PID}(s) = K_P F \cdot \frac{1 + \dfrac{1}{FT_I s} + \dfrac{T_D}{F} s}{1 + \dfrac{1}{K_I T_I s} + \dfrac{T_D}{K_D} s} \tag{2-2-3}$$

式中，干扰系数为 $F = 1 + T_D / T_I$；

比例增益为：$K_P = -\dfrac{\alpha}{n} \dfrac{C_I}{C_M}$；

微分时间为：$T_D = n R_D C_D$；

微分增益为：n；

积分时间为：$T_I = m R_I C_I$；

积分增益为：$K_I = \dfrac{A_3 C_M}{m C_I}$。

当输入信号 U_{01} 在 $t = t_0^+$ 时刻存在阶跃作用时，根据式(2-2-3)，利用拉氏反变换可得输出信号 U_{03} 的时间函数表达式为

$$U_{03}(t) = K_P \left[F + (K_I - F)(1 - e^{-\frac{t-t_0}{K_I T_I}}) + (K_D - F) e^{-\frac{K_D}{T_D}(t-t_0)} \right] \cdot U_{02}(t) \quad (2\text{-}2\text{-}4)$$

且，当 $t = t_0^+$ 时，$U_{03}(t_0^+) = K_D K_P \cdot U_{01}(t_0^+)$

当 $t = \infty$ 时，$U_{03}(\infty) = K_I K_P \cdot U_{01}(\infty)$

由以上分析可知，Ⅲ型调节器与Ⅱ型调节器相比有如下特点：

(1)相互干扰系数小；

(2)可以用较小的 RC 获得较大的 T_D 和 T_I；

(3)积分增益高，调节精度高。

因为积分增益是有限的，所以 PID 调节器积分作用终了时的静态误差可表示为

$$\varepsilon = \frac{1}{K_P K_I} \cdot U_{03}(\infty) \quad (2\text{-}2\text{-}5)$$

2.2.2　数字式调节器控制规律的实现

数字式调节器是以微计算机为核心进行有关控制规律的运算的，因而其运算不像电子电路那样是连续进行的，而所有控制规律的运算都需周期性地进行，即数字式调节器是离散系统。因而用于连续系统的 PID 控制规律须进行离散化后方可应用于数字式调节器。

同样，数字式调节器可采用理想的 PID 调节算法，也可采用实际的 PID 调节算法，在此分别称为完全微分型和不完全微分型。对每种算法都有位置型、增量型、速度型和偏差系数型四种实现形式。

1. 完全微分型算法

考虑理想 PID 控制规律连续算式，采用如下近似方法

$$\int \varepsilon \cdot dt \approx \sum_{i=0}^{n} \varepsilon_i \cdot \Delta t = T \sum_{i=0}^{n} \varepsilon_i \quad (2\text{-}2\text{-}6)$$

$$\frac{d\varepsilon}{dt} \approx \frac{\varepsilon_n - \varepsilon_{n-1}}{\Delta t} = \frac{\varepsilon_n - \varepsilon_{n-1}}{T} \quad (2\text{-}2\text{-}7)$$

此处 Δt 是两次采样的间隔时间，即采样时间 T；n 为采样序号。于是可得离散化后的理想 PID 控制规律算式为：

$$y_n = K_P \left[\varepsilon_n + \frac{T}{T_I} \sum_{i=0}^{n} \varepsilon_i + \frac{T_D}{T} (\varepsilon_n - \varepsilon_{n-1}) \right] \quad (2\text{-}2\text{-}8)$$

式中，y_n 为第 n 次采样后的调节器输出。

(1)位置型算式。式(2-2-8)即是位置型算式的具体形式。显然，这种算法的输出 y_n 是由逐次采样所得的偏差值 ε_i 求和及求增量而得，它便于计算机运算的实现。由于计算所得的 y_n 与实际控制用的阀位相对应，因此通常称这种算式为位置型 PID 算式。

由于采用位置型 PID 算式的调节器，在每个周期都要重新计算并输出计算值，即实际使用的阀位值，因而当调节器出现故障导致计算错误或输出错误时，会联动造成控制用阀位的错误，致使调节器工作失误，严重时还会造成整个被控系统的重大事故。

因此将位置型 PID 算式用于数字式调节器时，需保证在输出端提供必要的保持器，否则每个采样周期阀位会出现抖动，这样既不能适应实际生产工艺和设备的要求，也容易给系统的正常运行留下事故隐患。通常都是在调节器的输出端采用零阶保持器，将调节器的输出值保持下来。

（2）增量型算式。增量型 PID 算式的核心是在前一采样周期输出值的基础上，计算本采样周期的增量。该算式的提出主要是为了简化数字式调节器的计算量，并有效地减少误动作。

考虑式（2-2-8）中第 $n-1$ 次采样时的情况有

$$y_{n-1} = K_P\Big[\varepsilon_{n-1} + \frac{T}{T_I}\sum_{i=0}^{n-1}\varepsilon_i + \frac{T_D}{T}(\varepsilon_{n-1} - \varepsilon_{n-2})\Big] \qquad (2\text{-}2\text{-}9)$$

将式（2-2-8）与式（2-2-9）相减，即可得增量型 PID 的算式为

$$\Delta y_n = y_n - y_{n-1} = K_P\Big[(\varepsilon_n - \varepsilon_{n-1}) + \frac{T}{T_I}\varepsilon_n + \frac{T_D}{T}(\varepsilon_n - 2\varepsilon_{n-1} + \varepsilon_{n-2})\Big] \qquad (2\text{-}2\text{-}10)$$

实际中增量型 PID 算式应用较广。由式（2-2-10）可知，调节器输出增量的计算只取决于最后的几次偏差，因而计算机计算所需的内存较小，且运算也相对简单，适合于实时性要求较高的系统。同时，调节器每次的输出只是增量，因而减少了因计算或输出的误动作，克服了位置型算式的缺陷。此外，对调节器每次输出的增量给予适当的限制，还可防止大扰动的出现，便于仪表手动和自动间的无扰动切换。更主要的是，当调节器一旦出现故障而停止输出时，控制用阀位能很容易地保持在故障前的状态。

（3）速度型算式。将调节器的增量值除以采样间隔时间 T，即可得调节器输出饱和速度为

$$v_n = \frac{\Delta y_n}{T} = \frac{K_P}{T}\Big[(\varepsilon_n - \varepsilon_{n-1}) + \frac{T}{T_I}\varepsilon_n + \frac{T_D}{T}(\varepsilon_n - 2\varepsilon_{n-1} + \varepsilon_{n-2})\Big] \qquad (2\text{-}2\text{-}11)$$

由于采样间隔时间 T 是常数，因而速度型算式与式（2-2-11）所示的增量型算式在本质上是相同的。

速度型 PID 算式除用于控制步进电机等单元所构成的系统外，很少有其他用途。

（4）偏差系数型算式。将式（2-2-11）展开并合并同类项可得如下算式

$$\Delta y_n = K_P\Big[\Big(1 + \frac{T}{T_I} + \frac{T_D}{T}\Big)\varepsilon_n - \Big(1 + 2\frac{T_D}{T}\Big)\varepsilon_{n-1} + \frac{T_D}{T}\varepsilon_{n-2}\Big] \qquad (2\text{-}2\text{-}12)$$

经系数简化有

$$\Delta y_n = A\varepsilon_n + B\varepsilon_{n-1} + C\varepsilon_{n-2} \qquad (2\text{-}2\text{-}13)$$

式中 $\quad A = K_P\Big(1 + \frac{T}{T_I} + \frac{T_D}{T}\Big), B = -K_P\Big(1 + 2\frac{T_D}{T}\Big), C = K_P\frac{T_D}{T}$

显然，式（2-2-13）比式（2-2-10）简单，而且系数 A、B 和 C 能够反映每次偏差对输出的影响程度，具有相应的直观性；但同时也失去了必要的物理意义，且不能直观地表达与比例、积分和微分调节作用相关参数的关系。式（2-2-10）的简化只是改变了自身的表示形式，而本质内容并没有变化，因而偏差系数型的 PID 算式在本质上还是增量型的。

2. 不完全微分型算法

以上是数字式调节器在实现理想 PID 控制规律时的情形。由于理想 PID 控制规律

中微分作用只能在一个采样周期中有效，且调整作用很强，这样微分调节作用发挥不理想。因而在实际应用中常在完全微分型算式的基础上做必要的修正，从而产生了不完全微分型算式。所以也称不完全微分型算式是完全微分型算式修正和变异的结果。

考虑下式所示的实际 PID 控制规律连续算式

$$y_n = K_P\left[\varepsilon_n + \frac{T}{T_1}\sum_{i=0}^{n}\varepsilon_i + \frac{T_D}{T+\frac{T_D}{K_D}}(\varepsilon_n - \varepsilon_{n-1})\right] + \frac{\frac{T_D}{K_D}}{T+\frac{T_D}{K_D}}\cdot y_{n-1} \qquad (2\text{-}2\text{-}14)$$

这是不完全微分型 PID 控制规律的位置型算式实现。相对应地，只要对完全微分型 PID 控制规律微分项做相应的修正，即可获得不完全微分型 PID 控制规律的其他三种算式，即增量型、速度型和偏差系数型的实现形式。

2.2.3　常规调节器基本电路分析

1. DDZ-Ⅱ型调节器基本电路分析

DTL-121 调节器是 DDZ-Ⅱ型仪表系列中较为常见的调节器，它除了能根据偏差信号提供比例－积分－微分控制规律外，还具有两个输入通道、内外给定切换、偏差指示、输出指示、手动操作和正反作用选择等功能。该调节器主要由输入电路、自激调制放大器电路、PID 反馈电路及手动操作电路组成，如图 2-2-9 所示。

由调节器的方框图可知，从变送器送来的 0～10mA DC 信号 I_i 在输入回路内经 200Ω 电阻转换成 0～2V DC 的信号；然后与 0～2V DC 的给定电压进行比较，其比较结果即偏差再与反馈信号 U_f' 叠加，由自激调制放大器变换成 0～10mA DC 信号作为调节器的输出电流 I_o。同时放大器输出信号中所含的大小与 I_o 成正比的交流电流分量，经隔离电路和整流滤波后转换成反馈电流 I_f'；该电流被送至 PID 运算电路，经 PID 调节隔离运算后，将其输出电压 U_f' 反馈回放大器的输入端，并与偏差信号进行叠加，最终使整机输出效果等同于一个对偏差进行连续的 PID 调节运算的输出信号。

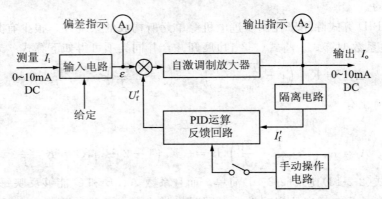

图 2-2-9　DTL-121 调节器基本电路原理图

以 DTL-121 调节器为例，DDZ-Ⅱ型调节器的主要技术参数可概括为：
输入信号 0～10mA DC；输出信号 0～10mA DC；负载电阻 0～3kΩ；
积分增益 $K_I \geqslant 180$；微分增益 $K_D = 5$；比例度 $P = 1\% \sim 200\%$；

积分时间 $T_{\mathrm{I}}=6\sim1500\mathrm{s}$(即 $0.1\sim25\mathrm{min}$);微分时间 $T_{\mathrm{D}}=3\sim300\mathrm{s}$(即 $0.05\sim$ $5\mathrm{min}$):

$$T_{\mathrm{I}}\times1 \quad F=1+1.07\frac{T_{\mathrm{D}}}{T_{\mathrm{I}}}$$

相互干扰系数

$$T_{\mathrm{I}}\times10 \quad F=1+1.73\frac{T_{\mathrm{D}}}{T_{\mathrm{I}}};$$

调节精度 0.5 级。

2. DDZ-Ⅲ型调节器基本电路分析

DDZ-Ⅲ型系列调节器的品种很多,以基型调节器为例,从工作原理上分析其基本电路的组成。它除了能提供 PID 运算调节隔离外,还具有内给定、偏差指示、手动、输出阀位指示等与简单调节器相同的功能。基型调节器基本电路由指示单元和控制单元两部分组成,如图 2-2-10 所示。指示单元主要包括输入指示电路、给定指示电路和内给定电路;控制单元主要包括输入电路、比例微分电路、比例积分电路、软手动硬手动电路和输出电路。

调节器将变送器或转换器送来的直流 $1\sim5\mathrm{V}$ DC 信号 U_{i} 与给定值 $1\sim5\mathrm{V}$ DC 的信号比较并进行叠加,然后对比较所得的偏差顺序进行 PD 和 PI 运算,最后转换成一个 $4\sim20\mathrm{mA}$ DC 的直流电流 I_{o},并作为输出信号输出至执行器。

从控制规律上看,DDZ-Ⅲ型调节器与 DDZ-Ⅱ型调节器是一样的,只是采用的信号制不同而已。但由于Ⅲ型系列的调节器采用了集成电路运算放大器,从而使其在结构和性能方面都有了很大的改善和提高。选用的高增益、高阻抗线性集成电路元件,提高了调节器的精度、稳定性和可靠性,还降低了功耗;实现的软、硬两种手动操作方式,尤其是软手动与自动之间的相互切换双向无平衡无扰动特性,有效地提高了操作性能;采用的国际标准信号制,扩大了调节器的应用范围,可接受 $1\sim5\mathrm{V}$ DC 的测量信号,并可产生 $4\sim20\mathrm{mA}$ DC 的输出信号;在集成电路的集成上,可根据需要开展多种功能,并可与计算机联用,以构成具有协调作用的计算机控制系统。

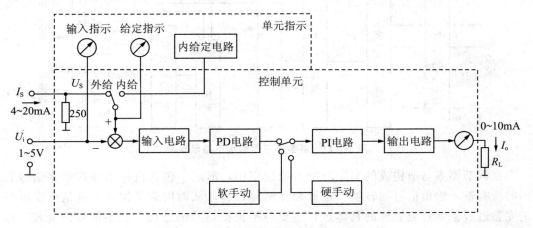

图 2-2-10 基型调节器基本电路结构图

以基型调节器为例,DDZ-Ⅲ型调节器的主要性能可概括为:

输入测量信号 1～5V DC；内给定信号 1～5V DC；外给定信号 4～20mA DC；

输入阻抗影响≤满刻度的 0.1%；

输出信号 4～20mA DC；负载电阻 250～750Ω；

比例度 $P＝2\%～500\%$；积分时间 0.01～25min(分两挡)；微分时间 0.04～10min；

调节精度 0.5 级。

3. 数字式调节器基本电路分析

数字式调节器的典型电路结构如图 2-2-11 所示。与模拟调节器不同，数字式调节器主要由微机运算单元、输入电路单元、输出电路单元和人机接口单元四大部分组成。微机运算单元是数字式调节器的核心组件，一般由 CPU、RAM、ROM 和相关的接口电路组成，以提供与其他各种单元电路的连接，主要完成调节器的各种运算、功能协调和控制规律的计算等；输入电路单元包括模拟量的输入接口、数字量的输入接口和调节器各种工作状态的输入接口，以实现输入信号制与内部信号制之间的转换、外部输入信号与内部电路的隔离等功能；输出电路单元包括模拟量的输出接口、数字量的输出接口和调节器各种开关控制量的输出接口，以实现内部信号制与输出信号制之间的转换、输出信号与内部电路的隔离等功能；其中开关量的输入输出和通信接口是输入输出双向电路接口；人机接口单元提供操作员的各种参数设置和显示，因而主要由数码显示器、功能键盘和显示表盘组成。

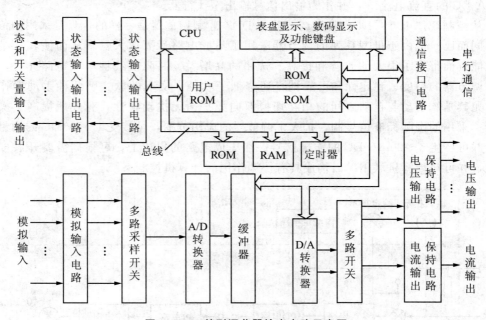

图 2-2-11 基型调节器输出电路示意图

在调节器参与所构成的实际控制系统应用中，形成了包括模拟信号和数字信号在内的所有输入输出信号的转换、运算和存储等过程，从而构成了控制系统信息流处理的完整过程。信息流处理的具体过程主要包括模拟信号的处理、数字信号的处理、信息的内部管理和运算以及信息的人机交互过程。

实际应用中，通常由多路模拟输入通道将输入的生产过程参数如温度、压力、流量和物位等转换成 1～5V DC 模拟信号，或直接接受其他单元送来的 1～5V DC 信号。这些信号经多路模拟采样开关后依序进行模数转换（A/D），转换后的数字信号存放到各自对应的寄存器供 CPU 运算处理。而运算处理后的数字信号经数模转换（D/A）后变为模拟信号，由多路开关选择指定的模拟输出通道输出。模拟输出通道分 1～5V DC 电压输出和 4～20mA DC 电流输出两类。一般地，模拟电压输出用于连接其他仪表单元，而模拟电流输出用作控制操作信号，以输出到控制系统中的执行机构。

数字式调节器除了能对模拟信号进行各种处理外，还能对开关信号进行各种逻辑运算处理。这些逻辑运算处理由仪表所带的多路状态输入输出通道完成，以实现对生产过程的简单开关逻辑控制。此类的数字输入输出通道还包括串行通信电路，它可用于与上位计算机的通信以及与其他数字式仪表的通信，从而通过通信电路，上位计算机可以实现对各种现场数字式仪表的集中监视与管理。

数字式调节器的人机交互功能则是通过设置在仪表面板上的数码显示、工作方式的切换按键、参数值设置修改键盘及相关的功能键完成，同时人机交互电路还提供面板上的指示表头或荧光柱显示等。

调节器中的各集成电路芯片均通过地址总线、控制总线与数据总线与 CPU 相连，以便按预定的管理和运算程序由 CPU 协调各个单元的协同工作。

数字式调节器的整体管理程序即主程序，也称仪表的监控程序或操作系统，其典型流程如图 2-2-12 所示。其中时钟是由主程序在启动时通过向定时器预置相关参数确定的，它主要用作仪表的定时和时钟中断的产生；用户程序编程环节是为了使调节器能够满足较为广泛的应用范围而为用户专门设置的，它为用户提供了可以根据实际应用需要编制用户程序的途径。调节器启动后，CPU 每接到一次时钟中断请求便循环执行一次主程序。而在执行主程序的过程中，用户程序只作为一个子程序被调用且只需执行一次。实际上，调节器的管理主程序和用户程序就是这样周而复始地循环工作的，从而构成了调节器的整个工作过程。从数字式调节器出现以来，目

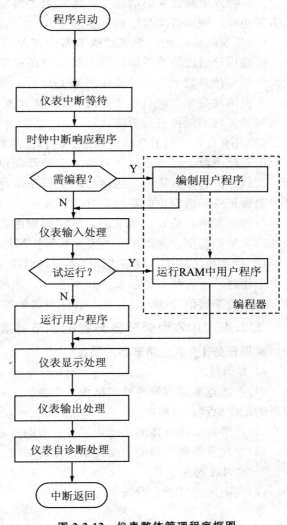

图 2-2-12　仪表整体管理程序框图

前国内外已有不同种类的调节器产品，且其种类繁多。但无论是哪种调节器，其设计思想都大同小异，基本类似。

（1）具有与常规模拟式调节器同样的外特性。尽管数字式调节器的内部信息均为数字量，但为了保证数字式调节器能够与传统的常规仪表相兼容，其输入输出信号制与DDZ-Ⅲ型电动单元组合仪表相同，即输入信号为 1～5V DC 电压信号，输出信号为 4～20mA DC 电流信号。对电源的要求也与 DDZ-Ⅲ型电动单元仪表相同，大多数均为直流 24V 电源供电的，也有交流供电的。微计算机的引入使数字式调节器的功能得到了大大增强，但仍保证了其外形尺寸和盘装电动单元组合仪表的一致。

（2）保持常规模拟式调节器的操作方式。数字式调节器的正面板和常规调节器的正面板几乎相同，其指示表头和操作键盘的布置也相差不大。只是侧面板上的键盘和数字显示器差别较大，而这些也只是在整定参数或维修检查时才使用。

（3）功能价格比较高。由于在数字式调节器中采用了微计算机及其配套芯片，在不增加任何额外电路芯片的情况下，即可通过编制适当的用户程序，方便地增加调节器的多种功能，例如可编程序调节器。

（4）功能的模块化。数字式调节器的各种运算功能都是以模块化的方式进行编制的，而且用户通过调节器提供的人机接口还可编制自己需要的用户程序，这种功能的模块化结构使得数字式调节器在组态上具有了充分的灵活性；且使得这些模块间的连接不再使用硬导线，而只是通过调节器的人机交互接口即可完成这些功能模块的重构，从而可以实现不同种类的功能。

（5）具有自诊断的异常报警功能。自诊断的异常报警功能是数字式调节器保证生产安全的必要手段，调节器除了对输入信号和偏差设置了上下报警线外，还提供了对本身工作状态的自诊断能力，包括诊断主程序运行是否正常、A/D 转换是否正常、D/A 转换是否正常和通信功能是否正常等。实际上自诊断功能是在必要的硬件支持的基础上靠软件实现的，只要编制了适当的检验程序，就可以根据逻辑关系判断有无异常以及故障发生的范围。这对生产的安全和维护都是十分重要的。

（6）提供通信功能。数字式调节器设计时除考虑到用于代替常规调节器在独立的系统中工作外，还看到了其后来的发展需要，即可以形成计算机控制系统，因而设计时都增加了数据通信功能，以保证与其他设备的连接。

2.2.4 DDZ 型调节器与智能调节器实训

实训任务 1 Ⅲ型调节器的调校

1. 实训目的

（1）熟悉Ⅲ型调节器的外型结构，掌握Ⅲ型调节器的操作方法，从而进一步理解调节器的工作原理及整机特性。

（2）熟悉Ⅲ型调节器的功能，了解Ⅲ型调节器各可调部件的位置及作用。

（3）掌握Ⅲ型调节器的主要技术性能的调校、测试方法。

2. 实训装置及仪器

（1）实训所需仪器、设备

序号	名称	精度	说明
①Ⅲ型调节器		0.5 级	DTZ-2100 型（DTL-3110 型）

②直流信号发生器　　　1.0 级　　　DFX-02 型
③标准电流表　　　　　0.05 级　　　0～30mA DC
④数字电压表　　　　　0.05 级　　　5 位
⑤直流稳压电源　　　　1.0 级　　　0～30V DC
⑥标准电阻箱　　　　　0.02 级　　　ZX-25a

(2)实训装置连接图

①Ⅲ型调节器开环校验接线图(图 2-2-13)。

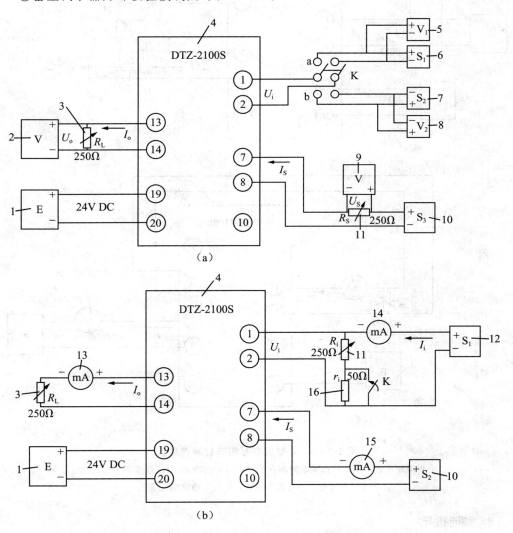

图 2-2-13　Ⅲ型调节器开环校验接线图

1—直流稳压电源；2、5、8、9—数字电压表；3、11—标准电阻箱；4—Ⅲ型 DTZ 调节器；
6、7—直流电压信号发生器；10、12—直流电流信号发生器；
13、14、15—标准电流表；16—50Ω 标准电阻

②Ⅲ型调节器闭环校验接线图（图 2-2-14）。

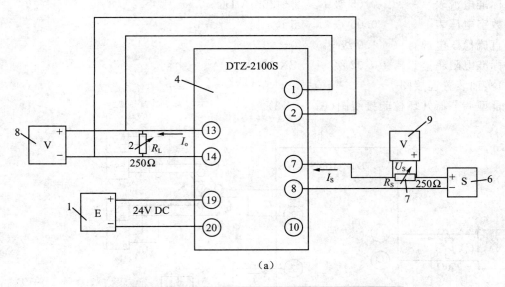

（a）

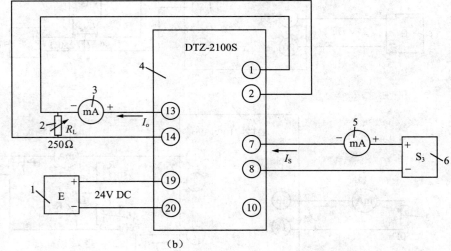

（b）

图 2-2-14　Ⅲ型调节器闭环校验接线图

1—直流称压源；2、7—标准电阻箱；3、5—标准电波表；4—Ⅲ型 DTZ 调节器；
6—直流电流信号发生设备；8、9—数字电压表

3. 实训指导

（1）Ⅲ型调节器主要性能技术指标型号 DTZ-2100 型（DTL-3110）

输入信号 1~5V DC	给定指示表刻度误差及变差±2.0％
外给定信号 4~20mA DC	测量指示表刻度误差及变差±2.0％
输出信号 4~20mA DC	输出指示表刻度误差及变差±2.5％
负载电阻 250~750Ω	积分时间刻度误差＋50％、－75％
比例度 δ2％~500％	微分时间刻度误差＋50％、－25％

积分时间 T_1 0.01～2.5min 及 0.1～25min(开关切换)

微分时间 T_D 全关 0.04～10min(开关切换)微分增益(Ka)10

电源 24V±1V DC　　　　　　闭环跟踪误差(静态误差)±0.5%

软手动(M)输出保持±1.0%/h

自动(A)软手动(M)切换误差±0.5%

软手动(M)→硬手动(H)切换误差±5.0%

硬手动(H)→软手动(M)切换误差±0.5%

(2)注意事项

①接线时要注意电源的种类、极性,严防接错电源。

②通电前(包括更改接线后)应确认无误后方可通电。

③动手调校前应弄清调节器各调整部件的作用。凡调校训练中未涉及的可调元件一律不得擅自调整。

④调节器在调校前应预热 15 分钟。

⑤调校训练前先准备好数据填入记录表 2-2-1 至表 2-2-6,并复习数据处理部分的各项误差计算公式。

⑥本调校训练的各校验项目均按图 2-2-13(a)和图 2-2-14(a)的接线方法进行。

4.实训原理

Ⅲ型调节器的主要功能是接受变送器送来的测量信号 U_i,并将它与给定信号 U_s,进行比较得出偏差 ε,对偏差 ε 进行 PID 连续运算。通过改变 P、I、D 参数(δ、T_1、T_D),可改变调节器控制作用的强弱。除此之外,还具有测量信号、给定信号及输出信号的指示功能;手动/自动双向切换功能;软、硬手操等功能。因此,在对调节器进行校验时,首先必须对调节器面板上的三个指示表头(测量、给定指示表及输出指示表)的刻度进行校验,其次还要对调节器的 δ、T_1、T_D 刻度进行校验,另外对调节器的手操特性、自动/手动切换特性及闭环跟踪特性也要进行校验。

在对Ⅲ型调节器进行校验时,先按图 2-2-13(a)所示的校验线路图接线。其中,校验信号发生器 S_3,是提供 4～20mA 的电流外给定信号 I_s,对给定指示刻度进行校验;校验信号发生器 S_1,是提供 1～5V DC 的测量信号 U_i 对测量指示刻度进行校验;输出电流指示表的校验是利用软手操扳键产生校验信号,通过观察输出回路的标准电流表的读数,从而实现其刻度校验的。

对调节器的比例度 δ、积分时间 T_1;微分时间 T_D 刻度的校验按图 2-2-13(a)所示接线。它是根据 δ、T_1、T_D 的定义,通过调节测量输入信号发生器 S_2 使 U_i 发生变化,从而产生调节器的偏差输入 ε($\varepsilon=U_i-U_s$),再观察调节器的输出电压 U_o 的变化情况,从而实现对 δ、T_1、T_D 的刻度校验。调节器的自动/软手动/硬手动切换特性校验,按图 2-2-13(a)所示接线。调节器的闭环跟踪特性按图 2-2-14(a)所示接线图进行校验即可。

5.实训内容及步骤

(1)准备工作

按图 2-2-13(a)所示Ⅲ型调节器开环校验接图接线。熟悉 DTZ-2100 型(DTL-3110型)调节器的外形、正面板布置。观察侧面盘各可调部件的位置;测量、给定指示表的

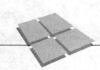

调零螺钉和量程调整电位器的位置；测量/标定（MEAS/METER CHECK）切换开关及标定电压调整电位器（R22）的位置；比例度 δ（PROP BAND）旋钮、积分时间 T_1（RESET TIME）旋钮、微分时间 T_D（DERIV TIME）旋钮、正/反作用（INC/DEC）开关、内/外给定（IQCAL/REMOTE）开关的位置；积分电容 C_1（C_1）、微分电容 C_D（C_2）、2%跟踪电位器、500%跟踪电位器的位置。

（2）实训调校前检查

①仪表通电后先拨动自动/手动切换开关，置于"软手动"或"硬手动"位置，操作软手动扳键或硬手动拨杆，观察调节器输出指示表应该随之变化，否则说明仪表有故障。

②把内/外给定开关拨至"内给定"，然后再操作内给定拨轮，观察给定指针应随着变化，否则说明仪表有故障。

③将调节器侧面"测量/标定"开关拨至"标定"位置，观察调节器正面测量、给定指针是否同时指向 50% 刻度位置附近，否则说明仪表有故障。

（3）调节器面板指示表的校验

①测量指示表的校验。

a. 各切换开关置于：软手动（MAN）、外给定（REMOTE）、测量（MEAS）、正作用（INC）、δ 任意、T_1 最大（max）、T_D 最小（min）、线路开关 K→A。

b. 调节信号发生器 S_1，缓慢增加测量信号 U_1，使测量指针依次对准量程的 0%、25%、50%、75%、100% 刻度线，此时测量输入回路数字电压表读数应分别为 1V、2V、3V、4V、5V（或电流表的读数应分别为 4mA、8mA、12mA、16mA、20mA），先依次读取正行程时数字电压表 V_1 的实际读数，然后缓慢减小测量信号，用相同的方法依次读取反行程时数字电压表 V_1 的实际读数，并记录之，填入表 2-2-3。若是误差超过允许值，则输入 1V（或 4mA）信号，调节指示单元板上相应的"零点电位器"（或机械零点），使测量指针指在 0%，再输入 5V（或 20mA）信号，调节相应的"量程电位器"（R_6），使测量指针指在 100%，直到合格为止。

②给定指示表的校验。

a. 各切换开关位置不变。

b. 调节信号发生器 S_3，用上述相同的方法进行给定指示表的校验，将调校训练结果填入表 2-2-3。若误差超过允许值，则反复调整指示单元板上相应的"零点电位器"（或机械零点）、"量程电位器"（R_{13}），直到合格为止。

③双针指示表的校正。

a. 测量/标定开关置于"标定"（METER CHECK），其余同上。

b. 测量给定指针应同时指在 50%±0.5% 刻度上，否则，调整指示单元板上的"标准电压调整电位器"（R_{22}）直到合格为止。调整完毕，重新把开关切换到"测量"（MEAS）位置。

④输出指示表的校验。

a. 切换开关置于"硬手动（H）"，其余同上。

b. 操作硬手动拨杆使输出指针缓慢地停在 0%、25%、50%、75% 和 100% 的刻度线上，输出电压应分别为 1V、2V、3V、4V、5V，在调节器输出回路的数字电压表 V_4（或标准电流表）上读取实际电压值，并记录之。若是误差超过允许值，则取下辅助单元的盖板，调整相应的"零点电位器"和"量程电位器"（一般不允许轻易调整）。

（4）软、硬手操特性校验

①软手操特性校验。

a. 调节器按图 2-2-13（a）开环校验接线图接线，切换开关置于"软手动"（MAN），其余同上。

b. 当软手操扳键向右按时，输出应该均匀增加；向左按时，输出应该均匀减少。要注意按动扳键分轻按和重按两种，调节器输出相应有两种变化速度（即慢速和快速）。轻按（即慢速）输出变化速为 100s/满量程；重按（即快速）输出变化速度 6s/满量程。

c. 当松开扳键时，输出应保持不变。先将调节器输出指针调节到 100% 刻度，此时输出电压表为 5V（或电流表为 20mA），并使之处于保持状态，经 10 分钟后（实际调校时应经 1 小时后，再观察输出电流表读数，并记录于表格 2-2-2。检查保持特性是否满足少于 ±1.0% 每小时（$\Delta U_\circ \leqslant 0.04V$ 或 $\Delta I_\circ \leqslant 0.16mA$）。若不合格，分析其原因。

②硬手操特性校验。

a. 将切换开关置于"硬手动"（HAN），其余同上。

b. 拨动硬手操拨杆箭头置于输出表头刻度的 20%、50%、100% 处，输出电压应分别为 1.8V、3V、5V（或输出电流为 7.2mA、12mA、20mA），输出指示表指针也应分别指在 20%、50%、100% 的刻度上。若不合格分析其原因。

（5）调节器 PID 参数刻度校验

①比例度 δ 的刻度校验。

a. 按图 2-2-13（a）开环校验接线图接线，K→A（接通 S_1），并将调节器各开关分别置于"正作用"（INC）、"外给定"（REMOTE）、"软手动"（MAN）、"测量"（MEAS）；PID 参数各旋钮的位置分别为：T_D 关断、T_1 最大（max），使调节器处于纯比例状态，比例度 δ 的校验点为 25%、100%、200% 三点。

b. 操作软手操拨杆，使调节器输出信号稳定在量程的 0% 位置（$U_\circ$ 为 1V，$I_\circ$ 为 4mA），调节信号发生器 S_1 和 S_3，使测量和外给定信号均稳定在 1V，使偏差 $\delta = 0$。实训中对每个比例度校验点的校验，都要从这种状态开始。

c. 校验 $\delta \leqslant 100\%$ 刻度：把比例度拨盘拨至 25% 刻度位置，切换开关由"软手动"拨向"自动"，再调整测量信号（即调整调节器的偏差 ε），使调节器的输出信号变化全量程的 100%（$U_\circ$ 为 1→5V，$I_\circ$ 为 4→20mA），记下此时输入信号的变化量 ΔU_i（或 ΔI_i）和输出信号的变化量 $\Delta U_\circ$（或 $\Delta I_\circ$），并填入实验记录表 2-2-4，再求出实际比例度 δ 实和比例度误差。

d. 把调节器的输入、输出信号调回到 b 步骤所表述的状态，再用同样的方法校验 $\delta = 100\%$ 刻度。

e. 校验 $\delta > 100\%$ 刻度：把比例度拨盘拨至 200% 刻度位置，调整测量信号，使输入信号变化全量程的 100%（U_i 为 1→5V，I_i 从 4→20mA），观察调节器输出信号的数值 $U_\circ$（或 $I_\circ$），记下此时输入信号的变化量 ΔU_i（或 ΔI_i）和输出信号的变化量 $\Delta U_\circ$（或 $\Delta I_\circ$），记录之，并求出实际比例度 $\delta_{实}$ 和比例度误差。若误差超过允许值，则调整比例度刻度盘旋钮的初始位置，直到合格为止。

f. 最后把比例度的刻度调整到实际的100%位置，此位置是：在改变测量信号，使其在全量程（0%～100%）之间变化时，输出信号也在全量程（0%～100%）之间变化，此时δ刻度盘所指的位置即为实际的100%（记做$\delta_实 = 100\%$）。在本实验中，此位置一经找好，则不得改动，因为后面的实验要在$\delta_实 = 100\%$的条件下进行操作。

②积分时间T_I刻度校验。

a. 按图2-2-13（a）开环校验接线图接线，K→A，调节器各开关位置分别置"正作用"（INC）、"外给定"（REMOTE）、"软手动"（MAN）、"测量"（MEAS）；PID参数旋钮的位置分别为：δ为实际100%，T_D关断、T_I倍率开关置"×1"挡；积分时间T_I校验点为0.1min、1min、2.5min三点。

b. 操作软手操拨杆，使调节器输出信号稳定在全量程的0%（位置1V或4mA），调节信号发生器S_1和S_3，使测量和外给定信号均稳定在3V（12mA）即为量程的50%的位置，使调节器输入偏差ε为0。另外调节信号发生器S_2，使其输出为3.4V。

c. T_I的测试：置$T_I = 0.1$min，将调节器自/手开关拨向"自动"。再将开关K迅速拨至"B"的位置，此时输入一阶跃信号，U_i从3V→3.4V，（U_i变化了10%），输出信号U_o先在比例作用下，上跳到3.4V，然后U_o从3.4V开始匀速上升。在U_o的上升过程中，用秒表任意测取$\Delta U_o = 0.4$V所用的时间，即为实测积分时间$T_{I实}$。按同样的方法测出其他各校验点的实际值，并填入表2-2-4。求出积分时间误差，若超过允许误差（积分时间误差公式见数据处理部分），则调整积分时间T_I刻度盘初始位置，直到合格为止。

③微分时间T_D的刻度校验。

a. 接线不变，K→A，各开关位置分别置"正作用（INC）"、"外给定"（REMOTE）、"软手动"（MAN）、"测量"（MEAS）；PID参数旋钮的位置分别为：δ为实际100%；T_I置最大；T_D置"断"；微分时间T_D的校验点为1min、5min、10min三点。

b. 操作软手操拨杆，使调节器输出信号稳定在0%的位置，即$U_o = 1$V，调节信号发生器S_1、S_3，使测量和外给定信号均稳定在量程的50%（$U_i = 3$V，$U_s = 3$V），从而使调节器输入偏差ε为0。

c. 微分增益K_d的测试。将调节器切换开关拨到"自动"位置，调节信号发生器S_1，改变测量输入信号U_i从量程的50%变化到56.25%（U_i从3V变到3.25V），即使调节器输入偏差$\varepsilon = 0.25$V。此时调节器输出信号应从量程的0%变化到6.25%（U_o从1V变化到1.25V），即$\Delta U_o = 0.25$V。

d. 把微分电容C_d短路，然后接通微分作用，调节器的输出电压U_o会上跳至最大值U_{omax}（约为3.51V），记下此电压最大值。此电压最太值减去起始的1V，再除以0.25V，其比值为微分增益K_d。

e. 微分时间常数T实的测试：把微分时间旋钮旋至1min，拆掉微分电容C_d上的短接线，同时启动秒表计时，观察调节器输出电压的变化，当输出电压从最大值U_{omax}按指数规律下降到2.08V〔即按公式$U_o = U_{omax} - (U_{omax} - 1.25) \times 63.2\%$，求出的$U_o$值〕时，停止计时，该时间值即为微分时间常数$T_实$。

f. 求出实测微分时间$T_{D实}$（$T_{D实} = K_d \times T_实$）。

　　按同样的方法测出其他各点的 $T_{D实}$ 值，填入实验数据记录表 2-2-4，并求出微分时间误差，若超过允许误差，则调整微分时间刻度盘的初始位置，直到合格为止。

　　(6)自动/软手动/硬手动切换特性校验

　　①调节器按图 2-2-13(a)开环校验图接线，各开关分置于："正作用"(INC)、"软手动"(MAN)、"外给定"(REMOTE)、δ 为实际的 100%、T_D 关断、T_I 为最大。

　　②"自动"/"软手动"切换误差校验先将调节器自动/手动切换开关置于"软手动"，操作软手操拨杆使调节器输出信号为全量程的 50%，再调信号发生器 S_1 和 S_3，使测量信号与外给定信号稳定在任意相等的数值上，即使调节器偏差 ε 为 0。

　　将调节器自动/手动切换开关从"软手动"拨向"自动"位置，并在输出电压表上读取电压值(3V)并记录之。该值与切换前的输出电压值(3V)之差应不大于 $\pm 0.02V$($\pm 0.5\%$)；当调节器输出电压 U_o 稳定在 3V 时，再将自/手动切换开关拨向"软自动"位置，并读取输出电压值 U_o 并记录之，调节器输出电压 U_o 的变化仍不应大于 $\pm 0.02V$($\pm 0.5\%$)。

　　③"硬手动"→"软手动"切换误差校验先将调节器置于"硬手动"位置，并用硬手操拨杆使调节器输出电压 U_o 为 3V(量程的 50%)，然后将自/手动切换开关拨向"软手动"位置，读取切换后的输出电压值 U_o 切换后调节器的输出电压 U_o 与切换前输出之差应不大于 $\pm 0.02V$($\pm 0.5\%$)。

　　④"软手动"→"硬手动"切换误差校验先将仪表置于"软手动"位置，并调节软手操拨杆使调节器输出电压 U_o 为 3V，此时调节器面板上输出指示表指针指在 50% 的刻度，再调节硬手操拨杆使其指针对准输出指示表的 50% 刻度线。然后将切换开关由"软手动"拨向"硬手动"位置，读取此时输出电压值，切换后仪表输出电压值的变化量应不大于 $\pm 0.02V$($\pm 0.5.\%$)。以上 4 项内容的数据记录于表 2-2-5。

　　(7)闭环跟踪特性校验(静态误差校验)

　　①调节器按 2-2-14(a)闭环校验图接线，各开关位置为："反作用"(DEC)、"自动"(AVTO)、"外给定"(REMOTE)、δ 为实际的 100%、T_I 为最小、T_D 关断。

　　②调节信号发生器 S_3，改变外给定信号使 U_s 分别为 1.4V、3V、5V(5.6mA、12mA、20mA)，从调节器输出电压表上分别读取实际电压值，此值即代表测量输入电压值 U_i，并记录于表 2-2-6，此时的测量值 U_i 与给定信号值 U_s 之差应小于 $\pm 0.02V$($\pm 0.5\%$)。若超过此允许误差值，则按如下方法调整。

　　a.δ 置于 2%，调整控制板上的 2% 跟踪电位器 W5，使仪表在给定值分别为 1V 和 5V 时的闭环跟踪误差($U_s - U_i$)不超过允许误差 $\pm 0.02V$($\pm 0.5\%$)。

　　b.δ 置于 500%，调整控制板上的 500% 跟踪电位器 W4，使仪表在给定值分别为 1V 和 5V 时的闭环跟踪误差不超过允许误差(计算公式见数据处理部分)。

　　注意：$\delta = 500\%$ 时，测量针的跟踪速度较慢，应待测量针稳定不动后，再读取数据。

　　重复上述步骤直至仪表的比例度 δ 在设定范围内改变，闭环跟踪误差均不大于 $\pm 0.5\%$ 为止。

6. 仪表校验记录单

（1）被校表及主要辅助设备的技术参数（表 2-2-1）。

表 2-2-1 主要辅助设备的技术参数

项目	被校仪表	标准仪器			
名称					
型号					
规格					
精度					
制造厂及日期					

（2）实训调校数据记录表（表 2-2-2 至表 2-2-6）。

表 2-2-2 软手动输出保持特性校验记录表

输出指示表指针位置	开始时输出值	10min 时输出值	保持特性误差
100%	5V		
允许误差	±1.0%/h	实测误差	%/h

表 2-2-3 调节器正面板指示表的校验记录表

项目	被校表示值刻度		0%	25%	50%	75%	100%
	标准输出信号 $U_{i标}$/V						
测量指示表	实测值 $U_{i实}$/V	正行程					
		反行程					
	实测引用误差/%	正行程					
		反行程					
	$(U_{i正}-U_{i反})$/V						
	实测基本误差		%	被校仪表允许基本误差/%			±2.0%
	实测变差		被校仪表允许变差/%				1.0%
给定指示表	标准输出信号 $U_{g标}$/V						
	实测值 $U_{g实}$/V	正行程					
		反行程					
	实测引用误差/%	正行程					
		反行程					
	$(U_{g正}-U_{g反})$/V						
	实测基本误差		%	被校仪表允许基本误差/%			±2.0%
	实测变差		被校仪表允许变差/%				1.0%

续表

项目	被校表示值刻度		0%	25%	50%	75%	100%
	标准输出信号 $U_{i标}$/V						
输出指示表	标准输出信号 $U_{o标}$/V						
	实测值 $U_{o实}$/V	正行程					
		反行程					
	实测引用误差/%	正行程					
		反行程					
	$(U_{o正}-U_{o反})$/V						
	实测基本误差		%	被校仪表允许基本误差/%			±2.5%
	实测变差			被校仪表允许变差/%			1.25%

表 2-2-4　比例度、积分时间、放分时间校验记录表

比例度 δ/%					积分时间 T_I/min					微分时间 T_D/min				
刻度值 $\delta_刻$	输入 ΔU_i/V	输出 ΔU_o/V	实测 $\delta_实$	δ 误差	刻度值 $T_{i刻}$	输入 ΔU_i/V	输出 ΔU_o/V	实测 $T_{I实}$	T_I 误差	刻度值 $T_{D刻}$	输入 ΔU_i/V	输出 ΔU_{omax}/V	实测 $T_{D实}$	T_D 误差
25		4			0.1	0.4	0.4			1	0.25			
100		4			1	0.4	0.4			5	0.25			
200	4				2.5	0.4	0.4			10	0.25			

表 2-2-5　自动/手动切换特性校验记录表

切换	自动→软手动	软手动→自动	硬手动→软手动	软手动→硬手动
切换前输出	3V	3V	3V	3V
切换后输出				
实测误差				
允许误差	±0.5%	±0.5%	±0.5%	±5.0%

表 2-2-6　闭环跟踪校验记录表

被校表示值刻度	10%		50%		100%
给定信号电压 U_s/V	1.4		3		5
实际测量信号电压 U_i/V					
实际闭环跟踪误差	%		%		%
允许闭环跟踪误差	%	实测最大闭环跟踪误差			%
允许误差	%	实测及大误差			%

7. 数据处理及填写调校报告

(1)数据处理应注意问题。

N/A

（2）整理调校训练数据。

（3）将上述表格填写好。

学习评价

2-2-1 什么是反馈？什么是正反馈和负反馈？

2-2-2 什么是仪表工艺流程图？

2-2-3 什么是自动控制系统方块图？它与工艺管道及控制流程图有什么区别？

2-2-4 根据设定值的形式，闭环控制系统可以分为哪几类？

2-2-5 什么是控制系统的静态与动态？

2-2-6 控制系统运行的基本要求是什么？

任务三　可编程序调节器

任务描述

可编程序调节器是数字式调节器的重要应用实例之一。可编程序调节器增强了相应的功能，尤其是在软件方面的功能，主要体现在为用户提供了将各种软件模块有机地连接起来的途径，从而使其具备了用户程序可根据实际控制需要，由用户自行进行编制的可能。

可编程序调节器除了具备数字式调节器应有的特点外，在仪表系统管理软件的构成上有了很大的改变。它将能够完成一定特定功能的软件段形成各种典型的通用软件模块，并定义了相应的编程语言，即一系列的编程语句。这种编程语言介于高级语言与汇编语言之间，是一种面向过程控制的专用语言（POL语言）。用户使用编程语言可进行各种功能模块的组态，指明模块之间的连接顺序，定义输入和输出数据，以及确定模块调用的指令代码等，从而最终形成能够完成某种调节功能的用户程序。

2.3.1　可编程序调节器简介

可编程序调节器编程语言除了进行读入和输出数据的传送语句外，还有完成必要的运算与控制功能的语句，后者常以运算函数程序的形式存放在仪表内部的 ROM 中，每个运算函数程序都可用一个编程语句调用，其结构与台式计算机的程序有相似之处，从而使得程序的编制简单方便。而所有运算又都是与相应的运算寄存器相连接，以存放原始数据与运算结果。

1. 加强型 SLPC 调节器是具有一定代表性的、功能较为齐全的可编程序调节器。它有 5 个 1~5V DC 模拟信号输入通道，6 个可设置为输入或输出的状态信号输入输出通道，1 个 4~20mA DC 模拟输出通道，2 个 1~5V DC 模拟输出通道，一倍半全工串行通信通道和 1 个故障或报警输出通道。SLPC70 可编程序调节器还具有可变型设定值滤波器和专家自整定的功能。

2. SLPC 调节器的所有功能都是依靠寄存器来完成的，它将不同的数据存放在各种寄存器中。这些数据包括各种常数、系数、输入数据、运算处理过程中的中间结果与最后结果以及软开关切换控制数据等。根据使用目的和要求的不同，分别给予这些寄存器定义了不同的名称和字符。图 2-3-1 给出了 SLPC 调节器的寄存器整体结构图。

3. 显然，用于控制的寄存器有三类，模拟数据寄存器 A、整定数据寄存器 B 和状态数据寄存器 FL。模拟数据寄存器 A 共有 16 个，主要用于存储设定值 SV、测量值 PV、操作信号 MV、补偿值 DM 和增益值 AG 等；整定数据寄存器 B 共有 39 个，主要用于存储需要进行整定的参数，包括比例带 P、积分时间 T_1、微分时间 T_D、非线性增益 GG、不灵敏区宽度 GW、上下限报警设定 PH 与 PL、上下限幅 MH 与 ML、采样周期 ST 等；状态时间寄存器共有 32 个，主要用于存储故障状态信号 FAIL、C/A/M 切换控制信号、报警状态信号 ALARM、启动与停止信号等。

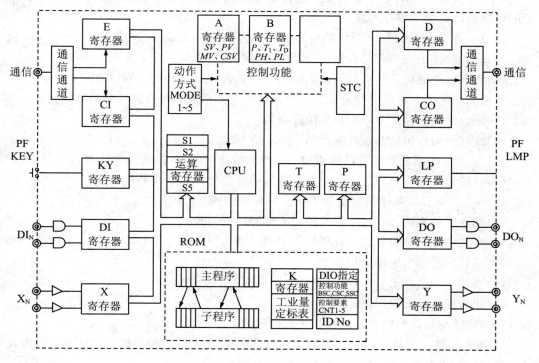

图 2-3-1 SPLC 寄存器整体结构图

4. 输入寄存器分模拟输入寄存器、数字输入输出寄存器、通信输入寄存器和可编程功能键状态寄存器。输出寄存器分模拟输出寄存器、通信输出寄存器和指示灯状态输出寄存器。除了用于控制、输入和输出的寄存器外，还有 5 个运算寄存器、16 个暂存寄存器和 16 个可变常数寄存器。

以上所述的所有寄存器就是对应于随机读写存储器 RAM 中各个不同的存储单元的，它们可以用软件指定和修改，只是为了使用和表示上的方便，特地进行了这些定义和表示。

可编程序调节器是在控制程序固定的数字式调节器的基础上，将原有的控制程序模块化，然后将这些模块的连接顺序留给用户来定义，并依靠事先定义好的可看做是数据接口的各种寄存器，将用户编制的用户程序组态在一起，从而可以根据实际过程控制的需要，由用户自行设计控制规律并加以实现。

2.3.2 程序控制规律的构成

在可编程序调节器的 ROM 中不仅存放有软件管理程序，同时还存放有各种运算模块和功能模块。将这些运算模块和功能模块通过一定的方式连接或组态起来，即可形成实用的具有一定控制规律的用户程序。

1. 每个模块在组态过程中都要求使用一定的代码来描述模块间的组态关系。不同的生产厂家和产品使用不同的代码。一般地用于可编程序调节器的代码分两类，一类是数字式的代码，其形式接近机器语言，便于计算机组织和维护，但难以表示其应用含义；另一类是类似助记符号的英文字符串或其他符号，其形式接近汇编语言，有一定的可视性，有助于用户理解。

2. 无论采用何种代码，常规的编程语句都可归纳为完成一定功能的语句类型。以 YS-80(E 型)功能加强型可编程序调节器为例，其编程语句可分为如下：

(1)数据传送语句：包括数据输入输出语句；四则运算语句，包括加、减、乘和除法运算语句；开平方运算语句；取绝对值语句；选择语句，包括高选和低选语句；

(2)限幅语句：包括上限幅和下限幅语句；

(3)控制语句：包括基本控制语句、串级控制语句和选择控制语句；

(4)10 段折线逼近法函数运算语句、实现函数曲线的 10 段线性化处理；

(5)一阶惯性滞后处理语句完成输入信号的滤波处理或用作补偿环节。

3. 不完全微分运算语句，实现不完全微分规律的计算：

(1)纯滞后处理语句：用于补偿信号的纯滞后时间效应；

(2)带纯滞后的滞后—超前补偿环节语句：前 3 种处理方法的综合；

(3)变换率运算与限幅语句；

(4)移动平均运算语句：计算最后 20 个采样值的平均值；

(5)状态标志输入输出语句；

(6)PF 键与灯信号输入、转移与状态检出语句。

4. 逻辑运算、比较与计时器语句，包括逻辑运算的与、或、非、异或和比较以及计时器的定时设置：

(1)转移、报警与信号切换语句：报警语句包括上限和下限报警；

(2)程序设定语句：完成被控变量的设定，以适应参数随时间的变化；

(3)脉冲输入计数与积分脉冲输出语句；

(4)运算寄存器 S 的交换与旋转语句；

(5)子程序的调用功能与结束语句：包括无条件转移、有条件转移、子程序开始、子程序结束和程序结束语句。

2.3.3 程序控制规律

程序控制规律的实现是由控制语句完成的。在 YS-80(E 型)可编程序调节器中控制功能语句包含 3 条，即基本控制语句 BSC、串级控制语句 CSC 和选择控制语句 SSC。这 3 条控制语句可实现包括标准 PID、采样 PI、批量 PID、微分先行 PI-D、比例微分先行 I-PD 和有设定值滤波的 PID(即 SVF)等。在实际控制系统中具体采用哪种控制规律，需在编制用户程序时由控制要素 CNTn 决定，表 2-3-1 给出了各条控制语句与控制要素之间的设置关系，同时也给出了可编程序调节器 SCPL 所具有的控制功能。

表 2-3-1　控制要素与控制规律设定关系

控制要素	实现功能	控制规律设定	SLPC 控制功能		
			BSC	CSC	SSC
CNTI	第 1 回路控制	1＝标准 PID	√	√	√
		2＝采样值 PI	√	√	√
		3＝批量 PID	√	×	×
CNT2	第 2 回路控制	1＝标准 PID	×	√	√
		2＝采样值 PI	×	√	√
CNT3	自动选择控制	0＝低值选择	×	×	√
		1＝高值选择	×	×	√
CNT4	控制周期	0＝0.2s	√	√	√
		1＝0.1s	√	√	√
		2＝0.4s	×	×	×
CNT5	控制算式选择	0＝I-PD	√	√	√
		1＝PI-D	√	√	√
		2＝SVF	√	√	√

　　每个控制语句都定义有一系列的寄存器，以保存控制语句在完成控制功能过程中所需要的各种数据和参数。而每个控制语句都对应于一个特定的软件模块，它在协调各个寄存器之间的数据传递的同时，完成设定的控制规律。

　　一个完整的控制规律或动作的编程，需要将所选择的控制语句与适当的编程语句相结合，以实现控制规律运算需要的各种参数或数据的传递和设置；而在控制规律运算完成后，又需经过适当的编程语句实现计算结果的输出，以完成整个控制动作的实现。其过程如同任何一个函数在运算前需要参数的初始化，而运算后又需要赋值输出一样。

2.3.4　可编程调节器的调校

实训任务 1　SLPC 可编程调节器的调校和操作

1. 实训目的

（1）通过调校训练更进一步了解 SLPC 调节器的硬件结构组成及功能，巩固和加深对 SLPC 调节器工作原理的理解。

（2）掌握 SLPC 调节器各按钮、操作键的用法及数据设定器的操作方法。

（3）学会 SLPC 调节器的调校方法。

（4）掌握 SPRG 编程器的程序输入、检查、修改等操作方法。

（5）理解并掌握 SPRG 编程器的用户程序调试方法。

2. 实训装置及仪器

（1）调校训练所需主要仪器及设备

序号	名称	精度	说明
①	可编程序调节器	0.5 级	SLPC
②	编程器		SPRG
③	数字电压表	0.05 级	5 位
④	信号发生器	1.0 级	DFX-02
⑤	标准电流表	0.05 级	0～30mA DC
⑥	标准电阻箱	0.02 级	ZX-25a
⑦	直流稳压电源	1.0 级	0～30V DC

(2)SLPC 调节器调校接线图

①SLPC 调节器调校接线图(见图 2-3-2)。

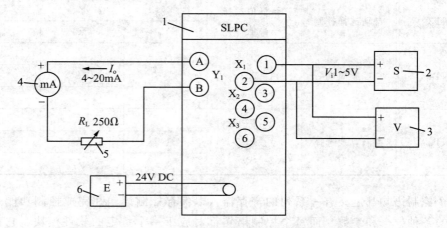

图 2-3-2　SLPC 调节器调校接线图

1—SLPC 调节器；2—直流信号发生器；3—效字电压表；4—标准电流表；
5—标准电阻箱；6—直流稳压电源

②SPRG 编程器的操作及程序试运行接线图(见图 2-3-3)。

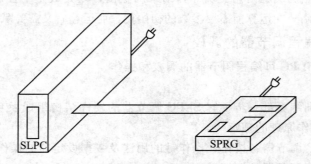

图 2-3-3　SPRG 编程器的操作及程序试运行操作接线图

3. 实训内容及步骤

(1)SPRG 编程器的操作

①按 SLPC 调节器调校接线图 2-3-4 所示正确接线。

②观察 SLPC 调节器正面板布置，弄清指示表头、操作键、报警指示灯的功能。

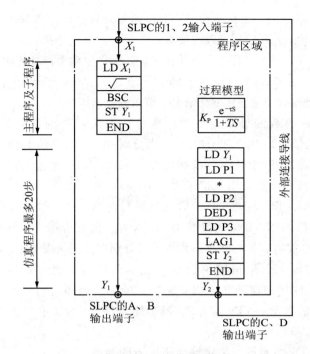

图 2-3-4　主程序、仿真程序及信号传送关系

③将机芯抽出，观察侧面板布置，弄清数据设定各操作键、显示器的功能；以及各辅助开关的功能。

观察调节器背面各接线端子，弄清各自的功能。

(2)调节器正面 PV、SV 指示表的认识及报警功能的显示与分析。

①按侧盘 PH/PL 键，设定 PV1 的上限报警给定值为 80.00，下限报警给定值为 30.00。

②调节信号发生器，使输入信号 V_i 从 1V 变化到 5V，再从 5V 变化到 1V，同时观察正面测量(PV)指针变化情况和侧面盘 PV1 值 XN 寄存器内容的变化情况，将结果填入数据记录表 2-3-3。

③操作正面 SET 键"△"、"▽"使给定(SV)指针从 0%变化到 100%，或从 100%变化到 0%，同时观察侧盘显示窗口 SV，值变化情况并将结果填入数据记录表 2-3-3 中。

④当 PV 指针变化时，观察调节器正面报警指示灯(FAIL 灯和 ALM 灯)的变化情况。并在侧盘利用 CHECK 键进行故障诊断显示。根据指示代码内容分析异常情况，并将分析结果填入数据记录表 2-3-3 中。

(3)调节器手动操作及输出指示表的操作。首先按下正面 M 按钮，使调节器处于手操运行方式。再操作手动操作杆，使输出指针由零位 0%增至满度 100%的位置，再由 100%减小至 0%，分别观察手操拔杆在←、→和←、→→4 种不同位置操作时输出指针变化全程所需要的时间有什么不同。

(4)调节 C/A/M 运行方式的操作与切换。

①操作正面 C/A/M 运行方式切换开关，使调节器分别处于 C、A、M 方式，按动正

面板 SET 键,调整给定值,观察正面 SV 指针和侧面数据设定器显示窗口 SV1、SV2 的数据变化情况,记下什么方式下可以改变 SV1、SV2 值并将结果填入记录表 2-3-4。

②按正面 M 按钮,使调节器工作在手操方式,操作手动操作杆使输出指针为 50%的位置(侧盘显示 MV 为 50.00),再分别进行 Me<－－>A、Me<－－>C、A<－－>C 各种方式的切换操作,观察并记录输出变化情况。填入调校训练数据记录表 2-3-4。

(5)调节器 PID 参数的显示与更改。通过数据设定器的 PID 键、N 键分别调出 CNT1 和 CNT2 的比例度 PB、积分时 T_1、微分时间 T_D 的具体数值,若要更改某一参数的数值时,先将辅助开关 TUNING 拨向"ENABLE",再通过"△"、"▽"键可实现数据的更改,并将调校训练结果填入记录表 2-3-5。

(6)可变参数 Pn、Tn 及 MODE 参数的显示与更改。通过数据设定器的 PN/TN 键、MODE 键、N 键、TUNING 键和辅助开关"TUNING"的配合操作,同样可实现可变参数 Pn、Tn 和 MODE 参数的显示与修改。并将结果分别填入记录表 2-3-5 和表 2-3-6。

(7)调节器模拟输入、模拟输出信号的显示与更改。通过数据设定器的 XN/YN 键、N 键、TUNING 键和辅助开关"TUNING"的配合操作,同样可实现 XN 寄存器内容(模拟输入信号)的显示、YIN 寄存器(模拟输出信号)的显示与更改。并将调校训练结果填入记录表 2-3-6。

4. SLPC 调节器正面侧量、给定输出指示表的调校

(1)准备工作。在进行 SLPC 调节器的 PV、SV、MV 指示表的调校时,用户 EPROM 中应已输入一个调校训练程序(见原理部分)。另外,还需在 SLPC 的侧盘将 MODE 设定为"1",并将调节器的运行方式设定为"C"方式,然后进行下列调校。

(2)测量(PV)指示表的调校。

①按图 2-3-2 正确接线,并调整信号发生器使 SLPC 调节器的 1、2 输入端(X1)电压为 3.000V。

②调整 SLPC 右侧面板上的"PV"调整螺钉,使测量指针指在 50%处。

③调整信号发生器,改变 SLPC 输入端 X1 的电压 U_i,使测量指针(PV)依次对准 0%、25%、50%、100% 刻度线,此时输入电压表的标准读数应分别为 1.000V、3.000V、4.000V、5.000V,记下对应的实际输入电压值,并填入数据记录表 2-3-7,若有超差,则重新调整"PV"螺钉,使各点均达到要求为止。

(3)给定(SV)指示表的调校。

①将图 2-3-2 中 1、2 接线端子换成 3、4 接线端,并调整信号发生器使 SLPC 的 3、4 输入端(X2)电压为 3.000V。

②调整 SLPC 左侧面板上的"SV"调整螺钉,使给定指针在 50%处。

③调整信号发生器,测出给定(SV)指示表的基本误差,并将调校训练结果填入记录表 2-3-8,若有超差,则重新调整"SV"调整螺钉,使各点均合格。

(4)输出(MV)指示表的调校

①将图 2-3-2 中 1、2 接线端子换成 5、6 接线端,并调整信号发生器使 SLPC 的 5、6 输入端(X3)电压为 3.000V。

②调整 SPLC 底部的"MV"调整螺钉,使输出指示在 50%处。

·③调整信号发生器，测出输出（MV）指示表的基本误差，并将调校结果填入数据记录表 2-3-9，若有超差，则重新调整"SV"调整螺钉，使各点均合格。

5. SPRG 编程器的操作

（1）准备工作。由于 SPRG 编程器自身不带有 CPU，因此，它必须与 SLPC 可编程调节器连接使用，即采用联机编程的方式。在进行编程器的程序输入及程序试运行操作时一定要注意操作顺序并做好准备工作。

①把空白的用户 EPROM 插入编程器的用户 ROM 插座。

②用编程器的通信电缆与 SLPC 调节器连接。

③编程器的工作方式切换开关置于 PROGRAM 位置。

④先接通 SPRG 编程器的工作电源，后接通 SLPC 调节器的工作电源（此时编程器的显示器显示"MAIN PROGRAM"）。应注意编程器、调节器的电源的规格。

⑤使用 INT 键清除编程器 RAM 中原来的内容，对用户程序区的常数进行初始化（此时应先显示"INT PROGRAM"，片刻后恢复显示"MAIN PROGRAM"）。

⑥使用 INIP 键清 SLPC 调节器 RAM 中由侧盘设定的各参数，对参数进行初始化（此时应先显示"INIT PARAMETER"，片刻后恢复显示"MAIN PROGRAM"）。

（2）程序的输入操作。完成初始化操作后，将已编制好的用户程序，在编程器上操作对应的键，进行主程序的输入，接着应进行子程序、模拟程序的输入；固定常数 K、控制要素 CNT_n、状态输入及输出接口 CIO 功能的设定等。

①主程序的输入。下面以一个编制好的用户程序为例，介绍程序输入操作方法如表 2-3-2。

表 2-3-2　程序输入操作方法

程序	键盘操作		显示器	程序	键盘操作		显示器
	所用键	实际按键	显示内容		所用键	实际按键	显示内容
1 LD X_2	LD	LD	1 LD	4 ST A_{01}	0	0	4 ST A_0
	X	X	1 LD X		1	1	4 ST A_{01}
	2	2	1 LD X_2		LD	LD	5 LD
2 LD P_{01}	LD	LD	2 LD	5 LD X_1	X	X	5 LD X
	P	P	2 LD P		1	1	5 LD X_1
	0	0	2 LD P_0	6 BSC	BSC	G LD	6 BSC
	1	1	2 LD P_{01}			ST	7 ST
3 X	X	F 3	3 X	7 ST Y_1		Y	7 ST Y
4 ST A_{01}	ST	ST	4 ST			1	7 ST Y_1
	A	A	4 ST A	8 END	END	G CO	

②子程序的输入。主程序输入完毕后，按 END 结束主程序。如果需输入子程序，按 SBP 键，即可输入子程序（此时显示器应显示"SUB PROGRAM"）。子程序输入完毕，按 RTN 键，又转回主程序。

③仿真（模拟）程序的输入。使用 SLPC、SLMC 等，在 SPRG 的模拟程序领域内将

简单的过程模型编成仿真程序，并构成闭环回路后，即进行程序的调试（试运行）。

在模拟程序中，备有专用的 20 个程序步，可以使用与主程序相同的操作，将过程模型编成程序，此时的带编号的函数（LEDn、LAGn、DEDn……）和在主程序中有使用个数的总数，应在限制数以内。

在输入模拟程序之前，需先按 SPR 键（此时显示器显示"SIMUL PR"），然后就可输入模拟程序，模拟程序结束后，需按 END 键结束。

在进行程序的键输入时，显示器上程序步序号前显示的小写字符号意义如下：

m：主程序；Sb：子程序；Si：模拟程序；c：E 型仪表的程序。

④固定常数的设定（Kn）。如果用户程序中需要进行固定常数的给定，可通过键盘给定，Kn 两位数，如果用户程序中用的是一位数，例 K1 键盘输入时，应输入 K01，数值输入操作结束后，为了存储，应按压 ENT 键。

⑤控制要素的设定（CNTn）。在使用 SLPC、SLMC、SCMS 时，必须对控制要素进行指定。此项操作要视用户程序中的控制方式来定。按压 ENT 键，显示灯在瞬间熄灭后即点亮，表示指定操作结束。

（3）程序的检查、修改。

①检查

a. 程序检查：按 MPR、SBP 和 SPR 键使各程序返回出发点，然后用△、▽键依次检查每个程序步的内容。

b. 常数检查：用键盘输入某一常数符号（例如 K04），即可显示该常数及数值。

②修改

a. 程序步插入：如果经检查有程序步遗漏，需插入，可先显示程序中的前一步程序，然后输入要插入的程序步入即可。

b. 程序步删除：如果需要删除输入程序中的某一步，可先显示程序，然后用 DEL 键清除之。

c. 程序步改写：如果需改写已输入程序中某一步内容，可先将该步程序删除，然后插入正确的程序步。

d. 常数改写：如果需修改已输的某常数的设定数值，可在显示该常数时重新输入正确数据，然后按 ENT 键即可。

6. 用户程序的试运行操作

（1）准备工作。

①按照用户程序（主程序）及仿真程序（过程模型）的要求进行 SLPC 调节器的接线，确定 SLPC 调节器的"正/反"作用（即构成闭环负反馈控制系统）。

②按正确的顺序启动 SLPC 调节器与 SPRG 编程器。

（2）程序的输入。按照主程序及仿真程序的输入方法将已编制好的主程序和仿真程序输入 SPRG 编程器 RAM 中的程序区。

（3）程序的试运行。将编程器的工作方式切换开关置"TEST RUN"的位置，按 RUN 键，编程器就转入试运行阶段，SLPC 执行试验程序。如果发现试验程序中有不合适的部分，可以将切换开关置"PROGRAM"，对程序进行修正，然后再将开关切换至"TEST RUN"方式，按"RUN"键，调节器重新执行试验程序。

（4）寄存器的数据确认和给定变更。在试运行方式时，可以通过编程器调出各寄存器，对其数值进行显示或变更。Xn、Yn，寄存器的 $1 \sim 5V$ DC 信号（或 $4 \sim 2mA$），在编程器上作为相应的 $0.0 \sim 1.0$ 数据被显示，根据输出回路的饱和特性，寄存器仍能存储 $-7.999 \sim +7.999$ 的值。

可变参数的设定值，在编程器上也是作为相应的 $0.0 \sim 1.0$ 数据被显示，利用仪表和编程器，都可对设定值进行变更，如果在 SPRG 上进行数据变更后，必须按"ENT"键，新数据才被存贮进行。

（5）试运行结束。如果试运行情况表明用户程序是比较合理、可行的，可将编程器工作方式切换开关打向"PROGRAM"位置，停止试运行。

（6）程序向 ROM 的写入。

注意：把用户程序固化入 EPROM 前应将仿真程序清除。

①将空白（没有写入任何内容的）ROM，安装在编程器的 ROM 的插座上，按 WR 键，显示器显示"ROM WRITE"，在缓慢闪烁状态下，约经过 100 秒钟后，显示就为"COMPLETE"，表示写入结束。

②在不能进行写入的情况下 SPRG 显示下列信息：

"NOT BLANK"

可能是 ROM 的内容未完全抹掉，或是 ROM 插座上未安装 ROM。

"R/WERROR"

在这种情况下，程序虽然可以写入，但编程器记忆的程序，和从 ROM 中读出的程序不一致。

③在写入结束后的 ROM 上，应粘贴密封片。

7. 实训结果记录表

（1）SLPC 调节器认识操作结果记录（表 2-3-3 至表 2-3-9）。

表 2-3-3　主要仪器、设备一览表

项目	被校仪表	标准仪器			
名称					
型号					
规格					
精度					
制造厂及日期					

表 2-3-4　PV、SV 指示表及报警功能的显示与分析记录表

正面	PV、SV 指示变化	$0\% \sim 100\%$	指示灯	指示代码	诊断内容
侧盘	PV_1 值变化		FAIL		
显示	X_0 寄存器变化		ALM		
窗口	SV1 值变化				

表 2-3-5　调节 C/A/M 工作方式的操作与切换记录表

调节器工作方式	正面指针状态	侧盘 SP1 值状态	侧盘 SP2 值状态	C/A/M 的切换形式	输出变化情况
C				"M"—"A"	
A				"M"—"C"	
M					

表 2-3-6　PID 参数、可变参数 PN、TN 的显示与更改记录表

PID 参数		PB	TI	TD	可变参数	
CNT1	显示值				PN	显示值
	更改后					更改后
CNT2	显示值				TN	显示值
	更改后					更改后

表 2-3-7　MODE 参数、模拟输入/出寄存器 XN、YN 的显示与更改记录表

模拟输入		1	2	3	模拟输出		1	2	3	MODE 参数		2	3	4
XN	显示值				YN	显示值				MODE	显示值			
	更改后					更改后					更改后			

(2)SLPC 调节器的调校结果记录(表 2-3-7 至表 2-3-9)。

表 2-3-8　PV 指示表的精度测试记录

项目	测量指示表刻度值/%	0	25	50	75	100
测量值	标准输出信号 $U_{i标}$/V	1.000	2.000	3.000	4.000	5.000
	实测输出信号 $U_{i实}$/V					
误差	实测引用误差/%					
	实测基本误差/%			仪表最大变差		
	仪表允许最大基本变差/%					
	仪表实际精度等级	结论:				

表 2-3-9　SV 指示表的精度测试记录表

项目	给定指示表刻度值/%	0	25	50	75	100
给定值	标准输出信号 $U_{s标}$/V	1.000	2.000	3.000	4.000	5.000
	实测输出信号 $U_{s实}$/V					
误差	实测引用误差/%					
	实测基本误差/%			仪表最大变差		
	仪表允许最大基本误差/%					
	仪表实际精度等级		结论:			

表 2-3-10　MV 指示表的精度测试记录表

项目	输出指示表刻度值/%	0	25	50	75	100
输出值	标准输出信号 $U_{0标}$/V					
	实测输出信号 $U_{0实}$/V					
误差	实测引用误差/%					
	实测基本误差/%		仪表最大变差			
	仪表允许最大基本误差/%					
	仪表实际精度等级		结论:			

8. 填写调校报告
(1)数据处理应注意问题。
(2)整理调校训练数据。
(3)将上述表格填写好。

▶任务四　先进调节器浅析

任务描述

与单元组合式调节器一样,虚拟调节仪表也需要提供输入输出通道,而且输入输出信号均采用标准制式,具有标准接口。在个人计算机上的输入输出通道是由配备的插板提供的,插板的规格和数量决定了整机的输入输出通道数。由于个人计算机具有强大的计算和处理能力,因而可以配合多个输入输出通道插板,来实现单个或多个调节器的控制功能。这是常规单元组合仪表难以实现的。

2.4.1　增强型 PID 控制规律分析

1. 增强型调节器原理

增强型调节器是数字式调节器的进一步发展,它除能够完成调节器的常规任务外,还对调节器各种功能的实现进行了改进和完善。这些都得益于微处理器在调节器中的引入,同时由于近来微处理器运算速度的大幅提高,使得调节器可对所获得的数据进行各种灵活和快速的处理,在保证整机控制特性的前提下,增加了各种附加的功能以提高调节器的控制能力。

(1)常规的 PID 控制规律分为理想 PID 和不完全微分 PID。增强型调节器的控制规律是在不完全微分 PID 即实际 PID 规律的基础上,根据实际需要再做进一步的改进而得到的。改进后的 PID 控制规律,可以使实际 PID 控制规律所能得到的最佳过渡过程中存在的某些缺陷得到克服或缓解,控制质量与可靠性得到提高。在该类控制规律的基础上,还可对 PID 参数追加专家自整定功能,其原理结构如图 2-4-1 所示。专家自整定功能的引入,是考虑被控对象实际存在的在大时间范围内的时变性,从而实现调节器 PID 参数的可再整定性,使得控制规律能够始终采用最佳的参数值,保证控制效果的良好。这种带有 PID 参数自整定功能的调节器称为专家化自整定调节器,即 STC

(Self-tuning Control)功能。为改善控制过程中给定值的跟踪效果，还可引入可调整的设定值滤波器。

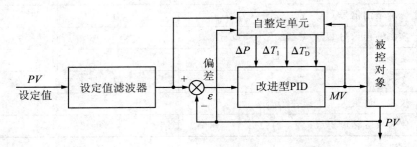

图 2-4-1　专家化自整定调节器原理图

(2)对具有两个以上干扰源及较大惯性滞后时间常数的被控对象来说，当用简单的单回路控制系统难以达到较好的控制效果时，可采用串级控制策略与前馈加反馈控制策略，其原理结构分别如图 2-4-2 和图 2-4-3 所示。为此，多数带微机的增强型调节器都设有两个 PID 运算处理器，即前述的控制要素 CNT1 和 CNT2 所决定的两个控制回路。一方面，两个控制回路可方便地实现串级控制；另一方面，由一个控制回路实现反馈控制，而另一个控制回路则可实现前馈补偿运算，从而获得前馈加反馈的控制作用；同时，这两个控制回路还可实现自动选择控制策略，由两个控制回路分别按不同的参数控制量。

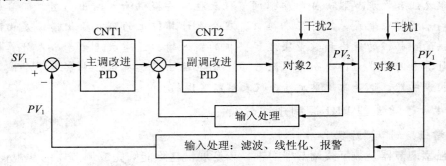

图 2-4-2　串级控制系统原理图

(3)上述的 PI-D 控制规律虽然消除了由设定值突变所导致的微分运算输出突变，但因为设定值 SV 还需经过比例运算项，控制系统输出仍然会有一个突变，只是整个突变很小，是 SV 突变值的 $K_P = 100/P$ 倍。实际上系统存在这种小突变扰动，对强调设定值跟踪性能的系统来说是有益的，例如串级控制系统的副调回路。

2. 比例微分先行 PID 控制

为解决微分先行中比例环节对设定值 SV 的突变效应，可以将比例环节与微分环节合并，从而形成比例微分先行 PID 控制规律，即 I-PD 控制，其原理如图 2-4-3 所示。这种控制规律常适用于主要由计算机形成的控制系统，因为在这种控制系统中，控制用给定值都是由计算机设定的，是准确的数字量，如不解决比例作用的先行问题，必然会像微分环节的微分冲击一样，设定值的突变也会导致控制系统的比例冲击。

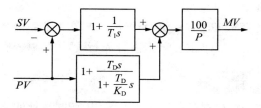

图 2-4-3 比例微分先行 PID 控制示意图

比例微分先行 PID 控制的传递函数可表示为

$$MV(s) = \frac{100}{P}\left[\left(1 + \frac{1}{T_1 s}\right) \cdot E(s) + \frac{T_D s}{1 + (T_D/K_D) \cdot s} \cdot PV(s)\right]$$

$$= \frac{100}{P}\left[\left(1 + \frac{1}{T_1 s} + \frac{T_D s}{1 + (T_D/K_D) \cdot s}\right) \cdot PV(s) - \left(1 + \frac{1}{T_1 s}\right) \cdot SV(s)\right]$$

$$(2\text{-}4\text{-}1)$$

3. 非线性 PID 控制

解决非线性控制问题是控制系统的常见目标。这里主要讨论非线性 PID 控制中的分段 PID 控制和带死区的 PID 控制两种。

最简单的分段 PID 控制就是积分分离 PID 控制，即在比例和微分不变的前提下，分段启动积分作用，以达到抗积分饱和的作用。其基本工作原理是在偏差较小时加入积分作用，而当偏差较大时则取消积分作用。该方法实际上是通过减轻积分累计的饱和程度来达到抗积分饱和的作用的，其作用的动态特性曲线如图 2-4-6 所示。

积分分离法是首先判断偏差绝对值 $|\varepsilon|$ 是否超过预先设定的偏差限值 A，然后再确定是否投入积分控制环节，因而调节器在理想 PID 控制规律状态下输出的增量表达式为

$$\Delta MV = K_P(\varepsilon_k - \varepsilon_{k-1}) + K_L K_I \cdot \varepsilon_k + K_D(\varepsilon_k - 2\varepsilon_{k-1} + \varepsilon_{k-2}) \qquad (2\text{-}4\text{-}2)$$

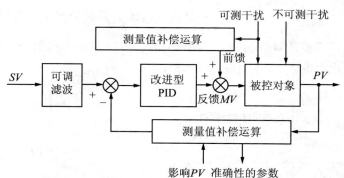

图 2-4-4 前馈加反馈控制系统原理图

进行运算，然后由调节器根据选择条件自动选择其中一个作为输出。

增强型调节器除能够完成上述的各种控制策略外，还可实现对测量信号的补偿运算、线性化处理、极大值和极小值报警运算，对输出信号进行限幅处理运算等多种功能。

4. 改进型 PID 控制算法

对常规 PID 控制规律的实现方法进行改进，或增加必要的环节，还可形成各种不同的改进型 PID 控制方法。以下主要讨论微分先行 PID 控制、比例微分先行 PID 控制和非线性 PID 控制。

（1）微分先行 PID 控制。

在常规 PID 控制中，如设定值发生变化，设定值与测量值之间的偏差会出现瞬间突变。这种突变经微分运算后输出变化会非常剧烈，使得整个控制系统产生微分冲击，从而影响系统的控制性能。为此，可对常规 PID 控制引入微分先行 PID 即 PI-D 控制，从而使微分运算对设定值变化不起作用，只对测量值的变化产生微分超前控制效果，以克服微分作用带来的输出突变。一般的微分先行 PID 控制原理如图 2-4-5 所示，其传递函数可表示为

$$MV(s) = \frac{100}{P}\left[\frac{1}{T_I s} \cdot E(s) + \left(1 + \frac{T_D s}{1 + (T_D/K_D) \cdot s}\right) \cdot PV(s)\right]$$
$$= \frac{100}{P}\left[\left(1 + \frac{1}{T_I s} + \frac{T_D s}{1 + (T_D/K_D) \cdot s}\right) \cdot PV(s) - \frac{1}{T_I s} \cdot SV(s)\right]$$

$$(2\text{-}4\text{-}3)$$

式中，$SV(s)$ 为设定值；$PV(s)$ 为测量值；$MV(s)$ 为调节器的输出；

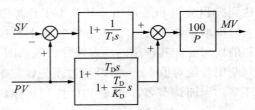

图 2-4-5　微分先行 PID 控制原理图

式中，逻辑系数 $K_L = \begin{cases} 0, & \text{当 } |\varepsilon| > A \\ 1, & \text{当 } |\varepsilon| \leqslant A \end{cases}$。显然，由逻辑系数的取值条件可知，只有当第 K 次采样后形成的偏差绝对值 $|\varepsilon|$ 小于限值 A 时，控制规律中的积分环节才投入使用，否则切除积分作用环节。

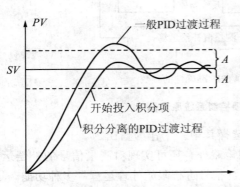

图 2-4-6　积分分离 PID 动态特性曲线

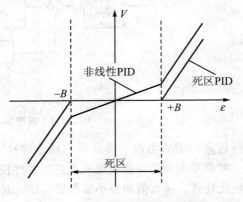

图 2-4-7　非线性 PID 控制示意图

（2）在实际应用中也存在与上述要求相反的情况，即当偏差较小时不希望有任何调节作用，而当偏差达到一定程度如偏差绝对值 $|\varepsilon|$ 超过 B 时，投入相应的 PID 控制规律，其控制效应特征如图 2-4-7 所示。该种控制规律的典型应用如缓冲容器的液位控制。因而其增量表达式为

$$\Delta MV = K_L \cdot \left[K_P(\varepsilon_k - \varepsilon_{k-1}) + K_I \cdot \varepsilon_k + K_D(\varepsilon_k - 2\varepsilon_{k-1} + \varepsilon_{k-2}) \right] \qquad (2\text{-}4\text{-}4)$$

式中，逻辑系数 $K_L = \begin{cases} 0, & \text{当 } |\varepsilon| > B \\ 1, & \text{当 } |\varepsilon| \leqslant B \end{cases}$ 。显然，逻辑系数 K_L 的取值将决定何时投入 PID 控制作用。

2.4.2 虚拟调节仪表发展趋势

随着计算机技术的进一步发展，尤其是在计算机计算速度和处理能力上的大幅度提高，为调节仪表在个人计算机上的仿真实现提供了可能，从而在近年的仪表应用和发展中出现了各种虚拟仪表，在个人计算机上虚拟仿真调节器，并实现各种控制规律，从而构成的虚拟调节器就是其中的一种应用。通常的虚拟调节器的组成如图 2-4-8 所示。

个人计算机依靠软件程序完成所有控制规律的计算，以及真实调节器的操作过程和显示形式。其中 PID 控制规律的计算与常规调节器的计算相同，即采用同样的运算式子；调节器操作过程的仿真是采用多媒体技术实现的，即在个人计算

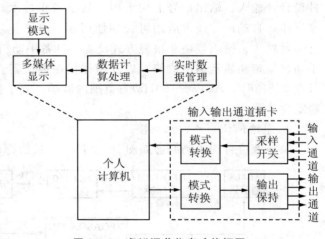

图 2-4-8　虚拟调节仪表功能框图

机显示器上显示与真实调节器完全相同的操作过程；调节器显示形式的仿真包括操作面板和显示面板的仿真。虚拟调节器的操作可以由触摸屏实现，即操作人员可以在触摸屏上对虚拟调节器进行各种实际操作，如同对真实的调节器的操作一样。

由于调节仪表完全由个人计算机所代替，因而除受输入输出通道插卡性能的限制外，其他各种性能得到了大大加强，主要体现在计算速度、精确度、显示模式、稳定性和可靠性等。而在数据处理和控制规律的实现方面，更具优势。PID 控制规律的许多改进和进一步的智能化，都可以方便地在虚拟调节仪表中实现。此外，虚拟调节仪表维护方便，屏幕显示丰富直观，以及可能提供的多种附加功能，是其得到较大的发展的主要原因。

当然，个人计算机在实际工业环境中使用时对运行条件有较高的要求，以及用一台计算机完成多个调节器的工作时，使得系统出现故障的危险性相对集中，这些因素将会限制虚拟调节器仪表的广泛应用，但其必然的发展和部分取代传统调节器仪表已是不争的事实。

2.4.3 先进调节器的应用

任务 1　AI-808 调节器在液位自动化控制上的应用

铜矿选矿厂尾矿原有四个砂泵池采用了液位自动控制，因控制系统中所用 E27 系列进口调节器价格昂贵，调节器内部元件逐渐老化，故障率明显增加。采用国产仪表取代进口调节器已成为当务之急。选矿厂分析和比较，首次尾矿泵池液位控制上试用国产 AI-808 人工智能调节器，与 VEGASON52K 液位计、DFD-1000 手操器和 ZKJ-210 执行机构共同组成了二号泵站 3♯泵池液位自动控制系统，经现场参数设置和系统参数调节整定，成功实现了对泵池液位自动控制，取了良好效果。

应用任务 1　泵池液位自动控制与接线

1. AI-808 调节器简介

AI-808 型调节器是国产较先进的仪表，内部采用了高性能 ASIC 芯片和模块化硬件设计，输入、输出信号上均采用了数字校正技术，以消除稳定性较差可调电阻所带来误差；自动调零技术应用可长期使用而不会产生零点漂移，测量数字精确稳定；具有多种输入、输出规格和报警方式设置。具备手动/自动无扰动切换操作功能，还具备手动自整定和显示输出值等，以及用作伺服放大器直接控制阀门位置比例输出，电源可在 85~264V AC(50~60Hz)宽范围内波动，强干扰环境下也能保证测量精度和工作稳定性。

2. 泵池液位自动控制与接线原理

泵池液位自动控制原理如图 2-4-9 所示，接线原理如图 2-4-10 所示。

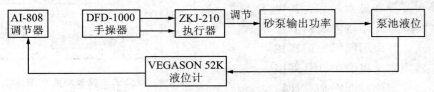

图 2-4-9　泵池液位控制方框图

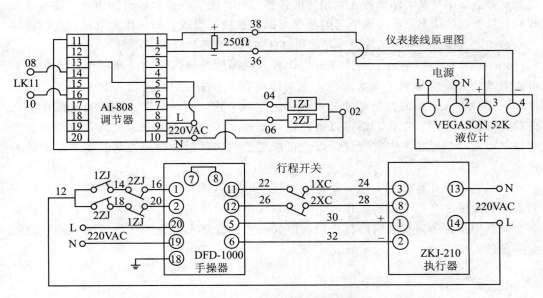

图 2-4-10　泵池液位控制原理接线图

泵池液位自动控制功能实现，是由 VEGASON52K 液位计将检测到液位信号，转换成 4～20mA 电流输出信号，经电阻进到调节器，调节器作数据分析处理后，控制功能参数设置要求，驱动中间继电器 1ZJ2ZJ，控制 ZKJ-210 执行机构正、后转，调节砂泵液力耦合器油量，达到增大或减少砂泵输出功率，稳定泵池液面的目的。

应用任务 2　AI-808 调节器参数功能及设置

1. AI-808 调节器参数功能

正确设置 AI-808 调节器控制参数是液位能否实现自动控制的关键，共有 23 个参数需要放置，8 个现场参数需要定义，各参数代号、含义和设定值如表 2-4-1 所示。

表 2-4-1　AI-808 调节器参数功能表

参数代号	参数含义	设定值
HIAL	上限值报警（见说明①）	85
LOAL	下限值报警（见说明②）	50
DF	回差	0.3
CTRL	控制方式（见说明③）	5
M5	保持参数	2.0
P	速率参数	2
T	滞后时间	3
CTL	输出周期	4
SN	输出规格（见说明④）	33
DIP	小数点位置	1
DIL	输入下限显示值	0
DIH	输入上限显示值	100
SC	主输入平移修正	0
OP1	输出方式（见说明⑤）	5
OPL	输出下限	0
OPH	输出上限	100
ALP	报警输出设定（见说明⑥）	15
CF	系统功能选择	15
ADDR	通信地址	0
BAUD	通信波特率	9600
DL	输入数字滤波	1
RUN	运行状态及上电显示处理（见说明⑦）	1
LOC	参数修改级别（见说明⑧）	1
EP1-EP8	现场参数定义（见说明⑨）	

2. 设置说明

①上限报警值设定按泵池液位控制要求而定，且需要考虑操作人员处理问题时间。

②下限报警值设定是防止打空泵或空气进入泵内，提前发出报警信号。

③CTRL＝5，表示 AI-808 调节器作为伺服放大器作用，仪表将测量值直接作为输出值输出。

④输入规格 Sn＝33，表示输入为 1～5V DC 信号。

⑤OP1＝5，表示无阀门反馈信号位置比例输出，由主输出及报警 1 控制继电器直接驱动 ZKJ-210 执行机构正、反转。

⑥ALP＝15，表示上、下限报警均由 AL2 输出，且下显示器交替显示报警符号（高 HIAL，低 LOAL），使操作人员能迅速了解仪表报警原因。

⑦RUN＝1，表示仪表工作自动状态。

⑧参数修改级别，LOC＝1，表示可显示查看现场参数，不允许修改，但允许设置给定值，参数锁功能设定，预防了无关人员乱动而影响仪表正常运行。

⑨当仪表参数设置完毕后，大多数参数将不再需要现场工人进行设置，现场操作工对许多参数不理解，有可能产生误操作而将参数更改成错误数值，影响仪表正常工作。故对操作工可以理解需要改动参数 EP1-EP8 定义 1～8 个现场参数给操作工使用。

3. 仪表安装与调试

首先将仪表进行上电检查，泵池现场实际液位变化进行程序参数设置，如所测介质类型、量程、输出方式等，并按技术要求作好安装前模拟调校，使液位高低与输出信号成线性相关变化。尾矿泵池属开口容器，制作探头架时，必须考虑到仪表与容器壁之间保持一定距离，即要避开检测盲压；且保持传感器中心轴线与介质表面垂直。同时，超声波传感器锥形发射角内不能有其他杂物件，以避免产生虚假回波而影响测量准确度。

4. DFD 手操器与 ZKJ-210 执行器调试

DFD-1000 型电动操作器是采用"开关操作制"原理进行手/自动切换和操作，当切换开关处于手动位置时，①、②输入端分别与⑪、⑫输出端开路，由操作开关控制⑪、⑫端是否通电，并根据位置反馈信号大小来控制通电时间长短；当切换开关处于自动位置时，①与⑪相通，②与⑫相通。而由 AI-808 调节器来控制执行机构 ZJK-210，达到 AI-808 调节器液位变化来控制 ZKJ-210 角行程，调节砂泵输出功率，稳定泵池液位。

仪表按要求接好控制线后，对 ZKJ-210 执行器角行程与位置反馈信号变化一致性进行调校，粗调和电位器细调，使执行器角行程零位满量程分别对应 4～20m 成线性变化输出（DFD 表头有指示），并用操作器手动操作进行试验，同时检查 1XC 和 2XC 行程限位开关是否达到规定技术限位要求。

5. 系统调试

动态系统调试是实现液位自动控制的最重要一步。首先检查 AI-808 调节器能否用中间继电器实现手动控制调节，以及执行器正、反转控制方向一致性，再检查液位高低报警功能、行程控制开关限位和保护功能是否正常，液位测量指示正确否。完成手动联动试验后，将泵池液面手动控制稳定工艺在要求区域范围内变化，先把 DFD-1000 手操器投向自动控制，再将 AI-808 投入自动观看自控系统能够液位动态变化进行相应跟踪调节，此基础上再启动自整定功能，以获最佳系统控制参数。待自整定结束后，将系统控制参数记录好，同时对参数进行必要的密码锁定。

用国产 AI-808 调节器，投资成本仅 2000 元（含应用功能模块），仅为进口调节器 1/7，还可以省去一台伺服放大器，数字显示直观，操作简便，备有高低报警输出，提高了自动控制功能和稳定性。

学习评价

2-4-1　什么是过渡过程？

2-4-2　如图所示为典型的衰减振荡过程曲线。衰减振荡的品质指标有以下几个：最大偏差、衰减比、余差、过渡时间、振荡周期（或频率）。请分别说明其含义。

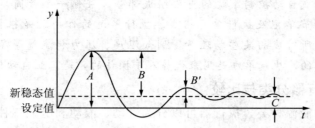

2-4-3　如图所示是自控系统研究中几种典型的输入信号，其中哪一种是阶跃函数信号？为什么常采用它作为输入信号？

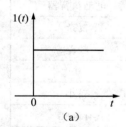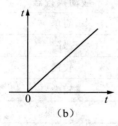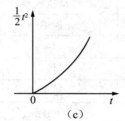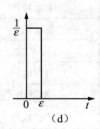

(a)　　　　(b)　　　　(c)　　　　(d)

2-4-4　什么是调节对象、给定值和偏差？

2-4-5　偏差信号的含义在单独讨论调节器时和讨论自动化系统时是否相同？

2-4-6　什么叫系统调试？

2-4-7　什么叫直接指标控制和间接指标控制？各使用在什么场合？

2-4-8　常用的控制器的控制规律有哪些？各有什么特点？适用于什么场合？

项目三　执行器应用

 任务一　执行器的构成及工作原理

任务描述

执行单元是构成自动控制系统的重要组成部分。任何一个最简单的控制系统也必须由检测环节、调节单元及执行单元组成。执行单元的作用就是根据调节器的输出，直接控制被控变量所对应的某些物理量，例如温度、压力和流量等参数，从而实现对被控对象的控制目的。执行单元是用来代替人手操作的，是工业自动化的"手脚"。

3.1.1　执行器分类与比较

根据所使用的能源种类，执行器可以分为气动、液动和电动三种。常规情况下三种执行器的主要特性比较如表 3-1-1 所示。

表 3-1-1　执行器主要性能比较

主要特性	气动执行器	液动执行器	电动执行器
系统结构	简单	简单	复杂
安全性	好	好	较差
相应时间	慢	较慢	快
推动力	适中	较大	较小
维护难度	方便	较方便	有难度
价格	便宜	便宜	较贵

气动执行器是以压缩空气为动力能源的一种自动执行器。它接受调节器的输出控制信号，直接调节被控介质（如液体、气体或蒸汽等）的流量，使被控变量控制在系统要求的范围内，以实现生产过程的自动化。气动执行器具有结构简单、工作可靠、价格便宜、维护方便和防火防爆等优点，在工业控制系统中应用最为普遍。

电动执行器是以电动执行机构进行操作的。它接受来自调节器的输出电流 $0\sim 10mA$ 或 $4\sim 20mA$ 信号，并转换为相应的输出轴角位移或直线位移，去控制调节机构以实现自动调节。电动执行器的优点则是能源采用方便，信号传输速度快，传输距离远，但其结构复杂、推力小、价格贵和且只适用于防爆要求不高的场所的缺点，大大地限制了其在工业环境中的广泛应用。液动执行器的最大特点是推力大，但在实际工业中的应用较少。因此。本书只重点讨论气动执行器和电动执行器。

3.1.2　执行器基本构成及工作原理

执行器一般由执行机构和调节机构两部分组成。执行机构是执行器的推动装置，它可以按照调节器的输出信号量，产生相应的推力或位移，对调节机构产生推动作用；

调节机构是执行器的调节装置,最常见的调节机构是调节阀,它受执行机构的操纵,可以改变调节阀阀芯与阀座间的流通面积,以达到最终调节被控介质的目的。

常规执行器的结构如图 3-1-1 所示。无论是气动执行器还是电动执行器,首先都需接受来自调节器的输出信号,以作为执行器的输入信号即执行器动作依据;该输入信号送入信号转换单元,转换信号制式后与反馈的执行机构位置信号进行比较,其差值作为执行机构的输入,以确定执行机构的作用方向和大小;执行机构的输出结果再控制调节器的动作,以实现对被控介质的调节作用;其中执行机构的输出通过位置发生器可以产生其反馈控制所需的位置信号。

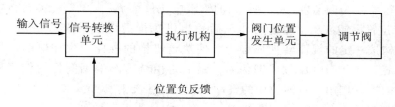

图 3-1-1 执行器工作原理图

显然,执行机构的动作构成了负反馈控制回路,这是提高执行器调节精度,保证执行器工作稳定的重要手段。

 学习评价

3-1-1 气动执行器、液动执行器和电动执行器在特性上有什么区别?

3-1-2 执行器由哪几个部分组成?各主要功能如何?

3-1-3 执行器在自动控制系统中起何作用?

3-1-4 什么是不平衡力和不平衡力矩?其大小和方向受哪些因素影响?

3-1-5 什么是直线流量特性?

3-1-6 什么是等百分比流量特性?

3-1-7 怎样减少执行器的噪声?

▶任务二 气动执行器

📚 任务描述

气动薄膜式执行机构使用弹性膜片将输入气压转变为推力,其结构简单,价格便宜,使用最为广泛。气动活塞式执行机构以汽缸内的活塞输出推力,由于汽缸允许压力较高,可获得较大的推力,因而常可制成长行程的执行机构。

3.2.1 气动执行器基本构成

气动执行器一般由气动执行机构和调节机构组成,根据应用工作的需要,也可配上阀门定位器或电气转换器等附件,完整的气动执行器工作原理如图 3-2-1 所示。

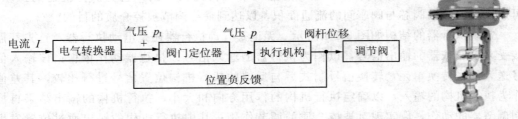

图 3-2-1　气动执行器工作原理示意图

　　气动执行器接受调节器(或转换器)的输出电流信号 I，由电气转换器转换成气压信号 p_1，经与位置反馈气压信号进行比较后输出供执行机构使用的气压信号 p，然后由气动执行机构按一定的规律转换成推力，使执行机构的推杆产生相应的位移，以带动调节阀的阀芯动作并产生位置反馈信号，最后再由调节阀根据阀杆的位移程度，实现对被控介质的控制作用。目前使用的气动执行机构主要有薄膜式和活塞式两大类。

　　典型的薄膜式气动执行器如图 3-2-2 所示。它分为上下两部分，上半部分是产生推力的薄膜式的执行机构，下半部分是调节阀。薄膜式执行机构主要由弹性薄膜、压缩弹簧和推杆组成。当气压信号 p 进入薄膜气室时，会在膜片上产生向下的推力，以克服弹簧反作用力，使推杆产生位移，直到弹簧的反作用力与薄膜上的推力平衡为止。因此，这种执行机构属于比例式作用特性，即平衡时推杆的位移与输入气压大小成比例。

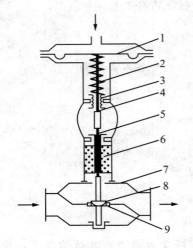

图 3-2-2　薄膜式气动执行器结构

1—薄膜；2—弹簧；3—调零弹簧；4—推杆；
5—阀杆；6—填料；7—阀体；8—阀芯；9—阀座

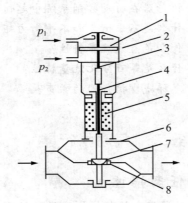

图 3-2-3　活塞式气动执行器结构

1—薄膜；2—弹簧；3—调零弹簧；4—推杆；
5—阀杆；6—填料；7—阀体；8—阀芯；9—阀座

　　典型的活塞式气动执行器如图 3-2-3 所示。它也分为上半部分的活塞式执行机构和下半部分的调节阀。活塞式执行机构在结构上是无弹簧的汽缸活塞式系统，允许操作压力为 0.5MPa，且无弹簧反作用力，因而输出推力较大，特别适用于高静压、高压差、大口径的场合。它的输出特性有比例式和两位式两种。两位式操作模式是活塞根据其两侧操作压力的大小而动作，活塞由高压侧向低压侧移动，使推杆从一个极端位置移动到另一个极端位置。其行程可达 25～100mm，主要适用于双位调节的控制系统。

1. 气动薄膜执行机构

气动薄膜执行机构是最常用的执行机构。气动薄膜执行机构的结构简单，动作可靠，维护方便，成本低廉，得到广泛应用。它分为正作用和反作用两种执行方式。正作用执行机构在输入信号增加时，推杆的位移向外；反作用执行机构在输入信号增加时，推杆的位移向内。当输入信号增加时，在薄膜膜片上产生一个推力，克服弹簧的作用力后，推杆位移，位移方向向外。因此，称为正作用执行机构。反之，输入信号连接口在下膜盖上，信号增加时，推杆位移向内，缩到膜盒里，称为反作用执行机构。

2. 气动薄膜执行机构的特点

(1)正、反作用执行机构的结构基本相同，由上膜盖、下膜盖、薄膜膜片、推杆、弹簧、调节件、支架和行程显示板等组成。

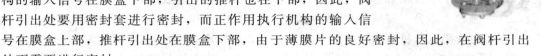

(2)正、反作用执行机构结构的主要区别是反作用执行机构的输入信号在膜盒下部，引出的推杆也在下部，因此，阀杆引出处要用密封套进行密封，而正作用执行机构的输入信号在膜盒上部，推杆引出处在膜盒下部，由于薄膜片的良好密封，因此，在阀杆引出处不需要进行密封。

(3)可通过调节件的调整，改变弹簧初始力，从而改变执行机构的推力。

(4)执行机构的输入/输出特性呈现线性关系，即输出位移量与输入信号压力之间呈线性关系。输出的位移称为行程，由行程显示板显示。一些反作用执行机构还在膜盒上部安装阀位显示器，用于显示阀位。国产气动薄膜执行机构的行程有 10mm、16mm、25mm、40mm、60mm 和 100mm 六种规格。

(5)执行机构的膜片有效面积与推力成正比，有效面积越大，执行机构的推力也越大。

(6)可添加位移转换装置，使直线位移转换为角位移，用于旋转阀体。

(7)可添加阀门定位器，实现阀位检测和反馈，提高控制阀性能。

(8)可添加手轮机构，在自动控制失效时采用手轮进行降级操作，提高系统可靠性。

(9)可添加自锁装置，实现控制阀的自锁和保位。

精小型气动薄膜执行机构在机构上作了重要改进，它采用四个弹簧代替原来的一个弹簧，降低了执行机构的高度和重量，具有结构紧凑、节能、输出推力大等优点。与传统气动薄膜执行机构比较，高度和重量约可降低 30%。

侧装式气动薄膜执行机构也称为增力式执行机构，国外也称为ΣF系列执行机构。它采用增力装置将气动薄膜执行机构的水平推力经杠杆的放大，转换为垂直方向的推力。由于在增力装置上可方便地更换机件的连接关系来更换正反作用方式，改变放大倍数，例如，增力装置的放大倍数可达 5.2 倍。

3. 气动活塞执行机构(ZSAB、ZSN 型)

气动活塞执行机构采用活塞作为执行驱动元件，具有推力大、响应速度快的优点，特点如下：

（1）可采用较大的气源压力。例如，操作压力可高达 1MPa，国产活塞执行机构也可 0.5MPa，此外，它不需要气源的压力调节减压器。

（2）推力大。由于不需要克服弹簧的反作用力，因此提高操作压力和增大活塞有效面积就能获得较大推力。对采用弹簧返回的活塞执行机构，其推力计算与薄膜执行机构类似，其推力要小于同规格的无弹簧活塞执行机构。

（3）适用于高压差、高静压和要求有大推力的应用场合。

（4）当作为节流控制时，输出位移量与输入信号成比例关系，但需要添加阀门定位器。

（5）当作为两位式开闭控制时，对无弹簧活塞的执行机构，活塞的一侧送输入信号，另一侧放空，或在另一侧送输入信号，一侧放空，实现开或关的功能；有弹簧返回活塞的执行机构只能够在一侧送输入信号，其返回是由弹簧实现的。为实现两位式控制，通常采用电磁阀等两位式执行元件进行切换。采用一侧通恒压，另一侧通变化压力（大于或小于恒压）的方法实现两位控制，它使响应速度变慢；采用两侧通变化的压力（一侧增大，另一侧减小）实现两位控制，同样会使响应速度变慢，不拟采用。

（6）与薄膜执行机构类似，活塞执行机构分正作用和反作用两种类型。输入信号增加时，活塞杆外移的类型称为正作用式执行机构；输入信号增加时，活塞杆内缩的类型称为反作用式执行机构。作为节流控制，通常可采用阀门定位器来实现正反作用的转换，减少设备类型和备件数量。

（7）根据阀门定位器的类型，如果输入信号是标准 20～100kPa 气压信号，则可配气动阀门定位器；如果输入信号是标准 4～20mA 电流信号，则可配电气阀门定位器。

（8）可添加专用自锁装置，实现在气源中断时的保位。

（9）可添加手轮机构，实现自动操作发生故障时的降级操作，即手动操作。

（10）可添加位移转换装置使直线位移转换为角位移，有些活塞式执行机构采用横向安装，并经位移转换装置直接转换直线位移为角位移。

长行程执行机构是为适应行程长（可达 400mm）、推力矩大的应用而设计的执行机构，它可将输入信号直接转换为角位移，因此，不需外加位移转换装置。

3.2.2 阀门定位器

阀门定位器是气动执行器的辅助装置，与气动执行机构配套使用。它主要用来克服流过调节阀的流体作用力，保证阀门定位在调节器输出信号要求的位置上。

定位器与执行器之间的关系如同一个随动驱动系统。定位器接受来自调节器的控制信号和来自执行器的位置反馈信号，对两者进行比较，当两个信号不相对应时，定位器以较大的输出驱动执行机构，直至执行机构的位移输出与来自调节器的控制信号相对应。此外，配置阀门定位器可增大执行机构的输出功率，减少调节信号的传输滞后，加快阀杆的移动速度，提高位置输出的线性度，从而保证调节阀的正确定位。

图 3-2-4 给出了与薄膜执行机构配套使用的气动阀门定位器的工作原理，它是按力

矩平衡的方式进行工作的。从调节仪表来的控制信号首先送入波纹管内，当信号压力增大时，主杠杆绕支点偏转，致使挡板接近喷嘴；喷嘴背压经放大器放大后，送至薄膜气室，以推动推杆下移，并带动反馈杆绕支点转动；反馈凸轮跟着作逆时针转动，通过滚轮使副杠杆绕支点顺时针转动，拉伸反馈弹簧。当弹簧对主杠杆的拉力与信号压力通过波纹管对主杠杆的力达到力矩平衡时，杠杆停止转动，定位器处于相对稳定状态，此时阀门位置与信号压力相对应。

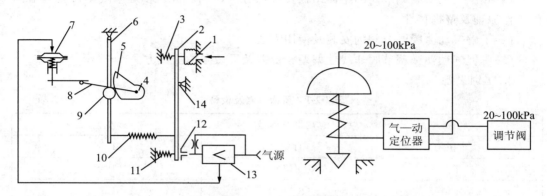

图 3-2-4　气动阀门定位器结构与作用示意图

1—波纹管；2—主杠杆；3—弹簧；4，14—支点；5—凸轮；6—副杠杆；7—薄膜气室；
8—反馈杆；9—滚轮；10—反馈弹簧；11—调零弹簧；12—喷嘴；13—放大器

改变反馈凸轮的几何形状，可以改变输入信号与阀杆位移的对应关系，从而无须变更调节阀阀芯形状即可改变调节阀的流量特性。

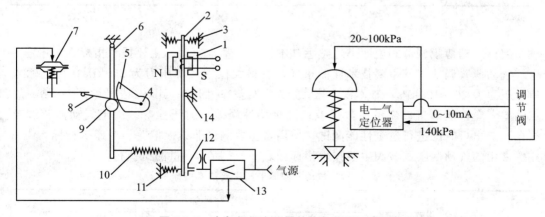

图 3-2-5　电气阀门定位器结构与作用示意图

1—电磁线圈；2—主杠杆；3—弹簧；4，14—支点；5—凸轮；6—副杠杆；7—薄膜气室；
8—反馈杆；9—滚轮；10—反馈弹簧；11—调零弹簧；12—喷嘴；13—放大器

阀门定位器有正作用与反作用之分，只要将定位器的结构作少量的调整，即可获得不同的作用方式。将电气转换器与阀门定位器相结合，即形成了电气阀门定位器。此时可将调节器的输出信号直接输入到定位器，而不再需要电气转换器。电气阀门定位器的工作原理与气动阀门定位器的基本相同，只是输入信号及其作用形式不同。在气动定位器的基础上，对波纹管部分做一定的调整即可形成如图 3-2-5 所示的电气阀门定位器。

3.2.3 气动执行器与阀门定位器实训

实训任务 气动薄膜调节阀调校

1. 实训目的

(1)熟悉气动薄膜调节阀的整体结构及各部分的作用，进一步理解气动薄膜调节阀的工作原理及整机特性。

(2)了解气动薄膜调节阀的安装及使用方法。

(3)掌握气动薄膜调节阀非线性偏差、变差及灵敏限的测试方法。

2. 实训设备

表 3-2-1 所需仪器及设备

名称	规格及型号	数量
执行机构	HA2R	1台
控制阀	HTS	1台
气动定值器	QGD-200	1个
空气过滤减压阀	KZ03-2A-L	1块
百分表	0~30mm	1块
直流毫安表	0~20mA	1块
精密压力表	0~0.6MPa	1块
操作台		1台

3. 准备工作

阅读气动薄膜调节阀说明书，熟悉基本结构、基本原理、主要技术指标。

气动薄膜调节阀其主要技术性能指标，有最大供气气源压力为 250kPa；标准输入信号压力为 20~100kPa；基本误差限（或线性误差）；回差；死区（或灵敏限）；始、终点偏差；允许泄漏量；流量系数误差；流量特性误差；耐压强等。由于气动薄膜调节阀在制造出厂时已进行过全性能测试，使用者主要测试非线性偏差、变差等指标。

常用的气动薄膜调节阀主要技术指标如表 3-2-2 所示，供测试执行。

表 3-2-2 气动薄膜调节阀主要技术指标

名 称	调节阀种类									
	单座阀、双座阀、角形阀		三通阀		高压阀		低温阀		隔膜阀	
	不带定位器	带定位器	不带定位器	带定位器	不带定位器	带定位器	不带定位器	带定位器	不带定位器	带定位器
非线性偏差/%	±4	+1	±4	±1	±4	±1	±6	±1	±10	±1
反行程变差/%	2.5	1	2.5	1	2.5	1	5	1	6	1

续表

名　　称	调节阀种类									
	单座阀、双座阀、角形阀		三通阀		高压阀		低温阀		隔膜阀	
	不带定位器	带定位器	不带定位器	带定位器	不带定位器	带定位器	不带定位器	带定位器	不带定位器	带定位器
灵敏限/%	15	03	1.5	0.3	1.5	0.3	2	0.3	3	0.3
流量系数误差/%	±10（C≤5 为±15）		±10		±10		±10（C≤15 为±15）		±20	
流量特性误差/%	±10（C≤5 为±15）		±10		+10		±10（C≤5 为±15）			
允许泄漏量/%	单座角形阀 0.01 双座阀0.1		0.1		0.01		单座阀0.01 双座阀0.1		无泄漏	

4. 实训内容与步骤

(1)气动薄膜调节阀性能测试方法

非线性偏差、变差及灵敏限测试装置如图 3-2-6 所示。按图连接测试系统各气路（连接时注意执行机构的正反作用形式）。

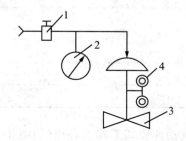

图 3-2-6　非线性偏差测试连接图

1—气动定值器；2—精密压力表；3—调节阀；4—百分表

①正行程校验

选取 20kPa、40kPa、60kPa、80kPa、100kPa5 个输入信号校验点，输入信号从20kPa 开始，依次增大加入膜头的输入信号的压力至校验点，在百分表上读取各校验点阀杆的位移量，将测试结果填入表 3-2-2 的相应栏目内。

②反行程校验

正行程校验后，接着从 100kPa 开始，依次减小加入膜头的输入信号压力至各校验点，同样读取各点阀杆的位移量，将测试结果填入表 3-3-2 的相应栏目内。并绘制正、反行程校验的"信号-位移"特性曲线。

③灵敏限的测定

分别在信号压力为 10%、50%、90%所对应的阀杆位置，增加和降低信号压力，使阀杆移动 0.01mm(百分表的指示有明显的变化)时，读取各自的信号压力变化值，填入表 3-2-3 中的相应栏目内。

表 3-2-3　非线性偏差、变差及灵敏限校验记录表

非线性偏差及变差测试记录					
校验点		阀杆位置		测量误差	
百分值/%	信号值/kPa	正行程/%	反行程/%	正行程/%	反行程/%
0					
25					
50					
75					
100					
非线性偏差/%			变差/%		
灵敏限测试记录					
测试点		阀杆移动 0.01mm 时信号变化量			
百分值/%	信号值/kPa	增加信号变化量/kPa		减少信号变化量/kPa	
10					
50					
90					
灵敏限/%					
校验结论：					
校验人：				年　月　日	
指导老师：				年　月　日	

　　(2)电/气阀门定位器与气动薄膜调节阀的联校(如图 3-3-7 所示)

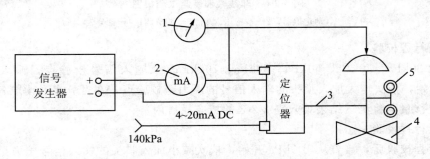

图 3-2-7　调节阀与定位器联校连接图

1—精密压力表；2—直流毫安表；3—反馈杆；4—调节阀；5—百分表

　　①零点调整

　　给电/气阀门定位器输入 4mA DC 信号，其输出气压信号应为 20kPa，调节阀阀杆

应刚好启动。如不符，可调整电/气阀门定位器中的零点调节螺钉来满足。

②量程调整

给电/气阀门定位器输入 20mA DC 信号，输出气压信号应为 100kPa，调节阀阀杆应走完全行程(100％处)，否则调节量程螺钉使之满足要求。

零点和量程应反复调整，直至两项均符合要求为止。然后再看一下中间值，不超精度要求，即联校毕，否则要进行非线性和变差校验。

5. 实训报告

(1)写出常规实训报告；

(2)根据所得数据计算非线性偏差、变差、灵敏度；

(3)填写仪表校验单。

学习评价

3-2-1　气动执行器的工作原理和基本结构是什么？

3-2-2　气动阀门定位器的工作原理是什么？电气阀门定位器与气动阀门定位器有什么区别？

3-2-3　气动调节阀的性能指标有哪些？

3-2-4　什么情况下需要用阀门定位器？

3-2-5　如何校验气动调节阀的额定行程偏差？

3-2-6　气动调节阀的安装要求有哪些？

3-2-7　阀门定位器的作用有哪些？

▶任务三　电动执行器

电动执行器也由执行机构和调节阀两部分组成。其中调节阀部分常与气动执行器是通用的，不同的只是电动执行器使用电动执行机构。

1. 电动执行器

这是一类以电作为能源的执行器，按结构可分为电动控制阀、电磁阀、电动调速泵和电动功率调整器及附件等。

(1)电动控制阀。是最常用的电动执行器，它由电动执行机构或电液执行机构和调节机构(控制阀体)组成。电动执行机构或电液执行机构根据控制器输出信号，转换为控制阀阀杆的直线位移或控制阀阀轴的角位移。其调节机构部分可采用直通单座阀、双座阀、角形阀、蝶阀、球阀等。

(2)电磁阀。这是用电磁体为动力元件进行两位式控制的电动执行器。

电磁阀是两位式阀，它将电磁执行机构与阀体合为一体。按有无填料函可分为填料函型和无填料函型电磁阀；按动作方式分先导式和直接式两类；按结构分普通型、防水型、防爆型和防水防爆型等；按正常时的工作状态分常闭型(失电时关闭)和常开型(失电时打开)；按通路方式分为两通、三通、四通、五通等；按电磁阀的驱动方式分为单电控、双电控、弹簧返回和返回定位等。电磁阀常作为控制系统的气路切换阀，用于联锁控制系统和顺序控制系统。电磁阀一般不作为直接切断阀，少数小口径且无

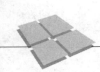

仪表气源的应用场合也用作切断阀。

先导式电磁阀作为控制阀的导向阀，用于控制活塞式执行机构控制阀的开闭或保位，也可作为控制系统的气路切换。通常，先导式电磁阀内的流体是压缩空气，在液压系统中采用液压油，应用先导式电磁阀时需要与其他设备，例如滑阀等配合来实现所需流路的切换。直接式电磁阀用于直接控制流体的通断。

电磁阀具有可远程控制、响应速度快、可严密关闭、被控流体无外泄等特点。需注意，电磁阀工作部件直接与被控流体接触，因此，选型时应根据流体性能确定电磁阀类型。电磁阀常用于位式控制或控制要求较低，但要求严格密封等应用场合。例如，加热炉燃料气进料、空气和水等介质。在防爆区域应用时，应选用合适的防爆电磁阀。

（3）电动调速泵。它是通过改变泵电机的转速来调节泵流量的电动执行器，通常采用变频调速器将输入信号的变化转换电机供电频率的变化，实现电机的调速。由于与用控制阀节流调节流量的方法比较，它具有节能的优点，因而逐渐得到应用。

通常，电动调速泵用交流调速技术对交流电动机进行调速，实现流量控制。交流电动机的调速方法有调频调速、调级对数调速和调转差率调速三种，同步交流电动机因不受转差率影响，只有调频调速、调级对数调速两种调速方法。

（4）电功率调整器。这是用电器元件控制电能的执行器，如常用的感应调压器、晶闸管调压器等，它通过改变流经负荷的电流或施加在负荷两端的电压来改变负荷的电功率，达到控制目的。例如，用晶闸管调压器来控制加热器电压，使加热器温度满足所需温度要求等。调速控制系统可直接采用开环控制，或组成速度反馈控制，也可添加电压、电流或位置信号等，组成复杂控制系统。近二十几年来，由于矢量控制具有动态响应快、运行稳定等特点，因此，采用旋转矢量控制技术的交流电动机调速控制系统得到了广泛应用。

（5）电动执行机构。电动执行机构是采用电动机和减速装置来移动阀门的执行机构。通常，电动执行机构的输入信号是标准的电流或电压信号，其输出信号是电动机的正、反转或停止的三位式开关信号。电动执行机构具有动作迅速、响应快、所用电源的取用方便、传输距离远等特点。

电动执行机构可按位移分为直行程、角行程和多转式三类，也可按输入信号与输出性的关系分为比例式、积分式两类。

3.3.1　电动执行机构的特点

1. 电动执行机构一般有阀位检测装置来检测阀位（推杆位移或阀轴转角），因此，电动执行机构与检测装置等组成位置反馈控制系统，具有良好的稳定性。

2. 积分式电动执行机构的输出位移与输入信号对时间的积分成正比，比例式电动执行机构的输出位移与输入信号成正比。

3. 通常设置电动力矩制动装置，使电动执行机构具有快速制动功能，可有效克服采用机械制动造成机件磨损的缺点。

4. 结构复杂价格昂贵，不具有气动执行机构的本质安全性，当用于危险场所时，需考虑设置防爆、安全等措施。

5. 电动执行机构需与电动伺服放大器配套使用，采用智能伺服放大器时，也可组成智能电动控制阀。通常，电动伺服放大器输入信号是控制器输出的标准 4～20mA 电流信号或相应的电压信号，经放大后转换为电动机的正转、反转或停止信号。放大的方法可采用继电器、晶体管、磁力放大器等，也可采用微处理器进行数字处理，通常，放大器输出的接通和断开时间与输入信号成比例。

6. 可设置阀位限制，防止设备损坏。

7. 通常设置阀门位置开关，用于提供阀位开关信号。

8. 适用于无气源供应的应用场所、环境温度会使供气管线中气体所含的水分凝结的场所和需要大推力的应用场所。

近年来，电动执行机构也得到较大发展，主要是执行电动机的变化。由于计算机通信技术的发展，采用数字控制的电动执行机构也已问世，例如步进电动机的执行机构、数字式智能电动执行机构等。

3.3.2 电动执行器的构成及原理

在防爆要求不高且无合适气源的情况下，可使用电动执行器作为调节机构的推动装置。电动执行器有角行程和直行程两种，其电气原理完全相同，只是输出机械的传动部分有区别。

电动执行器接受调节器送来的 0～10mA 或 4～20mA 直流电流信号，并转换为对应的角位移或直线位移，以操纵调节机构，实现对被控变量的自动调节。以角行程的电动执行器为例，用 I_i 表示输入电流，θ 表示输出轴转角，则两者存在如下的线性关系

$$\theta = K \cdot I_i \tag{3-3-1}$$

式中，K 是比例系数。由此可见，电动执行器实际上相当于一个比例环节。为保证电动执行器输出与输入之间呈现严格的比例关系，采用比例负反馈构成闭环控制回路。

图 3-3-1 给出了以角行程电动执行器为例的电动执行器工作原理框图。它由伺服放大器和执行机构两大部分组成。

伺服放大器由前置磁放大器、可控硅触发器和可控硅交流开关组成，如图 3-3-2 所示。伺服放大器将输入信号 I_i 与位置反馈信号 I_f 进行比较，其偏差经伺服放大器放大后，控制执行机构中的两相伺服电动机做正、反转动；电动机的高转速小力矩，经减速后变为低转速大力矩，然后进一步转变为输出轴的转角或直行程输出。位置发送器的作用是将执行机构的输出转变为对应的 0～10mA 反馈信号 I_f，以便与输入信号 I_i 进行比较。

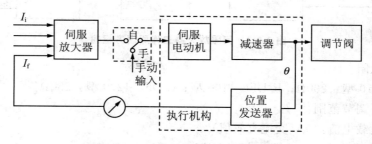

图 3-3-1 电动执行器工作原理示意图

电动执行器还提供手动输入方式，以在系统掉电时提供手动操作途径，以保证系

统的调节作用。

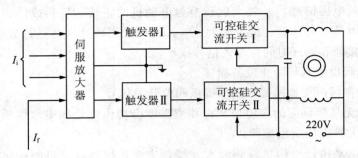

图 3-3-2　伺服放大器工作原理示意图

3.3.3　伺服放大器的原理、调校及安装

1. 用途和特点

DFC 型系列伺服放大器是电动执行机构的配套装置，也是工业过程控制自动调节系统的核心部件之一，它与电动执行机构配合，广泛用于电力、冶金、化工等工业过程控制自动化调节系统中。本伺服放大器采用固态继电器做功率输出部件，体积小、耐振动、可靠性高，DFC-1200 型产品还具有信号断失保护功能，可提高系统运行的安全性。伺服放大器还设有状态指示，便于观察和调试。

2. 主要技术参数

①输入信号

a. DFC-110 型：0～10mA DC

b. DFC-1100 型：4～20mA DC

c. DFC-1200 型：4～20mA DC（带断信号保护）

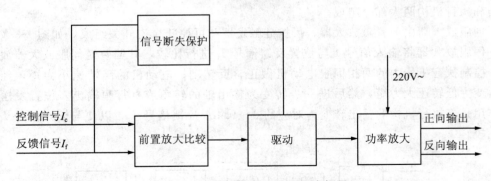

图 3-3-3　伺服放大器工作原理方框图

②输入电阻

a. DFC-110 型：200Ω；b. DFC-1100 型；c. DFC-1200 型：250Ω

③死区可调节范围：1%～3%

④额定负载电流：5A（交流有效值）

⑤断信号识别：<2mA DC（仅对 DFC-1200）

⑥工作电源：220V，50Hz

⑦使用环境：温度：0℃～500℃；相对湿度<85%；大气压力：86～106kPa；周

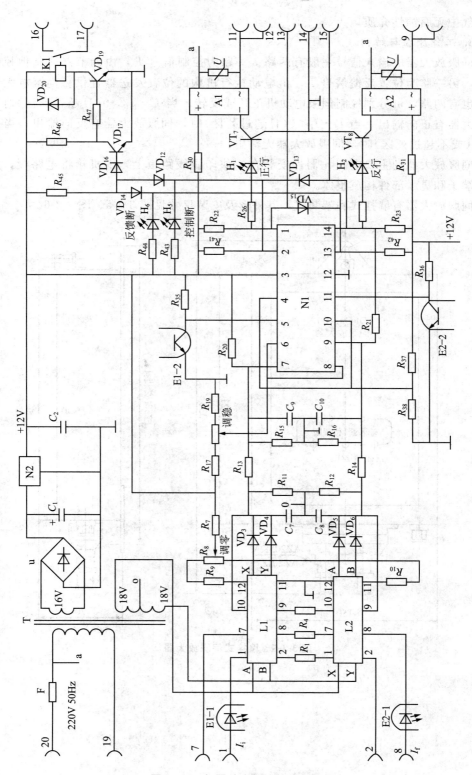

图 3-3-4　伺服放大器系统原理图

围空气中无腐蚀性介质。

3．工作原理与结构

伺服放大器的输入信号一般有两路，一路为控制信号 I_c，由调节器或其他控制器提供，另一路为位置反馈信号 I_f，由电动执行机构的位置发送器提供。伺服放大器的输出也有两路，可分别控制伺服电动机正转或反转。当 $I_c-I_f>0$（且超过死区）时，伺服放大器有正向输出，当 $I_c-I_f<0$（且超过死区）时，伺服放大器有反向输出，当 $I_c-I_f=0$（或不超过死区）时，伺服放大器无输出。

伺服放大器的主要电气元器件安装在一块印刷线路板上，由机箱将电路板，对外接线端子和显示部件构成整体。

伺服放大器有墙挂式和架装式，其外形及安装尺寸见图 3-3-5、图 3-3-6。

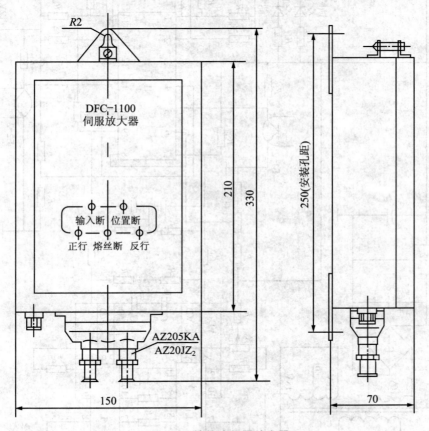

图 3-3-5　墙挂式伺服放大器

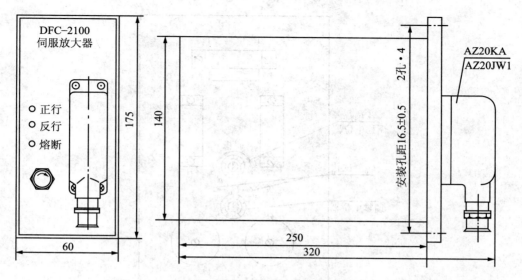

图 3-3-6　架装式伺服放大器

4. 使用方法

(1)伺服放大器的接线端子排列见图 3-3-7，使用时应按要求正确接线。

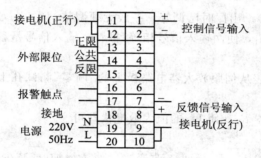

图 3-3-7 伺服放大器接线端子排列图

注：DFC-1100 不带报警触点

(2)模拟调试。伺服放大器在接入系统使用前，一般应进行模拟调试，调试接线方法见图 3-3-8、图 3-3-9。

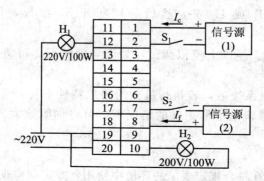

图 3-3-8　伺服放大器模拟调试接线端子排列图

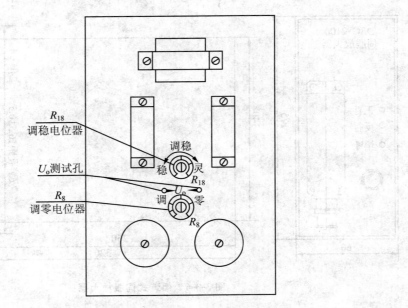

图 3-3-9 电路板系列示意图

调试步骤如下：

①调平衡（即调零）。出厂时已调好，一般无须调整。

a. 分别调整 I_c 和 I_f，使两输入信号相等（推荐在输入信号量程的 20%、50% 点调平衡）；

b. 用数字式电压表从伺服放大器电路板上的"调零"测试孔上测量前置级的输出电压 U_o（参见图 3-3-9）；

c. 调整调零电位器 R_8，使 U_o 的值为数毫伏即可。

②调死区。

a. 保持调平衡时的 I_f、R_{18} 不变，改变 I_c，使 I_c 增加（或减少）0.15～0.2mA；

b. 调整调死区电位器 R_{18} 至 H_1 或 H_2 刚好亮（若 I_c 是增加的，则 H_1 亮，若 I_c 是减少的，则 H_2 亮）；

c. 改变 I_c，H_1、H_2 应交替亮（但不应有同时亮现象）。

③断信号保护检查。

调整 I_c 和 I_f 使 H_1 或 H_2 亮，然后分别断开 S_1 和 S_2，H_1 和 H_2 均应熄灭。（DFC-1100无此功能）

（3）接入系统调试。经以上模拟调试，如无异常情况，可将伺服放大器接入系统使用。

当伺服放大器接入系统后，若执行机构的阻尼特性不符合要求，在确定执行机构制动部件及位置发送器输出信号正常的情况下，可将伺服放大器的调稳电位器 R_{18} 向"稳"方向作少量调整。

5. 注意事项

（1）伺服放大器应在符合规定要求的环境中使用，并定期检查和调整。

（2）伺服放大器的输入回路中，串联有二极管，因此，输入信号的极性必须正确，不得接反。

（3）伺服放大器的输入信号分 0～10mA 和 4～20mA 两种，两者不能通用。

3.3.4　ZKJ-7100 型角行程电动执行机构应用

1. 概述

ZKJ-7100 型角行程电动执行机构是属于 ZKJ 系列中的一种新产品，主要是对 DKJ-710 型电动执行机构原来存在的问题进行改进设计和扩充功能，它可以和 DDZ-Ⅲ 型仪表配套使用。它具有如下特点：

（1）采用三相控制技术，以三相电源为动力，能接受 4～20mA DC信号；

（2）位置发送器具有恒流输出特性，输出电流为 4～20mA DC；

（3）三相电动机具有阀用特性，能承受较频繁的起动，没有机械制动器；

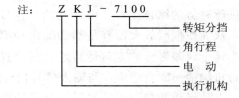

（4）它具有行程控钳器，中途限止机构和力矩限止器；

（5）电动执行机构采用密封结构，可以用于水溅场合。

2. 用途

ZKJ-7100 型角行程电动执行机构可以与 DDZ-Ⅲ 型仪表配套使用。它以电动源为动力，接受统一的标准信号 4～20mA DC，并将此转换成与输入信号相对应的转角位移，自动地操纵风门挡板、蝶阀等完成自动调节任务，或者配用电动操作器和三相控制器实现远方控制。广泛地用于电厂、钢厂、轻工等工业部门。

该仪表具有连续调节、手动远方控制和就地手动操作三种控制形式。使用 ZKJ-7100 型电动执行机构的自动调节系统，配用电动操作器可实现调节系统手动—自动无扰动切换。

该仪表适用于无腐蚀性气体，环境温度执行机构为 -10℃～+55℃，相对湿度≤95% 的场合。

3. 型号、规格

表 3-3-1　型号、规格

型　号	ZKJ-7100 型
输出轴转矩	6000Nm
输出轴每转时间	160s
输出轴有效位移	90°
功耗	1kW

注：Z K J - 7100

转矩分挡
角行程
电动
执行机构

4. 主要技术性能

（1）输入信号：4～20mA DC；输入电阻：250Ω；输入通道：3 个相互隔离通道；

（2）输出轴转角范围：0～90°；

（3）基本误差限：±5%；回差：2.5%；死区：5%；纯滞后：≤1s；

(4)供电电源：220V 允差（−15%～+10%）；380V，允差±10%，50Hz；

(5)使用环境条件：环境温度：三相伺服放大器 0℃～+50℃，执行机构−10℃～+55℃；

相对湿度：三相伺服放大器≤70%，执行机构≤95%；

(6)其余指标参见表 2-3-1。

5. ZKJ-7100 工作原理

ZKJ-7100 型角行程电动执行机构是一个用三相交流伺服电动机为原动机的位置伺服机构，其系统方块图如图 3-3-10 所示。

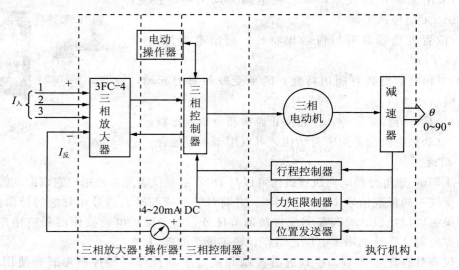

图 3-3-10 电动执行机构系统方块图

当电动操作器和三相控制器置于自动状态时，三相放大器输入端 $I_入 = 4\text{mA DC}$，位置反馈电流 $I_反 = -4\text{mA DC}$ 时，三相放大器没有输出，三相电动机不转动，执行机构输出轴稳定在预选好的机械零位。

当三相放大器输入端有一个输入信号 $I_入 > 4\text{mA DC}$，并且极性与位置反馈电流 $I_反$ 极性相反，此时输入信号与系统本身的位置反馈电流信号在三相放大器的前置磁放大器中进行磁势的综合比较，由于这两个信号极性相反，若它们不相等，就有误差磁势出现，从而使伺服放大器有足够的输出功率，驱动三相电动机，使执行机构输出轴朝着减小这个误差磁势的方向运转，直到位置反馈信号与输入信号基本相等时为止，此时执行机构输出轴就稳定在与输入信号相对应的转角位置上。

当电动操作器和三相控制器同时置于手动状态时，只要操纵电动操作器或三相控制器中的远方控制开关，直接控制三相电动机可逆运转，从而实现带动阀门开度的改变。另外，在现场摇动执行机构中的手轮来改变执行机构输出轴的旋转角度，从而改变阀门开度大小。

ZKJ-7100 型角行程电动执行机构各组成部分的工作原理简述如下：

(1)3FC-4 型三相伺服放大器

3FC-4 型三相伺服放大器主要有前置磁放大器、转向审定电路，启动阻尼电路、一致电路、触发电路、三相功率开关以及越限判别电路等组成。其原理框图如图 3-3-11 所示。

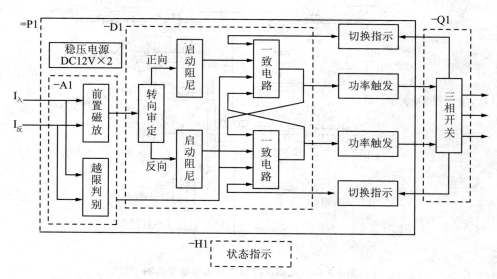

图 3-3-11　三相伺服放大器工作原理框图

三相伺服放大器将来自调节器的输出信号和执行机构本身的位置反馈信号在前置磁放大器中进行比较产生偏差信号而进行放大，输出足够的功率去驱动三相电动机，并使执行机构输出轴带动额定负载以一定的速度旋转，直至偏差信号消除为止，执行机构输出轴就停在与输入信号相对应的位置上。

本三相伺服放大器是属于无触点电路，并采用过零触发，故使用性能比较可靠。

（2）执行机构

执行机构部分包括三相电动机、减速器、位置发送器、行程控制器和力限制器等构成。

①三相电动机。三相电动机是电动执行机构中的核心部件，其特性要求与阀门使用特相一致，故市场上一般三相电动机不好使用，它的工作原理与普通三相交流动机一样。

②减速器。减速器是将高转速、小转矩的电动机输出功率变成低转速、大转矩的执行机构输出轴功率。本减速器采用一级圆柱齿轮、一级涡杆涡轮和一级少齿差行星齿轮传动混合的结构形式。其机械传动示意图如图 3-3-12 所示。

减速器箱体上装有手动部件，用来进行就地手操，使用时只要将手轮往手动方向拉出即可摇动手轮进行操作。

③位置发送器。位置发送器是将输出轴的位移线性地转换成直流电流 4～20mA 信号，它一方面作为电动执行机构的闭环负反馈信号、另一方面作为电动执行机构的位置指示信号，在自动和手动工况下都需要位置发送器稳定可靠地工作。它的线性度、死区、零点变化、温度变化的影响都直接影响电动执行机构的性能，它是电动执行机构中的一个重要环节。

本位置发送器采用导电塑料电位器作为传感器，另有电源变压器、直流稳压电路，

自动检测与控制仪表实训教程

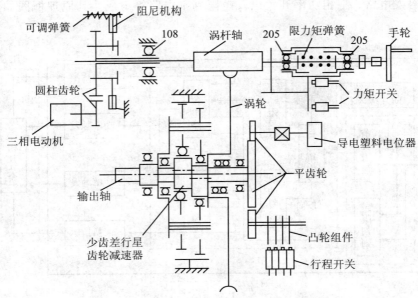

图 3-3-12　电动执行机构机械传动示意图

桥路和线性放大以及恒流输出电路等组成。

位置发送器工作原理框图如图 3-3-13。

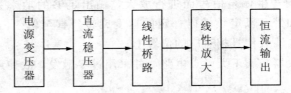

图 3-3-13　位置发送器工作原理图

位置发送器基本参数：

a. 基本误差限　±0.5%；

b. 恒流性能　负载从 750Ω 变化到 1000Ω，输出电流变化<0.3%；

c. 导电塑料电位器转角位移 0°～270°；

d. 输出电流 4～20mA DC；

e. 供电电源　220V AC，50Hz。

④行程控制器和力矩限制器。

a. 行程控制器。行程控制器具有上、下限极限位置控制和中途位置控制两种功能。上、下限极限控制器主要是用来控制电动执行机构运转到两个极限位置时，一方面切断通到三相电动机上的供电电源；另一方面可以发出终端信号，供给系统控制需要。中途位置控制器主要用在两个极限位置以内的任何位置上，其目的是提高系统运行可靠性和调节系统的需要而设置的。

极限位置控制器和中途位置控制器统称为行程控制器，它们主要有凸轮组件和行程开关组合而构成的。凸轮由圆柱齿轮传动带动旋转，到某一位置时，由凸轮把行程

212

开关触点打开翻转一个位置，从而达到控制目的。

b. 力矩限制器。力矩限制器主要用来限制电动执行机构输出轴转矩大小，从而保证阀门安全可靠的工作。力矩限制器是利用涡杆窜动原理构成。即涡杆轴上轴向力超过压缩弹簧力时，就左右窜动，通过连杆机构把行程开关的触头翻转，切断三相电动机的电源，从而达到保护作用。

（3）三相控制器

三相控制器主要用于遥控电动执行机构中三相电动机可逆运转，当三相伺服放大器或调节器出现故障时，可以实现电动执行机构的远方手动控制。当三相控制器上的拨动开关处在手动工况时，只要分别按下"正行"或"反行"按钮开关，操纵三相电动机可逆运转，同时观看电动操作器上阀位指针的变化，当达到所需控制的阀位开度时，立即松开按钮开关即可。

当三相控制器上的拨动开关处在自动工况时，三相电动机由三相伺服放大器控制供电。当出现故障（断相或漏电时），缺相漏电保护单元的漏电信号检测电路或断相信号检测电路则有输出，使有关电路动作，切断供给三相电动机的电源，以达到保护作用。当三相电动机发生堵转等过载现象时，过热继电器动作，切断供给三相电动机的电源，使其停机以免烧坏电动机。

6. 电动执行机构的校验

电动执行机构各组成部分，出厂时皆经过调试，但是为了保证仪表的正常运行，使用前应对基本性能作如下检查校验。

（1）电动操作器、三相控制器和执行机构连接起来校验。其目的是看一看电动操作器、三相控制器、三相电动机、位置发送器、行程控制器和减速器运行是否正常。

①按附图接线，并且经检查接线无误才能开始做以下校验。

②把电动操作器、三相控制器中的位置开关放在"手动"位置，开关 K_2 打开，合闸电源开关 K_1，观看电源指示灯应发亮，即为正常。

③用手操纵电动操作器或三相控制器中的手动开关（或按钮开关），同时观看执行机构输出轴能否可逆运转，还应注意手操开关位置如"开"或"关"，（有时用正行或反行）与执行机构输出轴"开"或"关"方向应一致，即为正常，如果不一致应调整三相电动机输入控制三相线中的二相对调即可。

④用手操纵电动操作器中的手操开关，使执行机构向"关"的方向旋转到某一角度（例如水平位置），打开位置发送器圆罩盖，松开锁紧导电塑料电位器的螺母，再用螺丝批调整导电塑料电位器顶端转轴，使其电位器触头处在电阻最小的起始位置。请注意导电塑料电位器触头的旋转方向应该与执行机构输出轴旋转方向一致。同时调整调零电位器，观看电动操作器中的阀位开度表指针为 0 位置。然后，用手操纵电动操作器中的手操开关向"开"的方向，观看电动执行机构输出轴向"开"的方向旋转到 90°位置（即垂直位置），立即松开手操开关，同时观看阀位开度表指针是否达到 100%，如不到则调整满度电位器，使其指针指在 100%位置上。

注意在调整上述位置发送器电气零位时，同时要调整好在 0°和 90°时的极限行程控制开关的位置，使其在这两个极限位置时，行程开关应断开，切断三相电动机的供电电源。

⑤重复几次校验，即上述位置发送器电气零位和极限行程控开关位置调整好后，用手分别操纵电动操作器和三相控制器中的手动开关，使执行机构输出轴在满度范围重复几次运转，观看阀位，开度表是否从 0 向 100％方向增大，或者由 100％向 0 方向减小，两个极限位置能否切断三相电动机的供电电源，如都能达到上述要求即为正常。

⑥断相校验：用手把三相电动机控制电源中的一相断开，观看能否切断三相电动机的供电电源，可用电压表测量。

（2）接入三相伺服放大器进行电动执行机构自动系统校验。

①接线经检查无误后开始如下校验。

②合闸信号源开关 K_2，并调整信号源输出电流为 4mA DC，再把电动操作器开关放在"自动"位置，三相控制器中的位置开关置于"手动"位置，合闸三相电源开关 K_1，执行机构输出轴应稳定在零位。如果执行机构输出轴旋转，只要把三相伺服放大器中的输入端⑦和⑧接线对调即可。

③用手操纵信号源上的电位器，使其输出电流在 4～20mA DC 范围内变化，同时观看执行机构输出轴能否可逆运转，并且观看阀位开度表指针与输入信号应一一对应为正常。上述操作可重复几次，如一切正常即这步校验结束。

④设定三相伺服放大器内部的上限值和下限值，通过调整上限、下限电位器来实现。设定位移和电压的关系见表 3-3-2 所示。

表 3-3-2　限位设定开度—电压参照表（Ⅲ型）

下限	位移（％）	0	5	10	20	30	40	50	60	70
	电压（V）	1	1.2	1.4	1.8	2.2	2.6	3	3.4	3.8
上限	位移（％）	20	30	40	50	60	70	80	90	100
	电压（V）	1.8	2.2	2.6	3	3.4	3.8	4.2	4.6	5

当输入信号或位置发送器的信号只要超过极限位置，三相伺服放大器就无输出，这样保证了系统可靠地运行。

7. 安装、接线和使用

（1）安装

三相伺服放大器、三相控制器均应安装在环境温度为 0℃～50℃，相对湿度≤70％无腐蚀性气体的环境中。均为墙挂式结构，可垂直安装在金属骨架上或支柱上。三相伺服放大器和三相控制器的外形和安装尺寸。

执行机构应安装在环境温度为 -10℃～+55℃，相对湿度≤95％，无腐蚀性气体的环境中。根据现场条件，可将执行机构安装在水泥或金属骨架的基座上，用地脚螺钉紧固。安装时应考虑到手动操作及维修的方便。执行机构输出轴与调节机构（阀门等）的连接，可通过连杆及专用连接头，安装时必须避免所有接合处的松动，间隙要适当小一些。止挡限位应在出轴的有效转角范围内紧固，不可松动。

（2）接线

电动执行机构的电气安装接线包括三相伺服放大器、三相控制器，电动操作器和执行机构四个部分的电气接线。三相伺服放大器、三相控制器、执行机构均通过插头座对外接线，电动操作器是通过端子接线板对外接线。安装时应考虑使用中间过渡接线端子。所有电气接线应根据电气安装接线图及有关的电气施工要求进行。

电动执行机构的电气安装接线图如图 3-3-13、图 3-3-14、图 3-3-15、图 3-3-16 所示。

①三相伺服放大器对外接线插件端子说明。

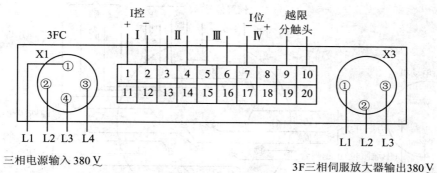

图 3-3-14　三相伺服放大器对外接线

②三相控制器对外接线插件端子说明。

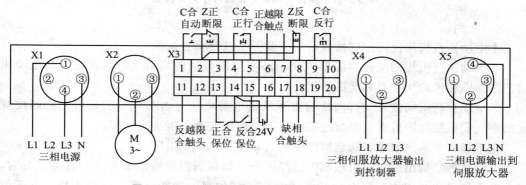

图 3-3-15　三相控制器对外接线插件端子对外接线

③电动操作器对外接线端子说明。

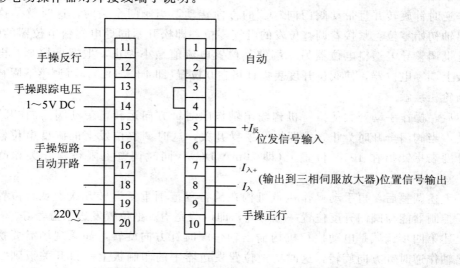

图 3-3-16　电动操作器对外接线端子对外接线

注：5、6 端子：位发送信号输入

215

④执行机构对外接线端子说明。

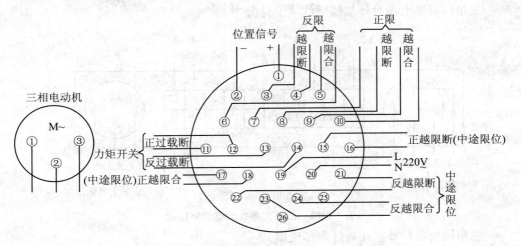

图 3-3-17　执行机构对外接线端子对外接线

（3）使用

①电动执行机构使用前应按规定的校验方法进行检查校验。

②电动执行机构的减速器应根据使用环境加注合适的润滑剂，尤其是三相电动机输出轴端圆柱齿轮加注高黏度润滑剂。

③电动执行机构投入运行前应检查现场的电源电压是否与规定的相符，同时按规定的电气安装接线图检查所有接线是否正确，各接线端子接线应牢靠。

④根据调节系统要求，选定输出轴的初始零位。

电动执行机构出厂时输出轴零位已经确定。如现场需要输出轴零位在其他位置时，把电动操作器和三相控制器上的开关放在"手动"位置，切断电源，松开止挡，拆下位置发送罩盖。然后，接通电源，"手动"指示灯亮，接着操纵手动开关，使执行机构输出轴作逆时针旋转并且带动阀门向"关"的方向转动，当阀门全关时，这时就是执行机构输出轴初始零位。紧接着调整位发的电气零位，即松开紧固导电塑料电位器的螺母，用螺丝批调整导电塑料电位器另一端使其位置电流值最小为止，把螺母拧紧，再调整印制板上调零电位器，使阀位开度表指针指在 0 位置（即 4mA DC）。再调整下限行程开关和凸轮相接触。

然后，操作手动开关使执行机构输出轴作顺时针方向运转，带动阀门向"开"的方向移动，当阀门全开时为止，立即松开手操开关，这时调整位发上的满度电位器，使阀位开度表指针指在 100% 位置上（即 20mA DC），同时调整上限行程开关和凸轮相接触。

⑤上述调整后，再手动操作执行机构在满行程范围重复运转几次，观看位置电流和行程控制器能与阀门开度位置一一对应，即调整完毕。把位置发送罩盖盖好。

上述第四步调试是电动执行机构输出轴作顺时针方向旋转，如果现场需要执行机构输出轴作逆时针方向旋转，这时要把位置发送器中的印制板上一只开关扳到"反"的位置，同时，三相放大器输入端中⑦与⑧应对调一下。其他调整方法参考第④条方法。

⑥执行机构输出轴和调节机构连接的杠杆和连杆接合处不可以有较大的松动间隙，

以保证有良好的调节效果。

⑦电动执行机构就地手动操作时，即要把手轮往外拉出，摇动手轮进行就地手动控制；结束后一定要把手轮向内推进，以免伤人。

⑧电动执行机构就地手操时，只能在断电或电动操作器和三相控制器处在手动位置时进行。不允许在"自动"工况下或电动机通电情况下进行手动操作。

⑨执行机构输出轴转矩应与调节机构（阀门等）所需转矩相适应，防止过载，一般情况下调节机构所需转矩应小于执行机构输出转矩。

3.3.5 智能型直流无刷变频电动执行机构应用

1. 智能化 ZB 适用场合

智能化可大大减少电动执行机构使用和运行成本，简化了机械结构，由于采用了恒流技术实现了低能耗，可比传统执行机构节电 40%，采用变频技术改变了传统执行机构：电机加减速齿轮解决减速方案。

变频控制选择专用集成电路加上一片电子测速器将直流无刷电机转子的位置信号进行 FW 转换形成转速反馈信号，实现以敏感元件（霍尔元件）为速度反馈电路的双闭环无极调速系统驱动。电机的最大转速为 2400r/m，通过其变频控制器可以在一定范围内具有不同的运行速度和不同的关断力（矩）。这一特点使智能化 ZB 适用各种不同的场合，满足各种不同的工艺要求。

ZB 是一种积木式的机械机构，使用起来非常灵活。即以一种基型加其他配件的简单组装，可适用不同的场合。这样使计划、设计、配置和调试变得更加简便。

（1）电动多回转执行机构结构

①A 基座多转执行机构；

②B 基座多转执行机构；

③主要参数工作力矩（Nm）；

④额定行程（r）；

⑤额定转速（r/m）。

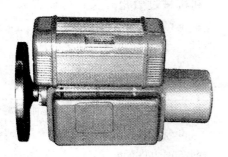

图 3-3-18　电动多回转执行机构

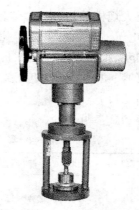

图 3-3-19　电动直行程执行机构

直行程执行机构由多回转执行机构和与之装配成一体的 Z 直线推进装置两部分组成。

（2）电动直行程执行机构结构

①A＋Z 执行机构；

②B＋Z 执行机构；

③主要参数；

④关断力（KN）；

⑤额定行程（mm）；

⑥额定速度 mm/s 角行程执行机构由多回转执行机构和与之装配成一体的 RS 涡轮减速箱两部分组成。（减速箱分成两种：直联式和底座曲柄式）

（3）电动角行程执行机构结构

①A＋RS 执行机构；

②B＋RS 执行机构；

③主要参数；

④关断力矩（Nm）；

⑤全行程时间（s/90°）。

图 3-3-20　电动角行程执行机构

ZB 选用超大规模单片机软件编程和电子器件来代替机械零部件。

单片机及电子器件没有磨损，无须维护，智能化程度高，可编程设置电子限位保护和电子过力矩保护功能，取代了机械式限位开关和机械过力矩开关，这样省去了调试过程中费时的限位开关和力矩开关调整工作。

2.ZB 产品范围

ZB 产品范围，参见表 3-3-3。

表 3-3-3　ZB 产品范围

多回转执行机构	直行程执行机构	角行程执行机构（直联式、底座曲柄式）
A 0～250Nm B 250～1000Nm B＋RS1000～4000Nm	A＋Z 4～16KN B＋Z 16～25KN	AS 0～250Nm BS 250～1000Nm B＋RS1000～10000Nm

（1）ZB 可实现对阀门或风门的开关控制或频繁调节控制，产品范围可满足用户的

任何技术需求。

(2)根据用户要求可以对直流无刷电机进行速度设定。

模拟量 $4\sim20\text{mA}$ 信号控制时，"柔性启动"和"柔性关闭"即输出轴转速随行程自适应调整功能。

"柔性启动"和"柔性关闭"并通过霍尔元件反馈可以使 ZB 执行机构精确定位而完全消除了振荡。避免阀门内部的过度撞击、水锤效应，以提高阀门的使用寿命。可以在接通持续率为 25% 的情况下以 S4 工作制运行。且开关频率高达 1200 次/h。直流变频控制器采用智能技术，可直接与上位机进行人机对话，并可对阀门进行远程自动或就地手动控制。

(3)开启、关闭速度：$T_1 = T_2$、$T_3 = T_4$，$0\sim5\text{s}$ 可调。T 为正常电机速度。如图 3-3-21。

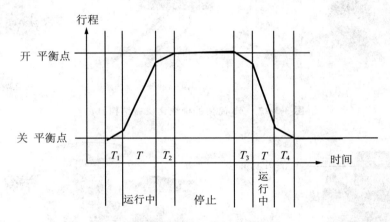

图 3-3-21　开启、关闭速度曲线

3. ZB 功能概况

(1)输入信号

$4\sim20\text{mA}$ DC 模拟量控制信号；

"开"、"关"开关量与接点脉冲控制信号。

(2)输出信号

$4\sim20\text{mA}$ DC 模拟量位反信号；

继电器报警接点输出信号。

全开报警输出—常开，全关报警输出—常开，输入信号($4\sim20$ mA)断报警输出—常开，过力矩报警输出—常开。

(3)供电电源

220VAC 50Hz(60Hz)；380VAC 50Hz(60Hz)。

(4)可调整/可编程

关断力(矩)保护输出轴转速，可分别单独设定的"开"、"关"及运行速度 0、100% 阀位的电子限位保护、断信号保护模式、执行机构运转方向的确定死区(精度)。

(5)总线通信

标准 RS232 或 RS485；单通道 profibus DP 总线接口；双通道 profibus DP 冗余总

线接。

其他远程、超上限、超下限、断信号、过力矩 LED 显示，就地遥控器操作、设定、液晶显示。

4. ZB 硬件详述

(1) ZB 简便的模块化机械结构

ZB 选用最优质的直流无刷电机：结构简单、运行可靠、频繁开关次数可达 1200 次/h。信号电缆和电源电缆穿过电缆密封盖后进入接线盒，信号线和电源线直接接到内部免焊接线插座，方便可靠。ZB 简便的模块化机械结构，如图 3-3-22、图 3-3-23、图 3-3-24 所示。

免焊接线插座　　　　独立接线端子盒

图 3-3-22　ZB 简便的模块化机械结构(1)

——LED数字显示

——机械式就地指示

——机械式就地指示

——液晶显示

钢质涡杆、铜质涡轮组合，传动部分带有自锁功能，注有长效润滑油，可长期运行而无须维护且传动效率恒定。

行程限位：凸轮调整极为方便，一把螺丝压下调整，抬起锁定。

图 3-3-23　ZB 简便的模块化机械结构(2)

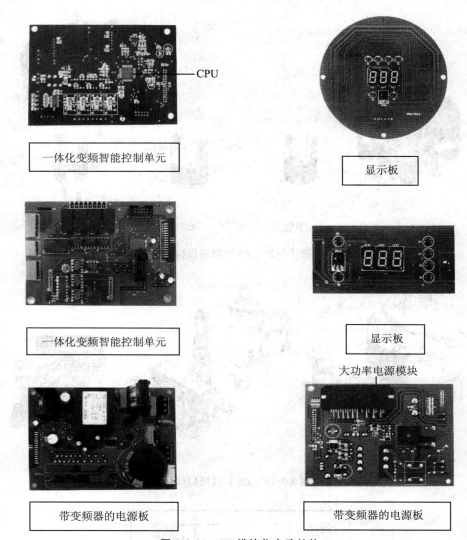

图 3-3-24　ZB 模块化电路结构

（2）机械接口

ZB 配有符合国际标准的各种不同机械接口确保能与所有阀门实现合理机械连接，根据用户的不同需要，ZB 可选配各种不同的符合国际标准的机械接口，从而可与各种不同的电动阀门实现合理的机械连接。如：蝶阀、球阀、闸阀、截止阀、调节阀和风门等各种阀门。根据不同类型的阀门，多回转 ZB 可相应选配不同的法兰适配器。如图 3-3-25 和图 3-3-26所示。

（3）ZB 调试

ZB 执行机构出厂之前均已设置好。因此，安装时只需将执行机构零位极限限位位置与阀门关极限位置对应好。

方法：先摇动执行机构手轮至极限零位，松开输出拐臂与阀门关极限位置对应好，连接后无须开盖即可使用就地操作单元随时对 ZB 的参数进行重新设置。精密导电塑料电位器出厂前位置已固定不需调整。如图 3-3-27ZB 显示面板图。

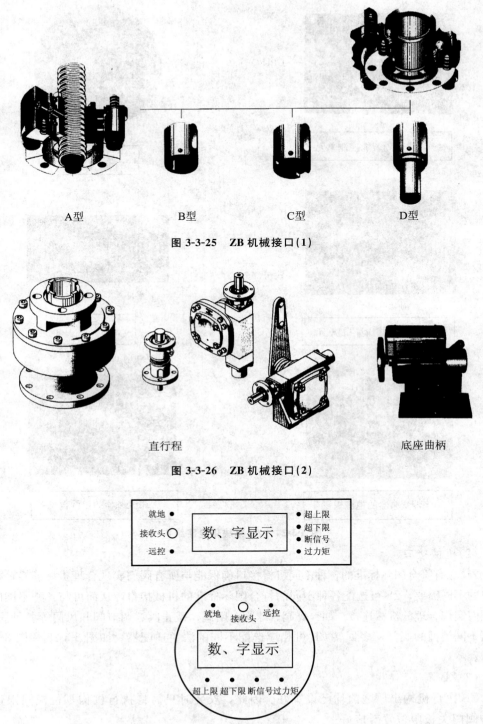

A型　　　　B型　　　　C型　　　　D型

图 3-3-25　ZB 机械接口(1)

直行程　　　　　　　　　　　底座曲柄

图 3-3-26　ZB 机械接口(2)

图 3-3-27　ZB 显示面板图

　　按遥控器"远程/就地"键,可在远程自动和本机手动之间转换。远程自动状态:远程自动状态下所有设定键无效，只接收外部系统给定信号 4～20mA，显示板显示阀位的百分比值。

本机手动状态：按"增加"键正转，按"减少"键反转，显示板显示阀位的百分比值。如图 3-3-28 所示。

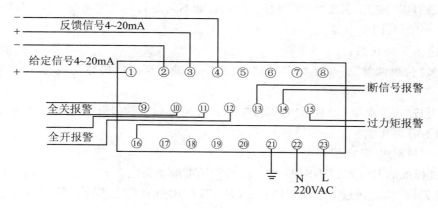

图 3-3-28 ZB 执行机构接线图

设定状态只有在本机手动状态下进行。死区、断信号保护方式、力矩、开/关速度设定均由程序员在出厂前已按客户要求完成。现场操作人员需设定开关方向及位置 0、100％调整。

ZB 遥控器面板图如图 3-3-29 所示。

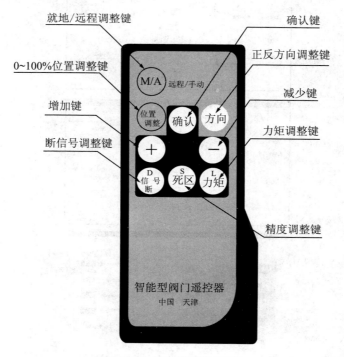

图 3-3-29 ZB 遥控器面板图

①方向的确定步骤：

a. 进入手动状态；

b. 按"方向"键显示板显示 F_0 为正作用，即执行机构出厂时输出轴（面对输出轴）；

c. 按"＋"键或"－"键，显示 F_1 为反作用，即面对输出轴逆时针转；

d. 选择 F_0 或 F_1 后按"确认"键进行确认（如不需要其他设定可按"M/A"键返回）。

②0、100％调整步骤：

a. 进入手动状态；

b. 按"位置调整"键显示"0"，按"＋"或"－"键调至阀门机械全关位，按"确认"键确认；

c. 再按"位置调整"键显示"100"按"＋"或"－"键调至阀门机械全开位，按"确认"键确认（如不需要其他设定可按"M/A"键返回）。

（4）控制模式　PC 编程完全实现人机对话

通过标准的 RS232 或 RS485 串行接口和标准的通信电缆 PC 与 ZB 直接相连。这样 PC 可与 ZB 通信，通过 PC 向 ZB 写入或从 ZB 读出所有信息。可对执行机构进行快速调试，并生成执行机构的全部参数资料，检测记录。控制系统（如 DCS）可对执行机构的各种运行状况进行监控，可对运转功率、运行速度、电机的工作状态以曲线形式打印或可视（如图阀位动态显示）并可保存记录。PC 编程控制软件见图 3-3-30。

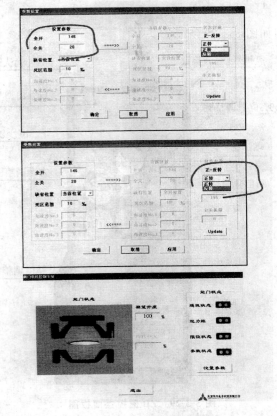

图 3-3-30　PC 编程控制软件

学习评价

3-3-1　智能调节阀与普通调节阀有哪些区别？

3-3-2　智能调节阀先进在哪里？举例说明。

3-3-3　调节阀全关后密封不严，应如何处理？

3-3-4　调节阀的泄漏量等级是如何划分的？

3-3-5　目前国产调节阀阀内件常用的材料是什么？

3-3-6　调节阀的出口、入口装反，对阀本身正常运行有何影响？

▶任务四　调节机构及调节阀

3.4.1　调节机构

调节机构（图 3-4-1）是将执行机构的输出位移变化转换为控制阀阀芯和阀座间流通面积变化的装置。通常称调节机构为阀，例如直通单座阀、角形阀等。其结构特点可从以下几方面分析。

1. 从结构看，调节机构由阀体、阀内件、上阀盖组件、下阀盖等组成。阀体是被控流体流过的设备，它用于连接管道和实现流体通路，并提供阀座等阀内件的支撑。阀内件是在阀内部直接与被控介质接触的组件，包括阀芯、阀座、阀杆、导向套、套筒、密封环等。通常，上阀盖组件包括上阀盖、填料腔、填料、上盖板和连接螺栓等。在一些调节机构中下阀盖作为阀体的一部分，并不分离。下阀盖用于带底导向的调节机构，它包括下阀盖、导向套和排放螺丝等。为安装和维护方便，一些调节机构的上阀盖与阀体合一，而下阀盖与阀体分离，称为阀体分离型阀，例如一些高压阀和阀体分离阀。

2. 从阀体结构看，可分为带一个阀座和一个阀芯的单阀座阀体、带两个阀座和一个阀芯的双阀座阀体、带一个连接入口和一个连接出口的两通阀体、带三个连接口（一个入口和两个出口的分流或两个入口和一个出口的合流）的三通阀体。

3. 从阀芯位移看，调节机构分为直线位移阀和角位移阀。它们分别与直线位移的执行机构和角位移执行机构配合使用。直通阀、角形阀、套筒阀等属于直线位移阀，也称为滑动阀杆阀（SlidingStemValve）。蝶阀、偏心旋转阀、球阀等属于角位移阀，也称为旋转阀（Ro-taryValve）。近年也有一些制造厂商推出了移动阀座的控制阀，它与角行程执行机构配合，但从阀芯的相对位移看，仍是直线位移，例如 Nufflo 控制阀。

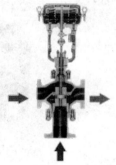

图 3-4-1　调节机构

4. 从阀芯导向看，可分为顶导向、顶底导向、套筒导向、阀杆导向和阀座导向等类型。对于流体的控制和关闭等，阀芯的导向十分重要，阀芯导向用于阀芯和阀座的对中配合。顶导向采用阀盖或阀体内的一个导向套或填料结构实现导向；顶底导向采用阀盖和下阀盖的导向套实现导向，对双座阀和需要精确导向的调节机构需采用顶底导向；套筒导向采用阀芯的外表面与套筒的内表面进行导向，这种导向方式具有自对中性能，能够精确实现阀芯和阀座的对中；阀杆导向采用上阀盖上的导向套与阀座环对中，用轴套与阀杆实现导向；阀座导向在小流量控制阀中被采用，它用阀座直接进行对中。

5. 从阀芯所受不平衡力看，调节机构的阀芯有不平衡和平衡两种类型。平衡式阀芯是在阀芯上开有平衡孔的阀芯，当阀芯移动时，阀芯上、下部因有平衡孔连接，因此，两侧压力差的绝大部分被抵消，大大减小不平衡力对阀芯的作用，平衡式阀芯需要平衡腔室，因此，需密封装置密封。根据流向不同，平衡阀芯所受的压力可以是阀前压力（中心向外流向），也可以是阀后压力（外部向中心流向）。平衡阀芯可用于套筒结构的阀芯，也可用于柱塞结构的阀芯。不平衡阀芯的两侧分别是控制阀阀前和阀后的压力，因此，阀芯所受不平衡力大，同样口径控制阀需要更大推力的执行机构才能操作。

6. 从阀芯降压看，阀芯结构有单级降压和多级降压之分。单级降压结构因两端的压差大，因此，适用于噪声小、空化不严重的场合。在降噪要求高，空化严重的场合，应采用在多级降压结构中，控制阀两端的压差被分解为几个压差，使在各分级的压差较小，都不会发生空化和闪蒸现象，从而防止空化和闪蒸发生，也使噪声大大降低。

7. 从流量特性看，根据流通面积的不同变化，可分为线性特性、等百分比特性、快开特性、抛物线特性、双曲线特性及一些修正特性等。流量特性表示阀杆位移与流体流量之间的关系。通常，采用流量特性来补偿被控对象的非线性特性。阀芯的形状或套筒开孔形状决定控制阀的流量特性。直行程阀芯可分为平板型（用于快开）、柱塞型、窗口型和套筒型等。图 3-4-2 是三种常用套筒控制阀的套筒示意图，由于开孔面积变化不同，阀芯移动时，流通面积也不同，从而实现所需流量特性。柱塞型阀和窗口型阀也可根据所需流量特性有不同形状。角行程阀的阀芯也有不同形状，例如，用于蝶阀的传统阀板、动态轮廓阀板；用于球阀的 O 形开孔、V 形开孔和修正型开孔等结构。

快开　　　　　　　　线性　　　　　　　　等百分比

图 3-4-2　三种常用套筒控制阀的套筒示意图

8. 固有特性（流量特性）：在经过阀门的压力降恒定时，随着截流元件（阀板）从关闭位置运动到额定行程的过程中流量系数与截流元件（阀板）行程之间的关系。典型地，这些特性可以绘制在曲线图上，其水平轴用百分比行程表示，而垂直轴用百分比流量（或 C_v 值）表示。由于阀门流量是阀门行程和通过阀门的压力降的函数，在恒定的压力降下进行流量特性测试提供了一种比较阀门特性类型的系统方法。用这种方法测得的典型的阀门特性有等百分比、线性和快开(图 3-4-3)。

　　(1)等百分比特性:一种固有流量特性,额定行程的等量增加会理想地产生流量系数(C_v)的等百分比的改变(见图 3-4-3)。

　　(2)线性特性:一种固有流量特性,可以用一条直线在流量系数(C_v 值)相对于额定行程的长方形图上表示出来。因此,行程的等量增加提供流量系数(C_v)等量增加。

　　(3)快开特性:一种固有流量特性:在截流元件很小的行程下可以获得很大的流量系数(图 3-4-3)。

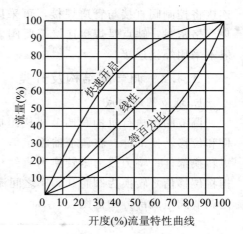

图 3-4-3　典型的阀门特性

　　9. 从阀内件的互换性看,一些调节机构的阀内件可方便地更换和维护,例如,套筒阀可方便地更换套筒实现不同流量特性;顶底导向的阀内件可方便地翻转阀芯和阀座来实现正体阀与反体阀的更换,从而实现气开和气关方式的更换;阀体分离阀可方便地拆卸,用于阀座更换和清洗。

　　10. 从上阀盖结构看,根据不同应用要求,可采用普通阀盖,也可采用长颈型阀盖或带散热或吸热片的长颈型阀盖,另外还有波纹管密封型阀盖。长颈型阀盖用于高温和低温的应用,保护阀杆填料,使之不受介质温度影响,防止黏结、咬卡、泄漏或降低润滑效果。除了通过把阀盖延伸,使填料处温度远离介质工作温度的长颈型阀盖外,也可增加散热或吸热片,制成带散热或吸热片的长颈型阀盖,使介质温度得到降低或提高。通常,铸造的长颈型阀盖具有较好的散热性和较高的高温适应性,被用于高温应用场合;不锈钢装配的长颈型阀盖具有较低的热传导性和较好的低温适应性,被用于低温应用场合。当不允许被控介质泄漏时,不能采用常用填料结构的上阀盖,必须采用带波纹管密封的上阀盖。这种结构采用波纹管密封,可使被控介质被密封在阀体内,不与填料接触,防止流体泄漏。在选用时需考虑波纹管的耐压和温度影响。

　　从调节机构与管道的连接看,有旋入式管螺纹连接、法兰连接、无法兰的夹接连接和焊接连接等几种。小型控制阀常采用旋入式管螺纹连接,阀体连接端是锥管阴螺纹,管道连接端为锥管阳螺纹。这种连接方式适用于口径小于 $2'$ 的控制阀阀体与管道的连接,不适用于高温工况。由于维护、拆卸困难,因此,需要在控制阀的上下游安装活接头。法兰连接采用与控制阀配套的法兰,用螺栓和垫片进行连接,配套法兰焊接在管道上。根据控制阀连接法兰的不同,有不同的配套法兰,例如,有平法兰、凸面法兰、环形结合面法兰等。所用法兰应与控制阀额定工作压力和温度相适应。平法兰连接时,可在两片法兰面间安装垫片,适用于低压、铸铁和铜质控制阀的安装连接。凸面法兰上加工有扒紧线,它是一个与法兰同心的小槽,当两片法兰间安装的垫片在螺栓作用下压紧时,垫片会进入扒紧线的槽内,使连接处的密封更紧密,凸面法兰连接适用于大多数应用场合使用的铸钢、合金钢的控制阀。环形结合面法兰用于高压控制阀的连接,采用透镜垫片,当压紧垫片时,垫片被压入法兰凸面上的 U 形槽内,形

成严密密封。夹接连接适用于闸阀、蝶阀等低压、大口径控制阀的连接，采用外部的法兰夹住控制阀，并在连接面安放垫片，用螺栓压紧法兰完成阀与管道的连接。焊接连接将控制阀直接与管道焊接，可采用套接焊接或对接焊接。焊接连接的优点是可实现严格密封，缺点是焊接连接需要阀体材质可焊接，而且不易从管道拆卸，因此，一般不采用焊接连接。

3.4.2 调节阀结构及分类

1. 调节阀的组成

调节阀由执行机构和调节机构组成。执行机构可分解为两部分：力或力矩转换部件和位移转换部件。将调节器输出信号转换为调节阀的推力或力矩的部件称为力或力矩转换部件；将力或力矩转换为直线位移或角位移的部件称为位移转换部件。调节机构将位移信号转换为阀芯和阀座之间流通面积的变化，改变操纵变量的数值。图 3-4-4 是调节阀组成部分的框图。

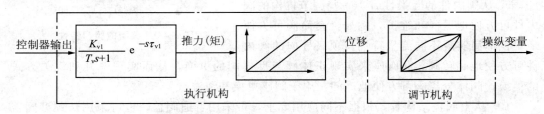

图 3-4-4 调节阀的组成

（1）执行机构有不同的类型，按所使用能源，执行机构分为气动、电动和液动三类。气动类执行机构具有历史悠久、价格低、结构简单、性能稳定、维护方便和本质安全性等特点，因此，应用最广。电动类执行机构具有可直接连接电动仪表或计算机，不需要电气转换环节的特点，但价格贵、结构复杂，应用时需考虑防爆等问题。液动类执行机构具有推力（或推力矩）大的优点，但装置的体积大，流路复杂。通常，采用电液组合的方式应用于要求大推力（力矩）的应用场合。

（2）按执行机构输出的移动方向，执行机构分为正作用和反作用执行机构。正作用执行机构在输入信号增加时，阀杆向外移动。反作用执行机构在输入信号增加时，阀杆向内移动。按执行机构输出位移的类型，执行机构分为直行程执行机构、角行程执行机构和多转式执行机构。直行程执行机构输出直线位移。角行程执行机构输出角位移，角位移小于 360°。例如，转动角度为 90°或 60°蝶阀的执行机构。多转式执行机构与角行程执行机构类似，但转动的角位移可以达多圈。

（3）按执行机构组成部件的类型，气动执行机构分为薄膜执行机构、活塞执行机构、齿轮执行机构、手动执行机构、电液执行机构等。

（4）按执行机构动作方式，执行机构分为连续、离散两类。连续类型执行机构的输出是连续变化的位移信号。离散类型执行机构的输出是开关变化的位移信号。电磁阀是最常用的电动离散控制阀，安全放空阀也是常见的离散控制阀。

（5）按执行机构安装方式，执行机构分为直装式、侧装式。直装式执行机构直接安装在调节机构上。侧装式执行机构安装在调节机构的侧面，它通过一个增力装置来改变位移方向和作用力大小。

（6）按执行机构输出和输入的动作特性，执行机构分为比例式、比例积分式等类型。比例式执行机构的输出与输入信号之间成线性关系。比例积分式执行机构的输出是输入信号的比例和积分作用之和。

（7）按执行机构输入信号的类型，执行机构分为模拟式执行机构和数字式执行机构。模拟式执行机构接收模拟信号，例如，$20 \sim 100 \mathrm{kPa}$ 的气压信号，$4 \sim 20 \mathrm{mA}$ 的标准电流信号等。数字式执行机构接收数字信号，通常是一串二进制信号，用于开闭相应的数字阀。随着现场总线技术的应用，接收现场总线数字信号的执行机构正得到广泛应用。

2．调节阀结构及分类

调节阀是各种执行器的调节机构。它安装在流体管道上，是一个局部阻力可变的节流元件，其典型的直通单座调节阀的结构如图 3-4-5 所示。

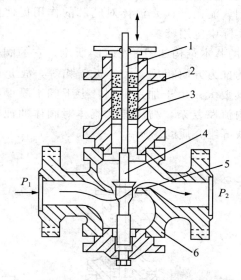

图 3-4-5　直通单座调节阀结构图
1—阀杆；2—上阀盖；3—填料；4—阀芯；5—阀座；6—阀体

考虑流体从左侧进入调节阀，从右侧流出。阀杆的上端通过螺母与执行机构的推杆连接，推杆带动阀杆及其下端的阀芯上下移动，使阀芯与阀座间的流通截面积发生变化。

当不可压缩流体流经调节阀时，由于流通面积的缩小，会产生局部阻力并形成压力降。如 p_1 和 p_2 分别是流体在调节阀前后的压力，ρ 是流体的密度，W 为接管处的流体平均流速，ζ 为阻力系数，则存在如下关系

$$p_1 - p_2 = \zeta \rho \frac{W^2}{2} \tag{3-4-1}$$

如假设调节阀接管的截面积为 A，则流体流过调节阀的流量 Q 为

$$Q = AW = A \sqrt{\frac{2(P_1 - P_2)}{\zeta \rho}} \tag{3-4-2}$$

显然，由于阻力系数与阀门的结构形式和开度有关，因而在调节阀截面积 A 一定时，改变调节阀的开度即可改变阻力系数 ζ，从而达到调节介质流量的目的。

同时，在式（3-4-2）的基础上，可定义调节阀的流量系数 C_V。它是调节阀的重要参

数，可直接反映流体通过调节阀的能力，在调节阀的选用中起着重要作用。

(1)调节阀的品种很多。根据上阀盖的不同结构形式可分为普通型、散热片型、长颈型以及波纹管密封型，分别适用于不同的使用场合。

(2)根据不同的使用要求，调节阀具有不同的结构，在实际生产中应用较广的主要包括直通双座调节阀、直通单座调节阀、角形调节阀、高压调节阀、隔膜阀、蝶阀、球阀、凸轮挠曲阀、套筒调节阀、三通调节阀和小流量调节阀等。

3. 调节阀结构

(1)直通单座调节阀的基本结构如图 3-4-5 所示，其特点是关闭时的泄漏量小，是双座阀的 1/10。由于流体压差对阀芯的作用力较大，适用于低压差和对泄漏量要求严格的场合，而在高压差时应采用大推力执行机构或阀门定位器。调节阀按流体方向可分为流向开阀和流向关阀。流向开阀是流体对阀芯的作用促使阀芯打开的调节阀，其稳定性好，便于调节，实际中应用较多。

(2)直通双座调节阀的基本结构如图 3-4-6(a)所示。它的阀体内有两个阀芯和两个阀座，流体对上下阀芯的推力方向相反，大小近于相等，故允许使用的压差较大，流通能力也比同口径单座阀要大。由于加工限制，上下阀不易保证同时关闭，所以关闭时泄漏量较大。另外阀内流路复杂，高压差时流体对阀体冲蚀较严重，同时也不适用于高黏度和含悬浮颗粒或纤维介质的场所。

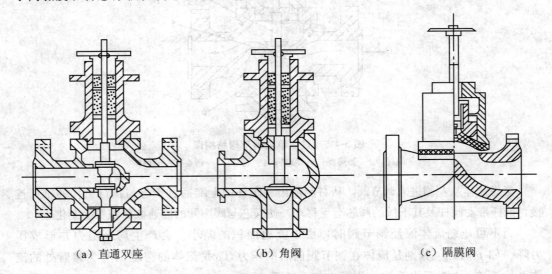

（a）直通双座　　　　　　（b）角阀　　　　　　（c）隔膜阀

图 3-4-6　几种调节阀结构示意图

(3)角形调节阀除阀体为直角外，其他结构与直通单座调节阀相似，其结构如图 3-4-6(b)所示。阀体流路简单且阻力小，适用于高黏度和含悬浮颗粒的流体调节。调节阀流向分底进侧出和侧进底出两种，一般情况下前种应用较多。

(4)高压调节阀的最大公称压力可达 32MPa，应用较广泛。其结构分为单级阀芯和多级阀芯。因调节阀前后压差大，故须选用刚度较大的执行机构，一般都要与阀门定位器配合使用。如图 3-4-5 所示的单座阀芯调节阀的寿命较短，采用多级降压，即将几个阀芯串联使用，可提高阀芯和阀座经受高压差流量的冲刷能力，减弱汽蚀破坏作用。

(5)隔膜阀(如图 3-4-6(c)所示)的结构简单，流阻小，关闭时泄漏量极小，适用于高黏度、含悬浮颗粒的流体；其耐腐蚀性强，适用于强酸、强碱等腐蚀性流体。由于介质用隔膜与外界隔离，无填料，流体不会泄漏。阀的使用压力、温度和寿命受隔膜与衬里材料的限制，一般温度小于 150℃，压力小于 1.0MPa。此外，选用隔膜阀时执行机构须有足够大的推力。当口径大于 Dg100mm 时，需采用活塞式执行机构。

(6)蝶阀又名翻板阀，其简单的结构如图 3-4-7(a)所示，它的价格便宜，流阻小，适用于低压差和大流量气体，也可用于含少量悬浮物或黏度不大的液体，但泄漏量大。转角大于 60°后，特性不稳定，转矩大，故常用于小于 60°的范围内。

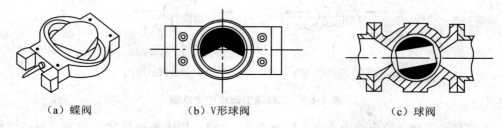

(a)蝶阀 　　(b)V形球阀 　　(c)球阀

图 3-4-7 几种调节阀阀芯结构示意图

(7)球阀分 V 形球阀(如图 3-4-7(b)所示)和球阀(如图 3-4-7(c)所示)。V 形球阀的节流元件是 V 形缺口球形体，转动球心时 V 形缺口起节流和剪切作用，适用于纤维、纸浆及含颗粒的介质。球阀的节流元件是带圆孔的球形体，转动球体可起到调节和切断的作用，常用于位式控制。

(8)凸轮挠曲阀的结构如图 3-4-8(a)所示。它又称为偏心旋转阀，其阀芯呈扇形面状，与挠曲臂和轴套一起铸成，固定在转动轴上。阀芯从全开到全关转角为 50°左右。阀体为直通形，流阻小，适用于黏度大及一般场合。其密封性能好、体积小、重量轻，使用温度范围一般在-100℃~400℃。

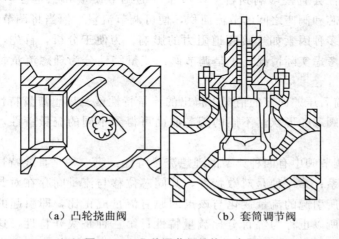

(a)凸轮挠曲阀 　　(b)套筒调节阀

图 3-4-8 几种调节阀结构示意图

(9)套筒调节阀又称笼式阀，其结构如图 3-4-8(b)所示。它的阀体与一般直通单座阀相似。阀内有一圆柱形套筒或称笼子，内有阀芯，利用套筒作导向上下移动。阀芯在套筒里移动时，可改变孔的流通面积，以得到不同的流量特性。套筒阀可适用于直通单座和双座调节阀所应用的全部场合，并特别适用于噪声要求高及压差较大的场合。

（10）三通调节阀有三个出入口与管道连接，其工作示意图如图 3-4-9 所示。它的流通方式分为合流式和分流式两种，结构与单座阀和双座阀相仿。通常可用来代替两个直通阀，适用于配比调节和旁路调节。与单座阀相比，组成同样的系统时，可省掉一个二通阀和一个三通接管。

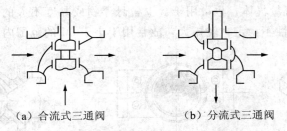

（a）合流式三通阀　　　　　　（b）分流式三通阀

图 3-4-9　三通调节阀结构示意图

小流量调节阀的流通能力在 0.0012～0.05 之间，用于小流量紧密调节。超高压阀用于高静压、高压差场合时，工作压力可达 250MPa。

3.4.3　调节阀的流量特性

（1）调节阀的流量特性：是指被控介质流过阀门的相对流量和阀门相对开度之间的关系，即

$$\frac{Q}{Q_{max}} = f(\frac{l}{L}) \tag{3-4-3}$$

式中，Q/Q_{max} 为相对流量，即某一开度流量与全开流量之比；l/L 为相对行程，即某一开度行程与全行程之比。

阀的流量特性会直接影响到自动调节系统的调节质量和稳定性，必须合理选用。一般地，改变阀芯和阀座之间的节流面积，便可调节流量。但当将调节阀接入管道时，其实际特性会受多种因素如连接管道阻力的影响。为便于分析，首先，假定阀前后压差固定；其次再考虑实际情况，于是调节阀的流量特性分为理想流量特性和工作流量特性。

（2）调节阀前后压差固定的情况下得出的流量特性就是理想流量特性，此时的流量特性完全取决于阀芯的形状。不同的阀芯曲面可得到不同的流量特性，它是调节阀固有的特性。

（3）常用的调节阀中有四种典型的理想流量特性：第一种是直线特性，其流量与阀芯位移成直线关系；第二种是对数特性，其阀芯位移与流量间存在对数关系，由于这种阀的阀芯移动所引起的流量变化与该点的原有流量成正比，即引起的流量变化的百分比是相等的，所以也称为等百分比流量特性；第三种是快开特性，这种阀在开度较小时流量变化比较大，随着开度的增大，流量很快达到最大值，它没有一定的数学表达式；第四种是抛物线特性，其相对流量与相对行程间存在抛物线关系，曲线介于直线与等百分比特性曲线之间。图 3-4-10 列出了调节阀的几种典型理想流量特性曲线，图 3-4-11 给出了它们对应的阀芯形状。

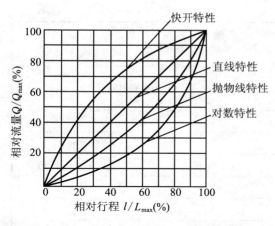

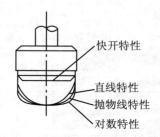

图 3-4-10　典型调节阀理想流量特性曲线　图 3-4-11　不同流量特性的阀芯曲面形状

实际应用中，调节阀在工作时其前后压差是变化的，此时获得的流量特性就是工作流量特性。在实际应用装置上，由于调节阀还需与其他阀门、设备、管道等串联或并联，使阀两端的压差随流量变化而变化，而不是固定值，其结果使得调节阀的工作流量特性不同于理想流量特性。串联的阻力越大，流量变化引起的调节阀前后压差变化也越大，特性变化也就越大。所以调节阀的工作流量特性除与阀的结构有关外，还与调节阀两端配管的情况有关。同一个调节阀，在不同的工作条件下，具有不同的工作流量特性。

由于调节阀的工作流量特性会直接影响调节系统的调节质量和稳定性，因而在实际应用中调节阀特性的选择是一个重要的问题。一方面需要选择具有合适流量特性的调节阀以满足系统调节控制的需要；另一方面也可以通过选择具有恰当流量特性的调节阀，来补偿调节系统中本身不希望具有的某些特性，如用于系统线性化补偿等。

3.4.4　调节型电动蝶阀应用

（1）用途。本调节型电动蝶阀是由 DKJ-Z 型直连式电动执行机构与蝶阀采用同轴对接，并用法兰法连接配套的产品。

该产品主要适用于石油、化工、食品、医药、轻纺、造纸、发电、船舶、冶炼、供排水等系统管路上与 DDZ 系列仪表配套使用，可在各种腐蚀性与非腐蚀性气体、液体、半流体，固体粉末管道与容器上做自动调节和远方控制，能自动控制液位、流量、压力及固体粉末的物位。

（2）调节型电动蝶阀主要性能。见表 3-4-1。

表 3-4-1　调节型电动蝶阀主要性能

公称压力	PN 10～PN 16	
规　格	DN 50(2")～DN 800(82")	
试验压力	密封	1.1 PN
	强度	1.5 PN
介质温度	−20℃～146℃	

适用介质	淡水、污水、海水、盐水、空气、天然气、蒸汽、食品、药品、各种油类、各种酸碱类及其他	
输入信号	Ⅱ型 0～10mA DC　　Ⅲ型 4～20 mA DC	
输入通道	3	
输入电阻	Ⅱ型 200 Ω，　　Ⅲ型 250 Ω	
输出 90°时间误差	±20%	
电源电压	～22V　50 Hz	
使用环境	普通型	a. 环境温度 -10℃～55℃
		b. 环境湿度　95%
		c. 空气中不含腐蚀性气体
		d. 无强烈振动
	户外型	a. 同普通型
		b. 可使用在户外能防尘，防雨达到 IEC 标准，IP65 指标

(3)调节型电动蝶阀特点：

①结构紧凑，90°开关迅速。

②达到完全密封，气体密封试验泄漏为零。

③可更换阀座适应多种介质不同的温度。

④流量物性为等百分比曲线，自动调节性能好。

⑤启闭实验次数多达数万次，寿命长。

⑥凡使用闸阀、截止阀、旋塞阀及隔膜阀的管路都可用本调节型电动蝶阀代换。订货时该蝶阀可按旋塞阀，闸阀胶管箍及隔膜阀的结构长度加带附管供应，便于维修和更换(但须在合同中注明)。

(4)结构说明及动作原理。

该调节型电动蝶阀主要由蝶阀及 DKJ 角行程电动执行器两大部分组成。附有放大器和操作器。其自动调节原理如下：

从操作器来的信号电流，进入执行机构，使其输出一个相应的转角，带动阀轴，使阀板做出相应的转动。由于阀板在阀体内的转动改变流通截面，达到对介质流量的调节。

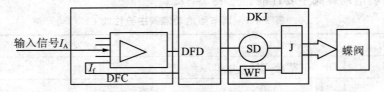

DFC 伺服放大器；DFD 电动操作器；DKJ 执行机构；SD 两相伺服电动机；WF 位置发送器

图 3-4-12　调节型电动蝶阀自动调节原理图

就地手动操作：就地手动操作应断电，并将电动机"把手"拨到"手动"位置，然后将手轮(连轴)向外拉出运转手轮进行手动操作。由手动转入自动运行时，必须将"把手"拨到"自动"位置，且将手轮推入。

蝶阀作用方式可分为电开式和电关式两种。

电开式：当无信号电流时，阀板于关闭位置，随着信号电流从 0～10mA 或 4～20mA 的增加，阀板从关闭位置逐渐向全开位置。

电关式：当无信号电流时，阀板于全开位置，随着电号电流从 0～10mA 或 4～20mA 的增加，阀板从全开位置逐渐向关闭位置。

（5）调节型电动蝶阀连接方式　直联型联接方式见图 3-4-13。

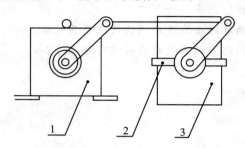

1—角行程电动执行器；2—蝶阀；3—管道

图 3-4-13　角行程电动执行器直联型联接方式

（6）调节型电动蝶阀外形及主要联接尺寸，见图 3-4-14。

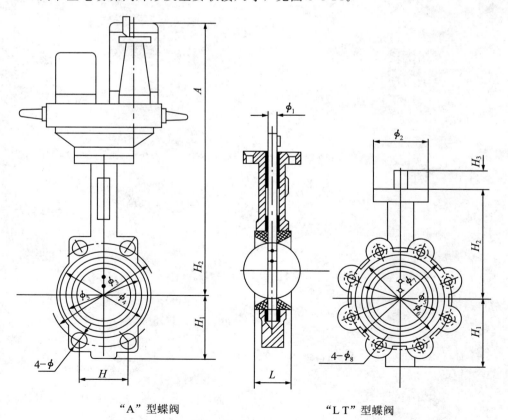

"A"型蝶阀　　　　　　　　"LT"型蝶阀

图 3-4-14　直联型主要联接尺寸

学习评价

3-4-1 调节阀有哪几种结构形式？各有什么特点？

3-4-2 什么是调节阀的流量特性？常用的流量特性有哪几种？

3-4-3 为什么调节阀不能在小开度下工作？

3-4-4 怎样防止和减少调节阀的噪声？

3-4-5 电动执行器的工作原理和基本结构是什么？与气动执行器有何区别？

3-4-6 自动调节阀在过程控制中起什么作用？

3-4-7 在实际生产中，调节阀在检修后调校应注意些什么？

3-4-8 如何选用调节阀？选用调节阀时应考虑哪些因素？

附　　录

铂热电阻 PT100 分度表(ITS-90)

分度号·PT100　　　　　　　　　　　　　　　　　　　　　　　$R(0℃)=100.00\ \Omega$

t,℃	−200	−190	−180	−170	−160	−150	−140	−130	−120	−110	−100
R，Ω	18.52	22.83	27.10	31.34	35.54	39.72	43.88	48.00	52.11	56.19	60.26
t,℃	−90	−80	−70	−60	−50	−40	−30	−20	−10	0	
R，Ω	64.30	68.33	72.33	76.33	80.31	84.27	88.22	92.16	96.09	100.00	
t,℃	0	10	20	30	40	50	60	70	80	90	100
R，Ω	100.00	103.90	107.79	111.67	115.54	119.40	123.24	127.08	130.90	134.71	138.51
t,℃	110	120	130	140	150	160	170	180	190	200	210
R，Ω	142.29	146.07	149.83	153.58	157.33	161.05	164.77	168.48	172.17	175.86	179.53
t,℃	220	230	240	250	260	270	280	290	300	310	320
R，Ω	183.19	186.84	190.47	194.10	197.71	201.31	204.90	208.48	212.05	215.61	219.15
t,℃	330	340	350	360	370	380	390	400	410	420	430
R，Ω	222.68	226.21	229.72	233.21	236.70	240.18	243.64	247.09	250.53	253.96	257.38
t,℃	440	450	460	470	480	490	500	510	520	530	540
R，Ω	260.78	264.18	267.56	270.93	274.29	277.64	280.98	284.30	287.62	290.92	294.21
t,℃	550	560	570	580	590	600	610	620	630	640	650
R，Ω	297.49	300.75	304.01	307.25	310.49	313.71	316.92	320.12	323.30	326.48	329.64
t,℃	660	670	680	690	700	710	720	730	740	750	760
R，Ω	332.79	335.93	339.06	342.18	345.28	348.38	351.46	354.53	357.59	360.64	363.67
t,℃	770	780	790	800	810	820	830	840	850		
R，Ω	366.70	369.71	372.71	375.70	378.68	381.65	384.60	387.55	390.84		

铂热电阻 PT10 分度表(ITS-90)

分度号 PT10　　　　　　　　　　　　　　　　　　　　　　　$R(0℃)=10.000\ \Omega$

t,℃	−200	−190	−180	−170	−160	−150	−140	−130	−120	−110	−100
R，Ω	1.852	2.283	2.710	3.134	3.554	3.972	4.388	4.800	5.211	5.619	6.026
t,℃	−90	−80	−70	−60	−50	−40	−30	−20	−10	0	
R，Ω	6.430	6.833	7.233	7.633	8.031	8.427	8.822	9.216	9.609	10.000	
t,℃	0	10	20	30	40	50	60	70	80	90	100
R，Ω	10.000	10.390	10.779	11.167	11.554	11.940	12.324	12.708	13.090	13.471	13.851
t,℃	110	120	130	140	150	160	170	180	190	200	210

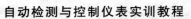

续表

R，Ω	14.229	14.607	14.983	15.358	15.733	16.105	16.477	16.848	17.217	17.586	17.953
t，℃	220	230	240	250	260	270	280	290	300	310	320
R，Ω	18.319	18.684	19.047	19.410	19.771	20.131	20.490	20.848	21.205	21.561	21.915
t，℃	330	340	350	360	370	380	390	400	410	420	430
R，Ω	22.268	22.621	22.972	23.321	23.670	24.018	24.364	24.709	25.053	25.396	25.738
t，℃	440	450	460	470	480	490	500	510	520	530	540
R，Ω	26.078	26.418	26.756	27.093	27.429	27.764	28.098	28.430	28.762	29.092	29.421
t，℃	550	560	570	580	590	600	610	620	630	640	650
R，Ω	29.749	30.075	30.401	30.725	31.049	31.371	31.692	32.012	32.330	32.648	32.964
t，Ω	660	670	680	690	700	710	720	730	740	750	760
R，Ω	33.279	33.593	33.906	34.218	34.528	34.838	35.146	35.453	35.759	36.064	36.367
t，Ω	770	780	790	800	810	820	830	840	850		
R，Ω	36.670	36.971	37.271	37.570	37.868	38.165	38.460	38.755	39.048		

铜热电阻 Cu50 分度表(ITS-90)

分度号 Cu50　　　　　　　　　　　　　　　　　　　　　$R(0℃)=50.00$ Ω

t，Ω	−50	−40	−30	−20	−10	−0		
R，Ω	39.242	41.400	43.555	45.706	47.854	50.000		
t，Ω	0	10	20	30	40	50	60	70
R，Ω	50.000	52.144	54.285	56.426	58.565	60.704	62.842	64.981
t，Ω	80	90	100	110	120	130	140	150
R，Ω	67.120	69.259	71.400	73.542	75.686	77.833	79.982	82.134

铜热电阻 Cu100 分度表(ITS-90)

分度号 Cu100　　　　　　　　　　　　　　　　　　　$R(0℃)=100.00$ Ω

t，Ω	−50	−40	−30	−20	−10	−0		
R，Ω	78.48	82.80	87.11	91.41	95.71	100.00		
t，Ω	0	10	20	30	40	50	60	70
R，Ω	100.00	104.29	108.57	112.85	117.13	121.41	125.68	129.96
t，Ω	80	90	100	110	120	130	140	150
R，Ω	134.24	138.52	142.80	147.08	151.37	155.67	156.96	164.27

K 型热电偶分度表

温度单位：℃　电压单位：mV　参考温度点：0℃（冰点）

温度	0	−10	−20	−30	−40	−50	−60	−70	−80	−90	−95	−100
−200	−5.8914	−6.0346	−6.1584	−6.2618	−6.3438	−6.4036	−6.4411	−6.4577				
−100	−3.5536	−3.8523	−4.1382	−4.4106	−4.6690	−4.9127	−5.1412	−5.3540	−5.5503	−5.7297	−5.8128	−5.8914
0	0	−0.3919	−0.7775	−1.1561	−1.5269	−1.8894	−2.2428	−2.5866	−2.9201	−3.2427	−3.3996	−3.5536

温度	0	10	20	30	40	50	60	70	80	90	95	100
0	0	0.3969	0.7981	1.2033	1.6118	2.0231	2.4365	2.8512	3.2666	3.6819	3.8892	4.0962
100	4.0962	4.5091	4.9199	5.3284	5.7345	6.1383	6.5402	6.9406	7.3400	7.7391	7.9387	8.1385
200	8.1385	8.5386	8.9399	9.3427	9.7472	10.1534	10.5613	10.9709	11.3821	11.7947	12.0015	12.2086
300	12.2086	12.6236	13.0396	13.4566	13.8745	14.2931	14.7126	15.1327	15.5536	15.9750	16.1860	16.3971
400	16.3971	16.8198	17.2431	17.6669	18.0911	18.5158	18.9409	19.3663	19.7921	20.2181	20.4312	20.6443
500	20.6443	21.0706	21.4971	21.9236	22.3500	22.7764	23.2027	23.6288	24.0547	24.4802	24.6929	24.9055
600	24.9055	25.3303	25.7547	26.1786	26.6020	27.0249	27.4471	27.8686	28.2895	28.7096	28.9194	29.1290
700	29.1290	29.5476	29.9653	30.3822	30.7983	31.2135	31.6277	32.0410	32.4534	32.8649	33.0703	33.2754
800	33.2754	33.6849	34.0934	34.5010	34.9075	35.3131	35.7177	36.1212	36.5238	36.9254	37.1258	37.3259
900	37.3259	37.7255	38.1240	38.5215	38.9180	39.3135	39.7080	40.1015	40.4939	40.8853	41.0806	41.2756
1000	41.2756	41.6649	42.0531	42.4403	42.8263	43.2112	43.5951	43.9777	44.3593	44.7396	44.9293	45.1187
1100	45.1187	45.4966	45.8733	46.2487	46.6227	46.9955	47.3668	47.7368	48.1054	48.4726	48.6556	48.8382
1200	48.8382	49.2024	49.5651	49.9263	50.2858	50.6439	51.0003	51.3552	51.7085	52.0602	52.2354	52.4103
1300	52.4103	52.7588	53.1058	53.4512	53.7952	54.1377	54.4788	54.8186				

（铂铑 10-铂热电偶）S 型热电偶分度表-热电偶国际标准［温度/电动势］对照表

温度单位：℃　电压单位：mV　参考温度点：0℃（冰点）

温度	0	−10	−20	−30	−40	−50	−60	−70	−80	−90	−100
0	0	−0.0527	−0.1028	−0.1501	−0.1944	−0.2356					

温度	0	10	20	30	40	50	60	70	80	90	100
0	0	0.0553	0.1129	0.1728	0.2349	0.2989	0.3649	0.4327	0.5022	0.5733	0.6459
100	0.6459	0.7200	0.7955	0.8722	0.9502	1.0294	1.1097	1.1910	1.2733	1.3566	1.4408
200	1.4408	1.5258	1.6116	1.6982	1.7855	1.8736	1.9623	2.0516	2.1415	2.2320	2.3230
300	2.323	2.4146	2.5067	2.5993	2.6923	2.7858	2.8797	2.9740	3.0687	3.1639	3.2594
400	3.2594	3.3552	3.4514	3.5480	3.6449	3.7422	3.8398	3.9377	4.0359	4.1344	4.2333
500	4.2333	4.3325	4.4319	4.5317	4.6318	4.7322	4.8329	4.9339	5.0352	5.1368	5.2387
600	5.2387	5.3409	5.4435	5.5463	5.6495	5.753	5.8568	5.9609	6.0654	6.1701	6.2752
700	6.2752	6.3807	6.4865	6.5926	6.6990	6.8058	6.9130	7.0205	7.1283	7.2365	7.3450
800	7.3450	7.4539	7.5631	7.6726	7.7825	7.8928	8.0034	8.1143	8.2256	8.3373	8.4492
900	8.4492	8.5616	8.6742	8.7872	8.9005	9.0141	9.1281	9.2423	9.3569	9.4719	9.5871
1000	9.5871	9.7026	9.8185	9.9347	10.0512	10.1680	10.2851	10.4026	10.5203	10.6383	10.7565

温度	0	10	20	30	40	50	60	70	80	90	100
1100	10.7565	10.8750	10.9937	11.1127	11.2318	11.3511	11.4707	11.5904	11.7103	11.8303	11.9505
1200	11.9505	12.0709	12.1914	12.3120	12.4327	12.5536	12.6745	12.7956	12.9167	13.0378	13.1591
1300	13.1591	13.2804	13.4017	13.5230	13.6444	13.7658	13.8872	14.0086	14.1299	14.2513	14.3726
1400	14.3726	14.4939	14.6151	14.7362	14.8573	14.9783	15.0992	15.2200	15.3407	15.4612	15.5817
1500	15.5817	15.7020	15.8221	15.9421	16.0619	16.1816	16.3010	16.4203	16.5394	16.6582	16.7768
1600	16.7768	16.8952	17.0134	17.1313	17.2489	17.3663	17.4834	17.6002	17.7165	17.8323	17.9473
1700	17.9473	18.0613	18.1741	18.2855	18.3953	18.5033	18.6093				

测量范围及基本误差限

热电偶类别	代号	分度号	测量范围	基本误差限
镍铬-康铜	WRK	E	0～800℃	±0.75%t
镍铬-镍硅	WRN	K	0～1300℃	±0.75%t
铂铑$_{13}$-铂	WRB	R	0～1600℃	±0.25%t
铂铑$_{10}$-铂	WRP	S	0～1600℃	±0.25%t
铂铑$_{30}$-铂铑$_6$	WRR	B	0～1800℃	±0.25%t

注：t 为感温元件实测温度值（℃）

参考资料

1. 张宝芬主编. 自动检测技术及仪表控制装置. 北京：化学工业出版社，2004
2. 王爱广等编著. 过程控制技术. 北京：化学工业出版社，2005
3. 李毓等主编. 生产过程自动化仪表识图与安装. 北京：电子工业出版社，2006
4. 姜秀英等主编. 传感器与自动检测技术. 北京：中国电力出版社，2009
5. 刘巨良主编. 过程控制仪表. 北京：化学工业出版社，1997

参考资料